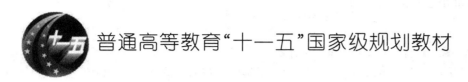
普通高等教育"十一五"国家级规划教材

数字电子技术基础

（第三版）

杨颂华　冯毛官　孙万蓉
初秀琴　胡力山　　编著

西安电子科技大学出版社

内 容 简 介

本书为普通高等教育"十一五"国家级规划教材。

全书共分 11 章,主要内容包括:数制与编码、逻辑代数基础、集成逻辑门、组合逻辑电路、触发器、时序逻辑电路、脉冲波形的产生与整形、存储器和可编程逻辑器件、数/模和模/数转换器、VHDL 硬件描述语言简介、VHDL 数字系统设计实例等。书中各章均选用了较多的典型实例,并配有相当数量的习题,便于读者联系实际,灵活运用。

本书可作为高等学校通信、电子工程、自动控制、工业自动化、检测技术及电子技术应用等相关专业本科和专科生"数字电路"课程的基本教材和教学参考书,也可作为相关工程技术人员的参考书。

★本书配有电子教案,需要者可登录出版社网站,免费下载。

图书在版编目(CIP)数据

数字电子技术基础/杨颂华等编著. —3 版. —西安:
西安电子科技大学出版社,2016.7(2024.10 重印)
ISBN 978 - 7 - 5606 - 4097 - 6

Ⅰ. ①数… Ⅱ. ①杨… Ⅲ. ①数字电路—电子技术—高等学校—教材
Ⅳ. ①TN79

中国版本图书馆 CIP 数据核字(2016)第 143197 号

责任编辑　云立实　秦志峰
出版发行　西安电子科技大学出版社(西安市太白南路 2 号)
电　　话　(029)88202421　88201467　　邮　编　710071
网　　址　www.xduph.com　　　　电子信箱　xdupfxb001@163.com
经　　销　新华书店
印刷单位　陕西天意印务有限责任公司
版　　次　2016 年 7 月第 3 版　　2024 年 10 月第 27 次印刷
开　　本　787 毫米×1092 毫米　1/16　印 张 20.25
字　　数　481 千字
定　　价　46.00 元
ISBN 978 - 7 - 5606 - 4097 - 6
XDUP 4389003 - 27
＊＊＊如有印装问题可调换＊＊＊

第 三 版 前 言

《数字电子技术基础(第二版)》一书已出版发行六年有余。根据当前 EDA 技术的发展和教学改革的需要,为了更加便于教学和读者自学,我们经过教学实践经验的积累并广泛征集了读者的意见,对该书进行了本次修订。

本书第三版基本保留了第二版的特色和知识框架,仅对局部内容进行了修改和调整,具体做法是:

(1) 对第 6 章时序逻辑电路的内容进行了调整和修改,删减了小规模时序逻辑电路分析、设计的内容,保留同步时序逻辑电路分析、设计的基本方法和步骤;在典型时序逻辑电路的叙述中,主要强调各种电路的结构特点、状态变化规律和信号之间的时序关系,重点介绍中规模集成时序电路的分析和设计方法,减少集成时序电路内部结构的分析过程,增强集成时序电路逻辑框图、控制功能的认识,为学习硬件描述语言和系统设计打好基础。

(2) 为了便于使用 EDA 软件工具和阅读国外技术资料,第三版仍然保留了第二版采用的国际上流行的图形逻辑符号,但对电路图中的所有节点都重新进行了标注,使其更加清晰、明确。

(3) 对部分习题进行了调整。

本书第 2、8 章由杨颂华编写,第 5、6、9 章由冯毛官编写,第 1、7 章及各章关键词汉译英由孙万蓉编写,第 10、11 章由初秀琴编写,第 3、4 章由胡力山编写,全书由杨颂华进行修改和定稿。

本书由哈尔滨工业大学蔡惟铮教授主审,在修订出版过程中得到了孙肖子教授、江小安教授、云立实副编审等人的支持和帮助,在此表示衷心的感谢!

由于我们水平和时间有限,书中错误与疏漏之处在所难免,敬请同行及广大读者批评指正。

编 著 者
2016 年 1 月于西安电子科技大学

目 录

第 1 章　数 制 与 编 码

　　数字系统的基本功能是对数字信息进行加工和处理，如数的运算、传输和变换等，因此我们首先要对数的基本特征有所了解。

　　本章从常用的十进制数开始，分析推导各种不同数制的表示方法以及各种数制之间的转换方法，并着重讨论数字计算机和其他数字设备中广泛采用的二进制数，最后介绍几种常用的编码。

1.1　数字逻辑电路概述

　　自然界的各种物理量可分为模拟量和数字量两大类。模拟量在时间上是连续取值，在幅值上也是连续变化的。表示模拟量的信号称为模拟信号。处理模拟信号的电子电路称为模拟电路。数字量是一系列离散的时刻取值，数值的大小和每次的增减都是量化单位的整数倍，即它们是一系列时间离散、数值也离散的信号。表示数字量的信号称为数字信号。处理数字信号的电子电路称为数字电路。

　　数字电路的一般框图如图 1.1.1 所示，它有 n 个输入 X_1、X_2、$\cdots$、X_n 和 m 个输出 F_1、F_2、$\cdots$、F_m，此外还有一个定时信号，即时钟脉冲信号 (Clock)。每一个输入 X_i 和输出 F_j 都是时间和数值上离散的二值信号，用数字 0 和 1 来表示。在数字电路和系统中，可以用 0 和 1 组成的二进制数码表

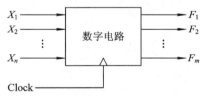

图 1.1.1　数字电路的一般框图

示数量的大小，也可以用 0 和 1 表示两种不同的逻辑状态。当用 0 和 1 表示客观事物的两种对立状态时，它不表示数值，而表示逻辑 0 和逻辑 1，这两种对立的逻辑状态称为二值数字逻辑或简称为数字逻辑。数字电路的输出与输入之间满足一定的逻辑关系，因而数字电路也称为逻辑电路。

　　数字电路中的电子器件都工作在开关状态，电路的输出只有高、低两个电平，因而很容易实现二值数字逻辑。在分析实际电路时，逻辑高电平和逻辑低电平都对应一定的电压范围，不同系列的数字集成电路其输入、输出为高电平或低电平时所对应的电压范围是不同的(参考第 3 章)。一般用逻辑高电平(或接电源电压)表示逻辑 1 和二进制数的 1，用逻辑低电平(或接地)表示逻辑 0 和二进制数的 0。在数字电路中，当用高电平表示逻辑 1，用低电平表示逻辑 0 时称为正逻辑；当用低电平表示逻辑 1，用高电平表示逻辑 0 时称为负逻辑。通常情况下数字电路使用正逻辑。

　　数字电路的输入、输出逻辑电平随时间变化的波形称为数字波形。数字波形有两种类型：一种是电位型(或称非归零型)，另一种是脉冲型(或称归零型)。在波形图中，一定的时间间隔 T 称为 1 位(1 bit)或一拍。电位型的数字波形在一拍时间内用高电平表示 1，用

低电平表示 0；脉冲型的数字波形则在一拍时间内以脉冲有无来表示 1 和 0。图 1.1.2 所示为 01001101100 序列信号的两种数字波形，其中图(a)为电位型的波形，图(b)是脉冲型的波形。

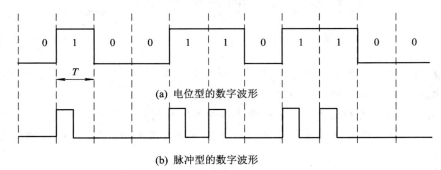

图 1.1.2　序列信号的两种数字波形

数字电路和系统的输入、输出逻辑关系(功能或行为)通常可以用文字、真值表、逻辑函数表达式、逻辑电路图、时序图、状态图、状态表等多种形式进行描述。此外，还可以采用硬件描述语言进行描述。各种描述形式将在后续章节介绍。

数字电路系统只能处理用二进制数表示的数字信号，而人们习惯用的十进制数不能直接被数字电路系统接收。因此，在人与数字电路系统交换信息时，需要把十进制数转换成二进制数；当数字系统运行结束时，为了便于人们阅读，又需要将二进制数转换成十进制数。所以为了便于信息交换和传输，我们需要研究各种数制之间的转换及不同的编码方式。

1.2　数　　制

1.2.1　进位计数制

按进位原则进行计数，称为进位计数制。每一种进位计数制都有一组特定的数字、符号，例如十进制数有 10 个数符，二进制数只有 2 个数符，而十六进制数有 16 个数符。每种进位计数制中允许使用的数符总数称为基数或底数。

在进位计数制中，任何一个数都由整数和小数两部分组成，并且具有两种书写形式：位置计数法和多项式表示法。

1. 十进制数（Decimal）

十进制数具有以下特点：

(1) 采用 10 个不同的数符 0、1、2、…、9 和一个小数点（．）。

(2) 进位规则是"逢十进一"。

若干个数符并列在一起可以表示一个十进制数。例如在 435.86 这个数中，小数点左边第一位 5 代表个位，它的数值为 5；小数点左边第二位 3 代表十位，它的数值为 3×10^1；小数点左边第三位 4 代表百位，它的数值为 4×10^2；小数点右边第一位的值为 8×10^{-1}；小数点右边第二位的值为 6×10^{-2}。可见，数符处于不同的数位，代表的数值是不同的。这里

10^2、10^1、10^0、10^{-1}、10^{-2} 称为权或位权，即十进制数中各位的权是 10 的幂，因此 435.86 可表示为

$$435.86 = 4\times10^2+3\times10^1+5\times10^0+8\times10^{-1}+6\times10^{-2}$$

上式左边称为位置计数法或并列表示法，右边称为多项式表示法或按权展开法。

通常对于任何一个十进制数 N，都可以用位置计数法和多项式表示法写为

$$(N)_{10} = a_{n-1}a_{n-2}\cdots a_1a_0.a_{-1}a_{-2}\cdots a_{-m}$$
$$= a_{n-1}\times10^{n-1} + a_{n-2}\times10^{n-2}+\cdots+a_1\times10^1+a_0\times10^0+a_{-1}\times10^{-1}$$
$$+ a_{-2}\times10^{-2}+\cdots+a_{-m}\times10^{-m}$$
$$= \sum_{i=-m}^{n-1} a_i\times10^i$$

式中：n 代表整数位数；m 代表小数位数；$a_i(-m\leqslant i\leqslant n-1)$ 表示第 i 位数符，它可以是 0、1、2、3、$\cdots$、9 中的任意一个；10^i 为第 i 位数符的权。

上述十进制数的表示方法也可以推广到任意进制数。对于一个基数为 $R(R\geqslant2)$ 的 R 进制计数制，数 N 可以写为

$$(N)_R = a_{n-1}a_{n-2}\cdots a_1a_0.a_{-1}a_{-2}\cdots a_{-m}$$
$$= a_{n-1}\times R^{n-1}+a_{n-2}\times R^{n-2}+\cdots+a_1\times R^1+a_0\times R^0+a_{-1}\times R^{-1}$$
$$+ a_{-2}\times R^{-2}+\cdots+a_{-m}R^{-m}$$
$$= \sum_{i=-m}^{n-1} a_iR^i$$

式中：n 代表整数位数；m 代表小数位数；a_i 为第 i 位数符，它可以是 0、1、$\cdots$、$R-1$ 个不同数符中的任何一个；R^i 为第 i 位数符的权。

2. 二进制数（Binary）

二进制数的进位规则是"逢二进一"，其进位基数 $R=2$，每位数符的取值只能是 0 或 1，每位的权是 2 的幂。表 1.2.1 列出了二进制位数、权和十进制数的对应关系。

表 1.2.1 二进制位数、权和十进制数的对应关系

二进制整数位	13	12	11	10	9	8	7	6	5	4	3	2	1
权	2^{12}	2^{11}	2^{10}	2^9	2^8	2^7	2^6	2^5	2^4	2^3	2^2	2^1	2^0
（十进制表示）	4096	2048	1024	512	256	128	64	32	16	8	4	2	1
二进制小数位	-1		-2		-3		-4		-5		-6		
权	2^{-1}		2^{-2}		2^{-3}		2^{-4}		2^{-5}		2^{-6}		
（十进制表示）	0.5		0.25		0.125		0.0625		0.031 25		0.015 625		

任何一个二进制数可表示为

$$(N)_2 = a_{n-1}a_{n-2}\cdots a_1a_0.a_{-1}a_{-2}\cdots a_{-m}$$
$$= a_{n-1}\times2^{n-1}+a_{n-2}\times2^{n-2}+\cdots+a_1\times2^1+a_0\times2^0+a_{-1}\times2^{-1}$$
$$+ a_{-2}\times2^{-2}+\cdots+a_{-m}2^{-m}$$
$$= \sum_{i=-m}^{n-1} a_i2^i$$

例如：

$$(1011.011)_2 = 1 \times 2^3 + 0 \times 2^2 + 1 \times 2^1 + 1 \times 2^0 + 0 \times 2^{-1} + 1 \times 2^{-2} + 1 \times 2^{-3}$$
$$= (11.375)_{10}$$

二进制数具有以下特点：

（1）二进制数只有 0、1 两个数符。在数字电路中利用一个开关器件就可以表示一位二进制数，其电路容易实现，且工作稳定可靠。

（2）二进制数的算术运算和十进制数的算术运算规则相似，不同的是二进制数是"逢二进一"和"借一当二"，而不是"逢十进一"和"借一当十"。例如：

加法运算	减法运算	乘法运算	除法运算

```
   加法运算        减法运算          乘法运算            除法运算

    1101.01         1101.01            1101                 101  ……商
  +  1001.11      -  1001.11         ×  110         101 / 11011
   ─────────       ─────────          ─────              101
    10111.00        0011.10            0000               ───
                                       1101               111
                                       1101               101
                                      ─────               ───
                                      1001110             10  ……余数
```

从运算过程可看出，二进制乘法运算由左移被乘数与加法运算组成，而除法运算由右移被除数与减法运算组成。

3. 八进制数（Octal）

八进制数的进位规则是"逢八进一"，其基数 $R=8$，采用的数符是 0、1、2、3、4、5、6、7，每位的权是 8 的幂。任何一个八进制数可以表示为

$$(N)_8 = \sum_{i=-m}^{n-1} a_i 8^i$$

例如：

$$(376.4)_8 = 3 \times 8^2 + 7 \times 8^1 + 6 \times 8^0 + 4 \times 8^{-1} = 3 \times 64 + 7 \times 8 + 6 + 0.5 = (254.5)_{10}$$

4. 十六进制数（Hexadecimal）

十六进制数的特点如下：

（1）采用的 16 个数符为 0、1、2、3、4、5、6、7、8、9、A、B、C、D、E、F。符号 A～F 分别代表十进制数的 10～15。

（2）进位规则是"逢十六进一"，基数 $R=16$，每位的权是 16 的幂。

任何一个十六进制数可以表示为

$$(N)_{16} = \sum_{i=-m}^{n-1} a_i 16^i$$

例如：

$$(3AB.11)_{16} = 3 \times 16^2 + 10 \times 16^1 + 11 \times 16^0 + 1 \times 16^{-1} + 1 \times 16^{-2} \approx (939.0664)_{10}$$

1.2.2 进位计数制之间的转换

1. 二进制数与十进制数之间的转换

1）二进制数转换成十进制数——按权展开法

二进制数转换成十进制数时，只要将二进制数写成按权展开的多项式，然后按十进制数规则进行运算，所得结果便为相应的十进制数。例如：

$$(10110.11)_2 = 1 \times 2^4 + 1 \times 2^2 + 1 \times 2^1 + 1 \times 2^{-1} + 1 \times 2^{-2} = (22.75)_{10}$$

同理,若将任意进制数转换为十进制数,则只需将数$(N)_R$写成按权展开的多项式表达式,并按十进制规则进行运算,便可求得相应的十进制数$(N)_{10}$。

2)十进制数转换成二进制数

十进制数转换为二进制数时,需要对其整数部分和小数部分分别进行转换。

(1)整数转换——除 2 取余法。若将十进制整数$(N)_{10}$转换为二进制整数$(N)_2$,则按照转换前后相等的原则,可写成

$$(N)_{10} = a_{n-1} \times 2^{n-1} + a_{n-2} \times 2^{n-2} + \cdots + a_1 \times 2^1 + a_0 \times 2^0$$
$$= 2(a_{n-1} \times 2^{n-2} + a_{n-2} \times 2^{n-3} + \cdots + a_2 \times 2^1 + a_1) + a_0$$
$$= 2Q_1 + a_0$$

将上式两边同除以 2,所得的商为

$$Q_1 = a_{n-1} \times 2^{n-2} + a_{n-2} \times 2^{n-3} + \cdots + a_2 \times 2^1 + a_1 \quad \text{余数为 } a_0$$

同理,将上式两边同除以 2,得到的新商为

$$Q_2 = a_{n-1} \times 2^{n-3} + a_{n-2} \times 2^{n-4} + \cdots + a_2 \quad \text{余数为 } a_1$$

重复上述过程,直至得到的商为$Q_n = 0$,余数为a_{n-1},于是可得二进制整数的数符 a_0、a_1、$\cdots$、a_{n-1}。

例如,将$(57)_{10}$转换为二进制数:

$$
\begin{array}{r|l l}
2 & 57 & \cdots\cdots \quad \text{余数} \\
2 & 28 & \cdots\cdots \quad 1 = a_0 \\
2 & 14 & \cdots\cdots \quad 0 = a_1 \\
2 & 7 & \cdots\cdots \quad 0 = a_2 \\
2 & 3 & \cdots\cdots \quad 1 = a_3 \\
2 & 1 & \cdots\cdots \quad 1 = a_4 \\
& 0 & \cdots\cdots \quad 1 = a_5 \\
\end{array}
$$

故

$$(57)_{10} \approx (111001)_2$$

(2)小数转换——乘 2 取整法。若将十进制小数$(N)_{10}$转换为二进制小数$(N)_2$,则可写成

$$(N)_{10} = a_{-1} \times 2^{-1} + a_{-2} \times 2^{-2} + \cdots + a_{-m} \times 2^{-m}$$

将上式两边同时乘以 2,便得到

$$2(N)_{10} = a_{-1} + (a_{-2} \times 2^{-1} + \cdots + a_{-m} \times 2^{-m+1}) = a_{-1} + F_1$$

可见,$2(N)_{10}$乘积的整数部分就是a_{-1},小数部分就是F_1。若将$2(N)_{10}$乘积的小数部分F_1再乘以 2,则有

$$2F_1 = a_{-2} + (a_{-3} \times 2^{-1} + a_{-4} \times 2^{-2} + \cdots + a_{-m} \times 2^{-m+2}) = a_{-2} + F_2$$

所得乘积整数部分就是a_{-2},小数部分为F_2。显然,重复上述过程,便可求出二进制小数的各位数符 a_{-1}、a_{-2}、$\cdots$、a_{-m}。

例如,将$(0.724)_{10}$转换成二进制小数:

$$
\begin{array}{r}
0.724 \\
\times \quad 2 \\
\hline
1.448 \\
0.448 \\
\times \quad 2 \\
\hline
0.896 \\
\times \quad 2 \\
\hline
1.792 \\
0.792 \\
\times \quad 2 \\
\hline
1.584
\end{array}
\qquad
\begin{array}{l}
整数 \\
\\
\cdots\cdots\ 1=a_{-1} \\
\\
\\
\cdots\cdots\ 0=a_{-2} \\
\\
\cdots\cdots\ 1=a_{-3} \\
\\
\\
\cdots\cdots\ 1=a_{-4}
\end{array}
$$

故

$$(0.724)_{10} \approx (0.1011)_2$$

应指出，小数部分乘 2 取整的过程不一定能使最后乘积为 0，因此转换值存在一定的误差。通常在二进制小数的精度已达到预定的要求时，运算便可结束。

将一个带有整数和小数的十进制数转换成二进制数时，必须将整数部分和小数部分分别按除 2 取余法和乘 2 取整法进行计算，然后将两者的转换结果合并起来。

同理，若将十进制数转换成任意 R 进制$(N)_R$，则整数部分转换采用除 R 取余法，小数部分采用乘 R 取整法。

2. 二进制数与八进制数、十六进制数之间的相互转换

八进制数和十六进制数的基数分别为 $8=2^3$，$16=2^4$，所以 3 位二进制数恰好相当于 1 位八进制数，4 位二进制数恰好相当于 1 位十六进制数，它们之间的相互转换是很方便的。

二进制数转换成八进制数的方法是从小数点开始，分别向左、向右将二进制数按每 3 位一组分组（不足 3 位的补 0），然后写出每一组等值的八进制数。

例如，求$(01101111010.1011)_2$ 的等值八进制数：

二进制　　001 101 111 010. 101 100
八进制　　　1　5　7　2. 5　4

所以

$$(01101111010.1011)_2 = (1572.54)_8$$

二进制数转换成十六进制数的方法和二进制数转换成八进制数的方法相似，从小数点开始分别向左、向右将二进制数按每 4 位一组分组（不足 4 位补 0），然后写出每一组等值的十六进制数。

例如，将$(1101101011.101)_2$ 转换为十六进制数：

0011 0110 1011. 1010
　3　　6　　B . A

所以

$$(1101101011.101)_2 = (36B.A)_{16}$$

八进制数、十六进制数转换为二进制数的方法可以采用与前面相反的步骤，即只要按原来的顺序将每一位八进制数（或十六进制数）用相应的 3 位（或 4 位）二进制数代替即可。

例如，分别求出$(375.46)_8$、$(678.A5)_{16}$的等值二进制数：

| 八进制 | 3 | 7 | 5 | . | 4 | 6 | 十六进制 | 6 | 7 | 8 | . | A | 5 |

八进制　3　7　5　.　4　6　　十六进制　　6　7　8　.　A　5
二进制　011 111 101 . 100 110　　二进制　　　0110 0111 1000 . 1010 0101

所以

$$(375.46)_8 = (011111101.100110)_2$$

$$(678.A5)_{16} = (011001111000.10100101)_2$$

1.3　编　　码

在数字系统中，任何数据和信息都是用若干位"0"和"1"按照一定的规则组成的二进制码来表示的。n 位二进制数码可以组成 2^n 种不同的代码，代表 2^n 种不同的信息或数据。因此，用若干位二进制数码按一定规律排列起来表示给定信息的过程称为编码。下面介绍数字系统中常用的编码及特性。

1.3.1　带符号数的编码

在数字系统中，需要处理的不仅有正数，还有负数。为了表示带符号的二进制数，在定点整数运算的情况下，通常以代码的最高位作为符号位，用 0 表示正，用 1 表示负，其余各位为数值位。代码的位数称为字长，它的数值称为真值。

带符号的二进制数可以用原码、反码和补码几种形式表示。

1. 原码

原码的表示方法是：符号位加数值位。

例如，真值分别为 $+62$ 和 -62，若用 8 位字长的原码来表示，则可写为

$$N = +62_D = +0111110_B \qquad [N]_原 = 00111110$$

$$N = -62_D = -0111110_B \qquad [N]_原 = 10111110$$

原码表示简单、直观，而且与真值转换方便，但用原码进行减法运算时，电路结构复杂，不容易实现，因此引入了反码和补码。

2. 反码

反码的表示方法是：正数的反码与其原码相同，即符号位加数值位；负数的反码是符号位为 1，数值位各位取反。

例如，真值分别为 $+45$ 和 -45，若用 8 位字长的反码来表示，则可写为

$$[+45]_原 = 00101101 \qquad [+45]_反 = 00101101$$

$$[-45]_原 = 10101101 \qquad [-45]_反 = 11010010$$

3. 补码

字长为 n 的整数 N 的补码定义如下：

$$[N]_补 = \begin{cases} N & 0 \leqslant N < 2^{n-1} \\ 2^n + N & -2^{n-1} \leqslant N < 0 \end{cases} \pmod{2^n}$$

由于 $2^n - 1$ 与 n 位全为 1 的二进制数等值，而 2^n 比 $2^n - 1$ 多 1，所以求一个数的补码可以用以下简便方法：

（1）正数和 0 的补码与原码相同。

（2）负数的补码是将其原码的符号位保持不变，对数值位逐位求反，然后在最低位加 1。

此外，应注意以下几点：

· n 位字长的二进制原码、反码、补码所表示的十进制数值范围是：

原码：$-(2^{n-1}-1) \sim +(2^{n-1}-1)$。

反码：$-(2^{n-1}-1) \sim +(2^{n-1}-1)$。

补码：$-2^{n-1} \sim +(2^{n-1}-1)$（不含 -0）。

例如：4 位字长的原码、反码其数值表示范围均为 $-7 \sim +7$，而补码的范围则为 $-8 \sim +7$；$+0$ 的原码、反码、补码均为 0000，-0 只有原码（1000）和反码（1111），而没有补码；-8 只有补码（1000），而没有原码和反码。

· 如果已知一个数的补码，则可以用 $\{[X]_补\}_补 = [X]_原$ 求其原码和真值。

【例 1.3.1】 已知十进制数 $+6$ 和 -5，试分别用 4 位字长和 8 位字长的二进制补码来表示。

解：（1）$n=4$：

$$[+6]_原 = 0110 \qquad\qquad [+6]_补 = 0110$$
$$[-5]_原 = 1101 \qquad\qquad [-5]_补 = 1011$$

（2）$n=8$：

$$[+6]_原 = 00000110 \qquad\qquad [+6]_补 = 00000110$$
$$[-5]_原 = 10000101 \qquad\qquad [-5]_补 = 11111011$$

【例 1.3.2】 已知 4 位字长的二进制补码分别为 0011、1011、1000，试求出相应的十进制数。

解：（1）因为 $[X]_补 = 0011$，符号位为 0，所以 $[X]_原 = 0011$，$X = +3$。

（2）因为 $[X]_补 = 1011$，符号位为 1，所以 $[X]_原 = [1011]_补 = 1101$，$X = -5$。

（3）因为 $[X]_补 = 1000$，符号位为 1，它是 $n=4$ 时 -8 的补码，而 -8 没有原码和反码，所以 $X = -8$。

4. 补码的运算

在数字系统中，求一个数的反码和补码都很容易，而且利用补码可以方便地进行带符号二进制数的加、减运算。若 X、Y 均为正整数，则 $X-Y$ 的运算可以通过 $[X]_补 + [-Y]_补$ 来实现，这样将减法运算变成了加法运算，因而简化了电路结构。

采用补码进行加、减法运算的步骤如下：

（1）根据 $[X \pm Y]_补 = [X]_补 + [\pm Y]_补$，分别求出 $[X]_补$、$[\pm Y]_补$ 和 $[X+Y]_补$。

（2）补码相加时，符号位参与运算，若符号位有进位，则自动舍去。

（3）根据 $[X \pm Y]_补$ 的结果求出 $[X \pm Y]_原$，进而求出 $X \pm Y$ 的结果。

【例 1.3.3】 试用 4 位字长的二进制补码完成下列运算：

① $7-5$；② $3-4$。

解：$[7]_补 = 0111$，$[-5]_补 = 1011$，$[3]_补 = 0011$，$[-4]_补 = 1100$。

① $[7]_补 + [-5]_补$ 为

$$
\begin{array}{r}
0111 \\
+\ 1011 \\
\hline
\end{array}
$$

舍去 ← (1) 0010

即 $[7-5]_补 = [7]_补 + [-5]_补 = 0010$,符号位为 0,所以 $[7-5]_原 = 0010$,故 $7-5 = +2$。

② $[3]_补 + [-4]_补$ 为

$$
\begin{array}{r}
0011 \\
+\quad 1100 \\
\hline
1111
\end{array}
$$

即 $[3-4]_补 = [3]_补 + [-4]_补 = 1111$,符号位为 1,所以 $[3-4]_原 = 1001$,故 $3-4 = -1$。

必须指出,两个补码相加时,如果产生的和超出了有效数字位所表示的范围,则计算结果会出错,之所以发生错误,是因为计算结果产生了溢出,解决的办法是扩大字长。

1.3.2 二-十进制编码(BCD 码)

二-十进制编码是用 4 位二进制码的 10 种组合表示十进制数 0~9,简称 BCD 码 (Binary Coded Decimal)。

这种编码至少需要用 4 位二进制数码,而 4 位二进制数码可以有 16 种组合。当用这些组合表示十进制数 0~9 时,有 6 种组合不用。从 16 种组合中选用 10 种组合,有

$$
C_{16}^{10} = \frac{16!}{(16-10)!} \approx 2.9 \times 10^{10}
$$

种编码方案,但并不是所有的方案都有实用价值。表 1.3.1 列出了几种常用的 BCD 码的编码方式。

表 1.3.1 几种常用的 BCD 码的编码方式

十进制数	8421 码	5421 码	2421 码	余 3 码	BCD Gray 码
0	0000	0000	0000	0011	0000
1	0001	0001	0001	0100	0001
2	0010	0010	0010	0101	0011
3	0011	0011	0011	0110	0010
4	0100	0100	0100	0111	0110
5	0101	1000	1011	1000	0111
6	0110	1001	1100	1001	0101
7	0111	1010	1101	1010	0100
8	1000	1011	1110	1011	1100
9	1001	1100	1111	1100	1000

1. 8421 BCD 码

8421 BCD 码是最基本和最常用的 BCD 码,它和 4 位自然二进制码相似,各位的权值为 8、4、2、1,故称为有权 BCD 码。和 4 位自然二进制码不同的是,8421 BCD 码只选用了 4 位二进制码中的前 10 组代码,即用 0000~1001 分别代表十进制数的 0~9,余下的 6 组代码 1010~1111 不用。

2. 5421 BCD 码和 2421 BCD 码

5421 BCD 码和 2421 BCD 码均属于有权 BCD 码,它们从高位到低位的权值分别为 5、4、2、1 和 2、4、2、1。这两种 BCD 码的编码方案不是唯一的。例如:5421 BCD 码中的

数码 5 既可以用 1000 表示，也可以用 0101 表示；2421 BCD 码中的数码 6 既可以用 1100 表示，也可以用 0110 表示。表 1.3.1 只列出了一种常用的编码方式。

表 1.3.1 所示的 2421 BCD 码的 10 个数码中，0 和 9、1 和 8、2 和 7、3 和 6、4 和 5 的代码对应恰好一个是 0 时，另一个就是 1。我们称 0 和 9、1 和 8 互为反码。因此 2421 BCD 码具有对 9 互补的特点，它是一种对 9 的自补代码（即只要对某一组代码各位取反就可以得到 9 的补码），在运算电路中使用比较方便。

3. 余 3 码

余 3 码是 8421 BCD 码的每个码组加 3(0011) 形成的。余 3 码也具有对 9 互补的特点，即它也是一种 9 的自补码，所以也常用于 BCD 码的运算电路中。

用 BCD 码可以方便地表示多位十进制数，其转换方法是每一位十进制数用一组 BCD 码代替，例如：

$$(579.8)_{10} = (0101\ 0111\ 1001 \,.\, 1000)_{8421\ BCD} = (1000\ 1010\ 1100 \,.\, 1011)_{余3码}$$

1.3.3　可靠性编码

代码在形成、传输过程中可能会发生错误。为了减少这种错误，出现了可靠性编码。常用的可靠性编码有以下两种。

1. Gray 码（格雷码）

Gray 码最基本的特性是任何相邻的两组代码中，仅有一位数码不同，即具有相邻性，因此又称单位距离码。此外，Gray 码的首尾两个码组也有相邻性，因此又称循环码。

Gray 码的编码方案有多种，典型的 Gray 码如表 1.3.2 所示。

表 1.3.2　典型的 Gray 码

十进制数	二进制码				Gray 码				
	B_3	B_2	B_1	B_0	G_3	G_2	G_1	G_0	
0	0	0	0	0	0	0	0	0	…一位反射对称轴
1	0	0	0	1	0	0	0	1	…二位反射对称轴
2	0	0	1	0	0	0	1	1	
3	0	0	1	1	0	0	1	0	…三位反射对称轴
4	0	1	0	0	0	1	1	0	
5	0	1	0	1	0	1	1	1	
6	0	1	1	0	0	1	0	1	
7	0	1	1	1	0	1	0	0	…四位反射对称轴
8	1	0	0	0	1	1	0	0	
9	1	0	0	1	1	1	0	1	
10	1	0	1	0	1	1	1	1	
11	1	0	1	1	1	1	1	0	
12	1	1	0	0	1	0	1	0	
13	1	1	0	1	1	0	1	1	
14	1	1	1	0	1	0	0	1	
15	1	1	1	1	1	0	0	0	

从表 1.3.2 中可以看出，这种代码除了具有单位距离码的特点外，还有一个特点就是具有反射特性，即以表中所示的对称轴为界，除最高位互补反射外，其余各位沿对称轴镜像对称。利用这一反射特性可以方便地构成位数不同的 Gray 码。

Gray 码的单位距离特性有很重要的意义。例如，两个相邻的十进制数 13 和 14 相应的二进制码为 1101 和 1110，在用二进制数作加 1 计数时，如果从 13 变为 14，则二进制码的最低两位都要改变，但实际上两位改变不可能同时发生，若最低位先置 0，然后次低位再置 1，则中间会出现 1101—1100—1110，即出现暂短的误码 1100，而 Gray 码只有一位变化，因而杜绝了出现这种错误的可能。

2. 奇偶校验码

奇偶校验码是一种能够检测出信息在传输中产生奇数个码元错误的代码，它由信息位和检验位两部分组成。

信息位是位数不限的任何一种二进制代码。校验位仅有一位，它可以放在信息位的前面，也可以放在信息位的后面。其编码方式有以下两种：

（1）使得一组代码中信息位和校验位"1"的个数之和为奇数，称为奇校验。

（2）使得一组代码中信息位和校验位"1"的个数之和为偶数，称为偶校验。

表 1.3.3 给出了 8421 BCD 码的奇偶校验码。

表 1.3.3　8421 BCD 码的奇偶校验码

十进制数	8421 BCD 奇校验		8421 BCD 偶校验	
	信息位	校验位	信息位	校验位
0	0000	1	0000	0
1	0001	0	0001	1
2	0010	0	0010	1
3	0011	1	0011	0
4	0100	0	0100	1
5	0101	1	0101	0
6	0110	1	0110	0
7	0111	0	0111	1
8	1000	0	1000	1
9	1001	1	1001	0

接收端对接收到的奇偶校验码进行检测时，只需检查各码组中"1"的个数是奇数还是偶数，就可以判断代码是否出错。

奇偶校验码只能检查出奇数个代码出错，但不能确定是哪一位出错，因此，它没有纠错能力。但由于它编码简单，设备量少，而且在传输中通常一位码元出错的概率最大，因此该码被广泛采用。

1.3.4　字符代码

在数字系统和计算机中，需要编码的信息除了数字外，还有字符和各种专用符号。用二进制代码表示字母和符号的编码方式有多种形式。目前广泛采用的是 ASCII 码（American

Standard Code for Information Interchange，美国信息交换标准代码），其编码表如表 1.3.4 所示。

表 1.3.4   ASCII 码

$B_4B_3B_2B_1$ \ $B_7B_6B_5$					0	1	2	3	4	5	6	7
				B_7	0	0	0	0	1	1	1	1
				B_6	0	0	1	1	0	0	1	1
				B_5	0	1	0	1	0	1	0	1
0	0	0	0	0	NUL	DLE	SP	0	@	P	`	p
1	0	0	0	1	SOH	DC1	!	1	A	Q	a	q
2	0	0	1	0	STX	DC2	"	2	B	R	b	r
3	0	0	1	1	ETX	DC3	#	3	C	S	c	s
4	0	1	0	0	EOT	DC4	$	4	D	T	d	t
5	0	1	0	1	ENQ	NAK	%	5	E	U	e	u
6	0	1	1	0	ACK	SYN	&	6	F	V	f	v
7	0	1	1	1	BEL	ETB	'	7	G	W	g	w
8	1	0	0	0	BS	CAN	(	8	H	X	h	x
9	1	0	0	1	HT	EM	)	9	I	Y	i	y
A	1	0	1	0	LF	SUB	*	:	J	Z	j	z
B	1	0	1	1	VT	ESC	+	;	K	[	k	{
C	1	1	0	0	FF	FS	,	<	L	\	l	|
D	1	1	0	1	CR	GS	=	=	M	]	m	}
E	1	1	1	0	SO	RS	.	>	N	^	n	~
F	1	1	1	1	SI	US	/	?	O	_	o	DEL

ASCII 码采用 7 位二进制数编码，因此可以表示 128 个字符。由表 1.3.4 可见，数字 0～9 相应用 0110000～0111001 来表示，B_8 通常用做奇偶校验位，但在机器中表示时，常使其为 0，因此 0～9 的 ASCII 码为 30H～39H，大写字母 A～Z 的 ASCII 码为 41H～5AH。

本 章 小 结

（1）数字电路和系统处理的是二进制数，人们习惯的是十进制数，要掌握好十进制、二进制、八进制和十六进制的表示形式及它们之间的相互转换方法。

（2）带符号的二进制数可以用原码、反码和补码表示。在计算机和数字系统中，常采用补码形式存储带符号的二进制数并进行有关运算，因此要熟悉补码的表示和运算方法。

（3）数字和字符的编码是为了便于人机信息的交换和传输，应重点掌握用 4 位二进制数表示一位十进制数的 BCD 编码方式，如 8421 BCD、5421 BCD、余 3 码等，了解可靠性编码（循环码和奇偶校验码）的构成特点。

习 题 1

1-1   完成下面的数制转换。

（1）将二进制数转换成等效的十进制数、八进制数和十六进制数。

① $(0011101)_2$ ② $(11011.110)_2$ ③ $(110110111)_2$

(2) 将十进制数转换成等效的二进制数(小数点后取 4 位)、八进制数及十六进制数。

① $(79)_{10}$　　　　② $(3000)_{10}$　　　　③ $(27.87)_{10}$　　　　④ $(889.01)_{10}$

(3) 求出下列各式的值:

① $(78.8)_{16} = (\quad)_{10}$　　　　　　　② $(76543.21)_8 = (\quad)_{16}$

③ $(2FC5)_{16} = (\quad)_4$　　　　　　　④ $(3AB6)_{16} = (\quad)_2$

⑤ $(12012)_3 = (\quad)_4$　　　　　　　⑥ $(1001101.0110)_2 = (\quad)_{10}$

1-2　完成下面带符号数的运算。

(1) 对于下列十进制数,试分别用 8 位字长的二进制原码和补码表示。

① $+25$　　　　　② 0　　　　　③ $+32$

④ $+15$　　　　　⑤ -15　　　　⑥ -45

(2) 已知下列二进制补码,试分别求出相应的十进制数。

① 000101　　　　② 111111　　　　③ 010101

④ 100100　　　　⑤ 111001　　　　⑥ 100000

(3) 试用补码完成下列运算,设字长为 8 位。

① $30-16$　　　② $16-30$　　　③ $29+14$　　　④ $-29-14$

1-3　无符号二进制数 00000000 ～ 11111111 可代表十进制数的范围是多少? 无符号二进制数 0000000000 ～ 1111111111 呢?

1-4　将 56 个或 131 个信息编码各需要多少位二进制码?

1-5　写出 5 位自然二进制码和格雷码。

1-6　分别用 8421 BCD 码、余 3 码表示下列各数。

(1) $(9.04)_{10}$　　　　(2) $(263.27)_{10}$　　　　(3) $(1101101)_2$

(4) $(3FF)_{16}$　　　　(5) $(45.7)_8$

第 2 章 逻辑代数基础

逻辑代数是分析和设计逻辑电路的数学工具。1849 年英国数学家乔治·布尔(George Boole)首先提出了描述客观事物逻辑关系的数学方法——布尔代数。1938 年克劳德·香农(Claude E. Shannon)将它应用于继电器开关电路的设计。随着数字技术的发展,布尔代数在逻辑电路的分析和设计中已得到广泛的应用,因此布尔代数也称为开关代数或逻辑代数。

本章首先简要介绍逻辑代数的基本公式、定律和运算规则,然后着重介绍逻辑函数的表示和化简方法。

2.1 逻辑代数的基本运算

2.1.1 逻辑函数的基本概念

逻辑是指事物因果之间所遵循的规律。为了避免用冗繁的文字来描述逻辑问题,逻辑代数将事物发生的原因(条件)和结果分别用逻辑变量和逻辑函数来描述。

逻辑变量与普通代数的变量相似,可以用 A、B、C 和 x、y、z 等字母来表示。所不同的是,普通代数中变量的取值可以是任意的,而逻辑代数的变量和常量取值只有两种,即逻辑 0 和逻辑 1,因而称为二值逻辑。必须指出,这里的逻辑 0 和逻辑 1 并不表示数量的大小,而是代表事物矛盾双方的两种状态,即两种对立的逻辑状态。例如,它们可以代表事件的真、伪,对、错,型号的有、无,开关的通、断,电平的高、低等。

逻辑函数与普通代数中的函数相似,它是随着自变量的变化而变化的因变量。因此,如果用自变量和因变量分别表示某一事件发生的条件和结果,那么该事件的因果关系就可以用逻辑函数来描述。

数字电路响应输入的方式称为电路的逻辑,任何一个数字电路的输出与输入变量之间都存在一定的逻辑关系,并可以用逻辑函数来描述。例如,对于某电路,若输入逻辑变量 A、B、C、…的取值确定后,其输出逻辑变量 F 的值也被唯一确定了,则可以称 F 是 A、B、C、…的逻辑函数,并记为 $F = f(A, B, C, \cdots)$。

上述表示方法是描述逻辑函数的一种代数形式,称为逻辑函数表达式。除此之外,逻辑函数还可以用真值表、逻辑图、波形图、卡诺图等多种方式描述,每一种描述方法都可以表示电路的逻辑功能,各种描述方法之间还可以相互转换。

2.1.2 三种基本逻辑运算

逻辑代数的基本运算有与(AND)、或(OR)、非(NOT)三种,它们可以由相应的逻辑门来实现。

1. 与运算（逻辑乘）

与运算（逻辑乘）表示这样一种逻辑关系：只有当决定一事件结果的所有条件同时具备时，结果才发生。例如，在图 2.1.1 所示的串联开关电路中，只有在开关 A 和 B 都闭合的条件下，灯 F 才亮，这种灯亮与开关闭合的关系就称为与逻辑。如果设开关 A、B 闭合为 1，断开为 0，设灯 F 亮为 1，灭为 0，则 F 与 A、B 的与逻辑关系可以用表 2.1.1 所示的真值表来描述。所谓真值表，就是将输入逻辑变量的所有取值组合与其对应的输出函数值列成表格的表示形式。

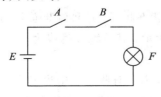

图 2.1.1　与逻辑实例

表 2.1.1　与逻辑真值表

A	B	F
0	0	0
0	1	0
1	0	0
1	1	1

与逻辑可以用逻辑表达式表示为

$$F = A \cdot B$$

在逻辑代数中，与逻辑也称为逻辑乘或逻辑与。符号"·"表示逻辑乘。在不致引起混淆的情况下，常省去符号"·"。在有些文献中，也采用 $\wedge$、$\cap$、$\&$ 等符号来表示逻辑乘。

实现与逻辑的单元电路称为与门，其逻辑符号如图 2.1.2 所示。其中，图（a）为特定外形符号，图（b）为矩形轮廓符号。这两种符号都是 IEEE/ANSI（电气与电子工程师协会/美国国家标准协会）认定的图形符号，且与 IEC（国际电工协会）标准相兼容。其中，图（a）表示的特定外形符号目前在国外教材和 EDA 软件中已被普遍使用，因此本书均采用这种特定外形符号。

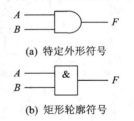

(a) 特定外形符号

(b) 矩形轮廓符号

图 2.1.2　与门的逻辑符号

2. 或运算（逻辑加）

或运算（逻辑加）表示的逻辑关系是：决定事件结果的所有条件中，只要有一个满足，结果就会发生。例如，在图 2.1.3 所示的并联开关电路中，只要开关 A、B 中有一个闭合，灯 F 就亮，这种灯亮与开关闭合的关系称为或逻辑。F 与 A、B 的或逻辑关系可以用表 2.1.2 所示的真值表来描述。

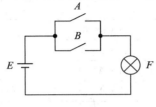

图 2.1.3　或逻辑实例

表 2.1.2　或逻辑真值表

A	B	F
0	0	0
0	1	1
1	0	1
1	1	1

或逻辑可以用逻辑表达式表示为

$$F = A + B$$

或逻辑也称为逻辑加或逻辑或。符号"+"表示逻辑加。有些文献中也采用 $\vee$、$\cup$ 等符号来表示逻辑加。

实现或逻辑的单元电路称为或门，其逻辑符号如图 2.1.4 所示，其中图（a）为特定外形符号，图（b）为矩形轮廓符号。

3. 非运算（逻辑反）

非运算（逻辑反）是逻辑的否定：当条件具备时，结果不会发生；当条件不具备时，结果一定会发生。例如，在图 2.1.5 所示的开关电路中，只有当开关 A 断开时，灯 F 才亮；当开关 A 闭合时，灯 F 反而熄灭。灯 F 的状态总是与开关 A 的状态相反。这种结果总是同条件相反的逻辑关系称为非逻辑。非逻辑的真值表如表 2.1.3 所示，其逻辑表达式为

$$F = \overline{A}$$

非逻辑也称为逻辑反或逻辑非。符号"一"表示非运算。有些文献中也采用"′"来表示逻辑非。在逻辑运算中，通常将 A 称为原变量，将 $\overline{A}$ 称为反变量，并将 A 和 $\overline{A}$ 称为互补变量。

实现非逻辑的单元电路称为非门（或反相器），其逻辑符号如图 2.1.6 所示。其中，图（a）为特定外形符号，图（b）为矩形轮廓符号。

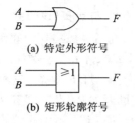

(a) 特定外形符号

(b) 矩形轮廓符号

图 2.1.4 或门的逻辑符号

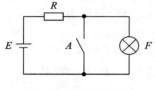

图 2.1.5 非逻辑实例

表 2.1.3 非逻辑真值表

A	F
0	1
1	0

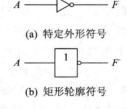

(a) 特定外形符号

(b) 矩形轮廓符号

图 2.1.6 非门的逻辑符号

2.2 逻辑代数的基本定律和运算规则

2.2.1 基本定律

逻辑代数的基本定律如表 2.2.1 所示。

表 2.2.1 逻辑代数的基本定律

名 称	公式 1	公式 2
0-1 律	$A+1=1$	$A \cdot 0=0$
自等律	$A+0=A$	$A \cdot 1=A$
重叠律	$A+A=A$	$A \cdot A=A$
互补律	$A+\overline{A}=1$	$A \cdot \overline{A}=0$
交换律	$A+B=B+A$	$A \cdot B=B \cdot A$
结合律	$(A+B)+C=A+(B+C)$	$(A \cdot B) \cdot C=A \cdot (B \cdot C)$
分配律	$A+BC=(A+B)(A+C)$	$A \cdot (B+C)=AB+AC$
反演律（德·摩根定理）	$\overline{A+B}=\overline{A} \cdot \overline{B}$	$\overline{A \cdot B}=\overline{A}+\overline{B}$
还原律		$\overline{\overline{A}}=A$

表 2.2.1 中公式的正确性可以利用列真值表的方法加以证明,即对于某个等式,如果将任何一组输入变量的取值代入公式两边,所得的函数值都相等,则说明该等式成立。除了用真值表外,也可以用公式法证明。表 2.2.1 中的 9 组定律根据其特点可分为三组。

1. 变量和常量的关系

0-1 律、自等律、重叠律和互补律都是属于变量和常量的关系式。由于逻辑常量只有 0、1 两种取值,因此逻辑变量与常量的运算结果可直接根据三种基本逻辑运算的定义推出。这些定律也称为公理,可以用来证明其他公式。

2. 与普通代数相似的定律

交换律、结合律、分配律的运算法则与普通代数相似,但是分配律中 $A+BC=(A+B)(A+C)$ 在普通代数中是不成立的。该定律称为加对乘的分配律,可以采用公式法证明。

证:
$$(A+B)(A+C)=A \cdot A+A \cdot B+A \cdot C+B \cdot C$$
$$=A+AB+AC+BC$$
$$=A(1+B+C)+BC=A+BC$$

因此有
$$A+BC=(A+B)(A+C)$$

3. 逻辑代数中的特殊定律

反演律和还原律是逻辑代数中的特殊定律。反演律又称为德·摩根(De Morgan)定理,在逻辑代数中具有特殊重要的作用,它提供了一种变换逻辑表达式的方法,即可以将与运算之非变成或运算,将或运算之非变成与运算。反演律的正确性可以通过表 2.2.2 所示的真值表证明。

表 2.2.2　反 演 律 证 明

A　B	$\overline{AB}$	$\overline{A}+\overline{B}$	$\overline{A+B}$	$\overline{A}\overline{B}$
0　0	1	1	1	1
0　1	1	1	0	0
1　0	1	1	0	0
1　1	0	0	0	0

2.2.2　三个重要规则

1. 代入规则

任何一个逻辑等式,如果将等式两边所出现的某一变量都代之以同一逻辑函数,则等式仍然成立,这个规则称为代入规则。代入规则可以扩大基本定律的运用范围。

例如,已知 $\overline{A+B}=\overline{A} \cdot \overline{B}$(反演律),若用 $F=B+C$ 代替等式中的 B,则可以得到适用于多变量的反演律,即
$$\overline{A+B+C}=\overline{A+F}=\overline{A} \cdot \overline{F}=\overline{A} \cdot \overline{B+C}=\overline{A} \cdot \overline{B} \cdot \overline{C}$$

2. 反演规则

对于任意一个逻辑函数式 F,如果将其表达式中所有的运算符"·"换成"+","+"换

成"·"，常量"0"换成"1"，"1"换成"0"，原变量换成反变量，反变量换成原变量，则所得到的结果就是 $\overline{F}$。$\overline{F}$ 称为原函数 F 的反函数，或称为补函数。

反演规则是反演律的推广，运用它可以简便地求出一个函数的反函数。例如：

若 $F = \overline{AB} + C \cdot D + AC$，则 $\overline{F} = [(\overline{A} + \overline{B}) \cdot \overline{C} + \overline{D}](\overline{A} + \overline{C})$；

若 $F = A + \overline{B} + \overline{C + \overline{D} + E}$，则 $\overline{F} = \overline{A} \cdot B \cdot \overline{C \cdot D \cdot \overline{E}}$。

运用反演规则时应注意两点：① 不能破坏原式的运算顺序，即优先进行括号为的运算，并按"先与后或"的逻辑顺序进行运算；② 不属于单变量上的非号应保留不变。

3. 对偶规则

对于任何一个逻辑函数，如果将其表达式 F 中所有的运算符"·"换成"＋"，"＋"换成"·"，常量"0"换成"1"，"1"换成"0"，而变量保持不变，则得出的逻辑函数就是 F 的对偶式（Duality Expression）或对偶函数（Duality Function），记为 F_d（或 F^*）。例如：

若 $F = A \cdot \overline{B} + A \cdot C$，则 $F_d = (A + \overline{B}) \cdot (A + C)$；

若 $F = \overline{\overline{A} \cdot B \cdot \overline{C}}$，则 $F_d = \overline{\overline{A} + B + \overline{C}}$。

以上各例中 F_d 是 F 的对偶式。不难证明，F 也是 F_d 的对偶式，即 F 和 F_d 互为对偶式。

任何逻辑函数式都存在着对偶式。若原等式成立，则其对偶式也一定是等式。这种逻辑关系称为对偶规则。

必须注意，由原式求对偶式时，运算的优先顺序不能改变，且式中的非号也保持不变。

从表 2.2.1 逻辑代数的基本定律中看出，公式 1 和公式 2 都是互为对偶的对偶式。例如，已知乘对加的分配律成立，即 $A(B+C) = AB + AC$，根据对偶规则有 $A + BC = (A+B)(A+C)$，即加对乘的分配律也成立。因此，根据这种对偶关系，需要记忆和证明的公式就可以减少一半。

2.2.3 若干常用公式

运用逻辑代数的基本定律和规则可以导出若干常用公式，如表 2.2.3 所示。这些公式可以直接在逻辑函数化简中使用。下面对这些公式进行证明，并说明其含义。

表 2.2.3 若干常用公式

名 称	公式 1	公式 2
合并律	$AB + A\overline{B} = A$	$(A+B)(A+\overline{B}) = A$
吸收律①	$A + AB = A$	$A \cdot (A+B) = A$
吸收律②	$A + \overline{A}B = A + B$	$A \cdot (\overline{A}+B) = A \cdot B$
吸收律③	$AB + \overline{A}C + BC = AB + \overline{A}C$	$(A+B)(\overline{A}+C)(B+C) = (A+B)(\overline{A}+C)$

1. 合并律

$$AB + A\overline{B} = A$$

证： $$AB + A\overline{B} = A(B + \overline{B}) = A \cdot 1 = A$$

在逻辑代数中，如果两个乘积项分别包含了互补的两个因子(如 B 和 $\bar{B}$)，而其他因子都相同，那么这两个乘积项称为相邻项。

合并律说明，两个相邻项可以合并为一项，消去互补变量。

2. 吸收律

① $A+AB=A$。

证：
$$A+AB=A(1+B)=A \cdot 1=A$$

吸收律①说明，两个乘积项相加时，如果一个乘积项的部分因子(如 AB 项中的 A)恰好等于另一乘积项(如 A)的全部，则该乘积项(AB)是多余的，可以消去。

② $A+\bar{A}B=A+B$。

证：
$$A+\bar{A}B=(A+\bar{A})(A+B)=1 \cdot (A+B)=A+B$$

吸收律②说明，两个乘积项相加时，如果一个乘积项(如 A)取反后是另一个乘积项(如 $\bar{A}B$)中的部分因子，则该部分因子($\bar{A}$)是多余的，可以消去。

③ $AB+\bar{A}C+BC=AB+\bar{A}C$。

证：$AB+\bar{A}C+BC=AB+\bar{A}C+(A+\bar{A})BC=AB+\bar{A}C+ABC+\bar{A}BC$
$$=AB+\bar{A}C$$

推论：$AB+\bar{A}C+BCD=AB+\bar{A}C$。

吸收律③及推论说明，如果两个乘积项中的部分因子互补(如 AB 项和 $\bar{A}C$ 项中的 A 和 $\bar{A}$)，而这两个乘积项中的其余因子(如 B 和 C)都是第三个乘积项中的部分因子，则这个第三项是多余的，可以消去。

2.3 复合逻辑和常用逻辑门

2.3.1 复合逻辑运算和复合门

在逻辑代数中，除了与、或、非三种基本运算之外，还经常使用一些复合逻辑运算。常用的复合逻辑运算有：与非(NAND)运算、或非(NOR)运算、与或非(AND-OR-NOT)运算、异或(XOR)运算和同或(XNOR)运算。

1. 与非、或非、与或非逻辑运算

与非逻辑运算是与运算和非运算的组合，其逻辑表达式为
$$F=\overline{A \cdot B}$$

或非逻辑运算是或运算和非运算的组合，其逻辑表达式为
$$F=\overline{A+B}$$

与或非逻辑运算是与、或、非三种运算的组合，其逻辑表达式为
$$F=\overline{AB+CD}$$

复合逻辑运算由相应的复合门来实现。与非门、或非门和与或非门的 IEEE/ANSI 标准逻辑符号分别如图 2.3.1(a)、(b)、(c)所示。图中第一行均为特定外形符号，第二行均为矩形轮廓符号。在后面的讨论中我们将会看到，仅用与非门(或者或非门)就能实现任何一种逻辑运算，即仅用与非门(或者或非门)就能构成任何一种逻辑电路，这一特点在逻辑设计中是十分有用的。

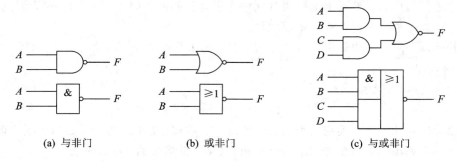

(a) 与非门　　　　　　(b) 或非门　　　　　　(c) 与或非门

图 2.3.1　与非门、或非门和与或非门的逻辑符号

2. 异或和同或逻辑运算

异或逻辑的含义是：当两个输入变量相异时，输出为 1，相同时输出为 0。⊕是异或运算的符号。异或运算也称模 2 加运算。异或逻辑的真值表如表 2.3.1 所示，其逻辑表达式为

$$F = A \oplus B = A\bar{B} + \bar{A}B$$

同或逻辑与异或逻辑相反，当两个输入变量相同时输出为 1，相异时输出为 0。⊙是同或运算的符号。同或逻辑的真值表如表 2.3.2 所示，其逻辑表达式为

$$F = A \odot B = \overline{AB} + AB$$

表 2.3.1　异或逻辑真值表

A	B	F
0	0	0
0	1	1
1	0	1
1	1	0

表 2.3.2　同或逻辑真值表

A	B	F
0	0	1
0	1	0
1	0	0
1	1	1

实现异或逻辑的单元电路称为异或门，其逻辑符号如图 2.3.2(a)所示。实现同或逻辑的单元电路称为同或门，其逻辑符号如图 2.3.2(b)所示。图中第一行均为特定外形符号，第二行均为矩形轮廓符号。

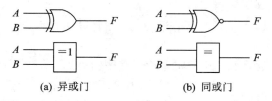

(a) 异或门　　　　　　　(b) 同或门

图 2.3.2　异或门和同或门的逻辑符号

由定义和真值表可见，异或逻辑与同或逻辑互为反函数，即

$$\overline{A \oplus B} = A \odot B, \quad \overline{A \odot B} = A \oplus B$$

利用对偶规则还可以证明，它们互为对偶式。如果 $F = A \oplus B$，$G = A \odot B$，则不难证明 $F_d = G$，$G_d = F$。因此可以将"⊕"作为"⊙"的对偶符号，反之亦然。由此看出，两变量的异或函数和同或函数既互补又对偶，这是一对特殊函数。

以上介绍了三种基本门和五种复合门，在使用这些逻辑门时应注意，实际的异或门和同或门都只有两个输入端，而与门、与非门、或非门和与或非门都可以有多个输入端。

3. 异或、同或运算的常用公式

异或和同或运算的常用公式如表 2.3.3 所示。表中的公式可以利用真值表或前面的公式证明。

表 2.3.3　异或、同或运算的常用公式

名　称	异或公式	同或公式
变量与常量的关系	$A \oplus 0 = A$ $A \oplus 1 = \overline{A}$ $A \oplus \overline{A} = 1$	$A \odot 1 = A$ $A \odot 0 = \overline{A}$ $A \odot \overline{A} = 0$
交换律	$A \oplus B = B \oplus A$	$A \odot B = B \odot A$
结合律	$(A \oplus B) \oplus C = A \oplus (B \oplus C)$	$(A \odot B) \odot C = A \odot (B \odot C)$
分配律	$A(B \oplus C) = AB \oplus AC$	$A + (B \odot C) = (A + B) \odot (A + C)$
反演律	$\overline{A \oplus B} = \overline{A} \odot \overline{B}$	$\overline{A \odot B} = \overline{A} \oplus \overline{B}$
调换律	$A \oplus \overline{B} = \overline{A} \oplus B = \overline{A \oplus B}$	$A \odot \overline{B} = \overline{A} \odot B = \overline{A \odot B}$
奇偶律	$A \oplus A = 0$，$A \oplus A \oplus A = A$	$A \odot A = 1$，$A \odot A \odot A = A$

异或门和同或门在实际应用中十分有用。例如，可以将异或门用作可控反相器，其电路如图 2.3.3 所示。图中，当 $X=0$ 时，$F = A \oplus X = A \oplus 0 = A$，当 $X=1$ 时，$F = A \oplus X = A \oplus 1 = \overline{A}$，即利用一个输入端的信号去控制另一端输入的信号同相或反相输出。又如，利用异或运算的奇偶律就可以判断输入信息中"1"的个数是奇数还是偶数，所以可常用若干个异或门来实现奇偶校验电路。此外，在进行逻辑函数表达式化简时，可能会遇到异或运算或同或运算，这时采用异或门或者同或门实现电路也比较方便。

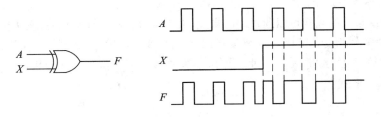

图 2.3.3　用异或门控制同相、反相输出

2.3.2　常用逻辑门及逻辑函数表达式的常用形式

1. 逻辑运算符的完备性

在逻辑代数中，与、或、非是三种最基本的逻辑运算，用与、或、非三种运算符和逻辑变量可以构成任何逻辑函数，因此称与、或、非逻辑运算符是一组完备集。

但是与、或、非三种运算符并不是最好的完备集，因为用它实现一个函数要使用三种不同规格的逻辑门。实际上由德·摩根定理可见，有了"与"和"非"便可得到"或"，有了"或"和"非"便可得到"与"，因此用"与非"、"或非"、"与或非"运算中的任何一种都能单独实现"与或非"运算，这三种复合运算每种都是完备集，而且实现函数只需一种规格的逻辑门，这就给设计带来了许多方便。

2. 逻辑函数表达式的常用形式

几种常用逻辑门的实际器件及引脚图如图 2.3.4 所示。从图中可以看出，每个集成芯片都包含了若干个相同的逻辑门，如 7400 为四 2 输入与非门，7402 为四 2 输入或非门，7404 为 6 反相器等。当用逻辑门实现某一逻辑函数时，如果选择实际器件的功能、型号不同，则逻辑函数表达式的形式也不相同，因此必须将逻辑函数式变换成相应的形式。

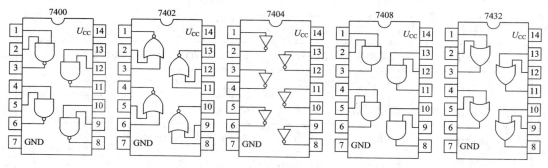

图 2.3.4　几种常用逻辑门的实际器件及引脚图

任何一个逻辑函数可以有多种逻辑函数表达式，最常用的形式有五种：与或式、或与式、与非-与非式、或非-或非式、与或非式。

与或式和或与式是函数表达式的两种基本形式。

单个逻辑变量（或反变量）进行与运算构成的项称为"与项"或"乘积项"，由"与项"相"或"构成的表达式称为"与或"表达式或"积之和"表达式。

单个逻辑变量（或反变量）进行或运算构成的项称为"或项"或"和项"，由"或项"相"与"构成的表达式称为"或与"表达式或"和之积"表达式。

与或式和或与式的互换可以通过两次求反（第一次求反后展开并化简）或两次求对偶得到。

将与或式两次求反，运用一次反演律可得到与非-与非式；将或与式两次求反，运用一次反演律可得到或非-或非式，并进一步转换为与或非式。例如，某逻辑函数通过上述变换可得到以下五种形式：

$$
\begin{aligned}
F &= AB + \overline{A}C && \text{与或式}\\
&= (\overline{A} + B)(A + C) && \text{或与式}\\
&= \overline{\overline{AB} \cdot \overline{\overline{A}C}} && \text{与非-与非式}\\
&= \overline{\overline{(\overline{A} + B)} + \overline{(A + C)}} && \text{或非-或非式}\\
&= \overline{A \cdot \overline{B} + \overline{A} \cdot \overline{C}} && \text{与或非式}
\end{aligned}
$$

以上逻辑函数表达式可用图 2.3.5 所示的五种逻辑电路来实现。其中图（c）全部用与非门实现，只需用一片 7400 就够了；图（d）全部用或非门实现，只需用一片 7402 就够了；图（e）只需用一片 7451 中的一个与或非门实现。显然，采用复合门实现电路更加经济。

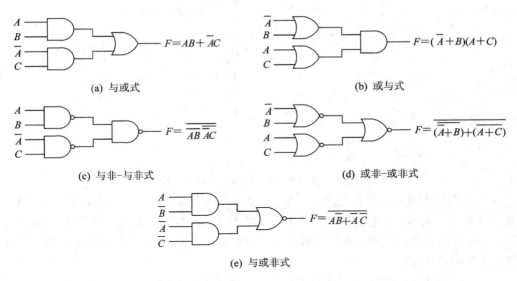

(a) 与或式

(b) 或与式

(c) 与非-与非式

(d) 或非-或非式

(e) 与或非式

图 2.3.5 逻辑函数的五种电路形式

2.3.3 常用逻辑门的等效符号及有效电平

在实际应用中，基本逻辑门(与、或、非、与非、或非)除了使用标准符号之外，还经常使用与其逻辑功能相同的等效逻辑符号，这样对分析电路输入、输出状态的有效逻辑电平将更加方便。

1. 德·摩根(De Morgan)定理与逻辑门的等效符号

德·摩根定理提供了一种变换逻辑运算符号的方法，利用该定理可以将任何与(AND)形式的逻辑门和或(OR)形式的逻辑门互换。

例如一个 2 输入与非门的逻辑符号如图 2.3.6(a)所示，根据德·摩根定理 $F = \overline{A \cdot B} = \overline{A} + \overline{B}$ 可画出图(b)所示的等效电路，它意味着每个输入端接有反相器的或门等效于一个与非门。将图(b)中的非门用小圆圈表示，则可画出与非门的等效符号，如图(c)所示，其输入端的小圆圈表示非运算。

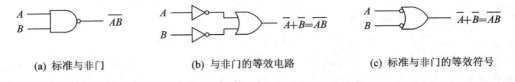

(a) 标准与非门   (b) 与非门的等效电路   (c) 标准与非门的等效符号

图 2.3.6 与非门及其等效符号

同理，在其他逻辑门标准符号的基础上，只要利用德·摩根定理改变其运算符号(或变与、与变或、反相器除外)，并用小圆圈表示非运算，就可得到相应的等效符号。图 2.3.7 列出了各种逻辑门的标准符号和等效符号。

逻辑门的等效符号可以用来对逻辑电路进行变换或化简。

必须指出，上述逻辑门的标准符号和等效符号都是在正逻辑体制下，用不同的符号形式描述同一逻辑功能的函数。这里的等效符号并不是负逻辑表示方法。

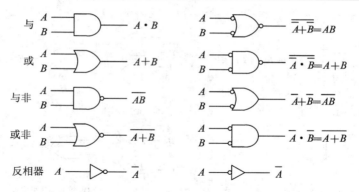

图 2.3.7　各种逻辑门的标准符号和等效符号

对于正逻辑体制,高电平用逻辑 1 表示,低电平用逻辑 0 表示;负逻辑体制正好相反,高电平用逻辑 0 表示,低电平用逻辑 1 表示。同一电路的输入、输出关系既可以用正逻辑描述,也可以用负逻辑描述。选择逻辑体制不同,则同一电路的逻辑功能也不同。通常两种逻辑体制的互换如下:

正与非⟺负或非,正或非⟺负与非,正与⟺负或,正或⟺负与

由于实际应用中很少采用负逻辑,所以本书均采用正逻辑体制。

2. 有效电平的概念

有效电平规定:当逻辑符号的输入或输出引脚上没有小圆圈时,表示该引脚是高电平有效;当逻辑符号的输入或输出引脚上有小圆圈时,表示该引脚是低电平有效。

例如,与非门的标准符号如图 2.3.8(a)所示,其输入端没有小圆圈而输出端有小圆圈,因此它是输入高电平有效,输出低电平有效。该符号的逻辑功能可描述为:仅当全部输入为高电平时,输出才为低电平。与非门的等效符号如图 2.3.8(b)所示,它是输入低电平有效,输出高电平有效。其逻辑功能可描述为:当任何一个输入为低电平时,输出为高电平。可见这两种符号的描述方式不同,但逻辑功能是相同的。

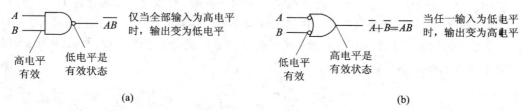

图 2.3.8　与非门及等效符号的逻辑功能描述

有效电平的概念对于分析电路的工作状态十分重要,特别是后面章节所讲述的中、大规模集成芯片,其输入、输出引脚都有可能是高电平有效或低电平有效,即信号为高电平或低电平时芯片(或电路)才能完成规定的功能,因此输入信号的电平必须与芯片(或电路)所要求的有效电平相匹配才能正常工作。

2.4　逻辑函数的两种标准形式

逻辑函数表达式的形式有多种,其中有两种标准形式,即标准与或式和标准或与式。这两种标准表达式都是唯一的,它们和函数的真值表有着严格的对应关系。

2.4.1　最小项和标准与或式

1. 最小项

n 个变量的最小项是 n 个变量的"与项",其中每个变量都以原变量或反变量的形式出现一次。

两个变量 A、B 可以构成 4 个最小项——$\overline{A}\overline{B}$、$\overline{A}B$、$A\overline{B}$、AB,3 个变量 A、B、C 可以构成 8 个最小项——$\overline{A}\overline{B}\overline{C}$、$\overline{A}\overline{B}C$、$\overline{A}B\overline{C}$、$\overline{A}BC$、$A\overline{B}\overline{C}$、$A\overline{B}C$、$AB\overline{C}$、$ABC$,可见 n 个变量的最小项共有 2^n 个。

表 2.4.1 列出了三变量的全部最小项。从表中可见,每一个最小项仅和一组输入变量取值相对应,只有在该组取值下其值为 1,在其余取值下它皆为 0。最小项通常用符号 m_i 表示,下标 i 是最小项的编号,它对应变量取值的等效十进制数,如 $AB\overline{C}$ 仅和取值 110 相对应,因此 $AB\overline{C}$ 是 110 对应的最小项,可以用符号 m_6 来表示。

表 2.4.1　三变量的全部最小项

序号	ABC	m_0 $\overline{A}\overline{B}\overline{C}$	m_1 $\overline{A}\overline{B}C$	m_2 $\overline{A}B\overline{C}$	m_3 $\overline{A}BC$	m_4 $A\overline{B}\overline{C}$	m_5 $A\overline{B}C$	m_6 $AB\overline{C}$	m_7 ABC
0	000	1	0	0	0	0	0	0	0
1	001	0	1	0	0	0	0	0	0
2	010	0	0	1	0	0	0	0	0
3	011	0	0	0	1	0	0	0	0
4	100	0	0	0	0	1	0	0	0
5	101	0	0	0	0	0	1	0	0
6	110	0	0	0	0	0	0	1	0
7	111	0	0	0	0	0	0	0	1

最小项具有以下性质:

(1) n 变量的全部最小项的逻辑和恒为 1,即 $\sum\limits_{i=0}^{2^n-1} m_i = 1$。

(2) 任意两个不同的最小项的逻辑乘恒为 0,即 $m_i \cdot m_j = 0 (i \neq j)$。

(3) n 变量的每个最小项有 n 个相邻项。例如,三变量的某一最小项 $\overline{A}\overline{B}\overline{C}$ 有 3 个相邻项:$\overline{A}\overline{B}C$、$\overline{A}B\overline{C}$、$A\overline{B}\overline{C}$。这种相邻关系对于逻辑函数化简十分重要。

2. 最小项表达式——标准与或式

如果在一个与或表达式中,所有的与项均为最小项,则称这种表达式为最小项表达式,或称为标准与或式、标准积之和式。例如:

$$F(A, B, C) = A\overline{B}C + A\overline{B}\overline{C} + AB\overline{C}$$

是一个三变量的最小项表达式,也可以简写为

$$F(A, B, C) = m_5 + m_4 + m_6 = \sum m(4, 5, 6)$$

任何一个逻辑函数都可以表示为最小项之和的形式:只要将真值表中使函数值为 1 的

各个最小项相或，便可得出该函数的最小项表达式。由于任何一个函数的真值表是唯一的，因此其最小项表达式也是唯一的。

【例 2.4.1】 已知 F 的真值表如表 2.4.2 所示，试写出函数 F 的最小项表达式。

解：由真值表可知，当 A、B、C 取值分别为 001、010、100、111 时，F 为 1，因此最小项表达式由这四种组合所对应的最小项进行相或构成，可表示为

$$F = \overline{A}\,\overline{B}C + \overline{A}B\overline{C} + A\overline{B}\,\overline{C} + ABC$$
$$= \sum m(1, 2, 4, 7)$$

表 2.4.2　真值表

A	B	C	F
0	0	0	0
0	0	1	1
0	1	0	1
0	1	1	0
1	0	0	1
1	0	1	0
1	1	0	0
1	1	1	1

2.4.2　最大项和标准或与式

1. 最大项

n 个变量的最大项是 n 个变量的"或项"，其中每一个变量都可以以原变量或反变量的形式出现一次。

n 个变量可以构成 2^n 个最大项。与最小项恰好相反，对于任何一个最大项，只有一组变量取值使它为 0，而变量的其余取值均使它为 1。最大项用符号 M_i 表示。表 2.4.3 列出了三变量逻辑函数的所有最小项和最大项。从表中可以看出，当输入变量为某一组取值时，最大项中对应取值为 0 的用原变量表示，对应取值为 1 的用反变量表示，正好与最小项相反。

表 2.4.3　三变量逻辑函数的最小项和最大项

十进制数 i	A　B　C	最小项	m_i	最大项	M_i
0	0　0　0	$\overline{A}\,\overline{B}\,\overline{C}$	m_0	$A+B+C$	M_0
1	0　0　1	$\overline{A}\,\overline{B}C$	m_1	$A+B+\overline{C}$	M_1
2	0　1　0	$\overline{A}B\overline{C}$	m_2	$A+\overline{B}+C$	M_2
3	0　1　1	$\overline{A}BC$	m_3	$A+\overline{B}+\overline{C}$	M_3
4	1　0　0	$A\overline{B}\,\overline{C}$	m_4	$\overline{A}+B+C$	M_4
5	1　0　1	$A\overline{B}C$	m_5	$\overline{A}+B+\overline{C}$	M_5
6	1　1　0	$AB\overline{C}$	m_6	$\overline{A}+\overline{B}+C$	M_6
7	1　1　1	ABC	m_7	$\overline{A}+\overline{B}+\overline{C}$	M_7

不难发现，变量数相同、编号相同的最小项和最大项之间存在互补关系，即

$$\overline{m_i} = M_i, \quad \overline{M_i} = m_i$$

最大项具有以下性质：

（1）n 变量的全部最大项的逻辑乘恒为 0，即 $\prod\limits_{i=0}^{2^n-1} M_i = 0$。

（2）任意两个不同的最大项的逻辑和恒为 1，即 $M_i + M_j = 1 (i \neq j)$。

（3）n 变量的每个最大项有 n 个相邻项。例如，三变量的最大项 $A+\bar{B}+C$ 有 3 个相邻项：$\bar{A}+\bar{B}+C$、$A+B+C$、$A+\bar{B}+\bar{C}$。

2. 最大项表达式——标准或与式

在一个或与式中，如果所有的或项均为最大项，则称这种表达式为最大项表达式，或称为标准或与式、标准和之积表达式。

如果一个逻辑函数的真值表已给出，要求写出该函数的最大项表达式，则可以先求出该函数的反函数 $\bar{F}$，并写出 $\bar{F}$ 的最小项表达式，然后将 $\bar{F}$ 求反，利用 m_i 和 M_i 的互补关系得到最大项表达式。

【例 2.4.2】　已知 F 的真值表如表 2.4.4 所示。试写出函数 F 的最小项和最大项表达式。

表 2.4.4　例 2.4.2 真值表

A	B	C	F	$\bar{F}$
0	0	0	1	0
0	0	1	1	0
0	1	0	0	1
0	1	1	0	1
1	0	0	1	0
1	0	1	1	0
1	1	0	0	1
1	1	1	0	1

解：在 F 的真值表中首先求出 F 的反函数 $\bar{F}$。F 和 $\bar{F}$ 的最小项表达式为

$$F = \sum m(0,1,4,5)$$

$$\bar{F} = m_2 + m_3 + m_6 + m_7$$

将 $\bar{F}$ 再求反可得到 F 的最大项表达式为

$$F = \bar{\bar{F}} = \overline{m_2 + m_3 + m_6 + m_7}$$
$$= \bar{m}_2 \cdot \bar{m}_3 \cdot \bar{m}_6 \cdot \bar{m}_7$$
$$= M_2 \cdot M_3 \cdot M_6 \cdot M_7$$
$$= \prod M(2,3,6,7)$$

比较例 2.4.2 中 F 的最小项和最大项表达式可见，最大项表达式是真值表中使函数值为 0 的各个最大项相与。因此可以得出结论：任何一个逻辑函数既可以用最小项表达式表示，也可以用最大项表达式表示；若将一个 n 变量函数的最小项表达式用最大项表达式表示，则其最大项的编号必定都不是最小项的编号，而且这些最小项的个数和最大项的个数之和为 2^n。

2.5　逻辑函数的化简方法

2.5.1　代数化简法

从前面的分析可以看出，逻辑函数表达式和逻辑电路图是一一对应的。逻辑函数表达式越简单，使用的逻辑门越少，电路就越简单。因此，有必要对逻辑函数表达式进行化简。

逻辑函数化简通常是指将逻辑函数化简为最简与或式或者最简或与式，有了这两种基本形式就可以转换成其他表达式。

最简与或（或与）式是指表达式中与项（或项）的个数最少，每个与项（或项）中的变量数最少。

代数法化简的方法是：反复使用逻辑代数的基本公式消去逻辑函数表达式中多余的乘积项和多余因子，以求得逻辑函数的最简表达式。常用的代数化简法有以下几种。

1. 并项法

并项法是利用公式 $AB+A\bar{B}=A$ 将两个相邻项合并成一项，并消去互补因子。例如：

$$F=AB\bar{C}D+AB\bar{C}\bar{D}=AB\bar{C}$$
$$F=A\bar{B}\bar{C}+AB\bar{C}+ABC+A\bar{B}C$$
$$=A\bar{C}+AC=A$$

2. 吸收法

吸收法是利用吸收律 $A+AB=A$、$A+\bar{A}B=A+B$ 和 $AB+\bar{A}C+BC=AB+\bar{A}C$ 吸收（消去）多余的乘积项或多余的因子。例如：

$$F=AB+\bar{A}C+\bar{B}C=AB+(\bar{A}+\bar{B})C=AB+\overline{AB}C=AB+C$$
$$F=\bar{A}+AB\bar{C}D+C=\bar{A}+B\bar{C}D+C=\bar{A}+BD+C$$
$$F=ABC+\bar{A}D+\bar{C}D+BD=ABC+(\bar{A}+\bar{C})D+BD$$
$$=ABC+\overline{AC}D+BD=ABC+\overline{AC}D$$
$$=ABC+\bar{A}D+\bar{C}D$$
$$F=A\bar{B}+AC+ADE+\bar{C}D=A\bar{B}+AC+\bar{C}D+ADE=A\bar{B}+AC+\bar{C}D$$

3. 配项法

配项法是利用重叠律 $A+A=A$、互补律 $A+\bar{A}=1$ 和吸收律 $AB+\bar{A}C+BC=AB+\bar{A}C$ 先配项或添加多余项，然后逐步化简。例如：

$$F=AC+\bar{A}D+\bar{B}D+B\bar{C}$$
$$=AC+B\bar{C}+(\bar{A}+\bar{B})D$$
$$=AC+B\bar{C}+AB+\overline{AB}D \qquad \text{（添加多余项 } AB\text{）}$$
$$=AC+B\bar{C}+AB+D \qquad \text{（去掉多余项 } AB\text{）}$$
$$=AC+B\bar{C}+D$$
$$F=\overline{AB}\bar{C}+\bar{A}B\bar{C}+\bar{A}BC+AB\bar{C}$$
$$=(\overline{AB}\bar{C}+\bar{A}B\bar{C})+(\bar{A}B\bar{C}+\bar{A}BC)+(\bar{A}B\bar{C}+AB\bar{C}) \qquad \text{（}\bar{A}B\bar{C}\text{ 可反复使用多次）}$$
$$=\bar{A}\bar{C}+\bar{A}B+B\bar{C}$$
$$F=\bar{A}\bar{B}+\bar{B}\bar{C}+BC+AB$$
$$=\bar{A}\bar{B}(C+\bar{C})+\bar{B}\bar{C}+BC(A+\bar{A})+AB \qquad \text{（配项）}$$
$$=\bar{A}\bar{B}C+\bar{A}\bar{B}\bar{C}+\bar{B}\bar{C}+ABC+\bar{A}BC+AB \qquad \text{（吸收多余项）}$$
$$=\bar{A}C+\bar{B}\bar{C}+AB$$

由以上例子可见，代数化简法对变量的数目无限制，但是需要熟悉逻辑代数公式，并具有一定的技巧。该法的缺点是化简方法缺乏规律性，且对化简后的结果是否最简难以判断。因此，在变量不多的情况下，通常采用卡诺图化简法。

2.5.2　卡诺图化简法

卡诺图（Karnaugh Map）由美国工程师卡诺（Karnaugh）首先提出，故称卡诺图，简称 K 图。它是一种按相邻规则排列而成的最小项方格图，利用相邻项不断合并的原则可以使逻辑函数得到化简。由于这种图形化简法简单而直观，因而得到了广泛应用。

1. 卡诺图的构成

在逻辑函数的真值表中，输入变量的每一种组合都和一个最小项相对应。这种真值表也称最小项真值表。卡诺图就是根据最小项真值表按一定规则排列的方格图。例如，三变量最小项真值表如表 2.5.1 所示。画三变量 K 图时首先画出 8 个小方格，并将输入变量 A、B、C 按行和按列分为两组表示在方格图的顶端，变量的取值分别按格雷码排列。行、列变量交叉处的小方格就是输入变量取值所对应的最小项，这样便构成了图 2.5.1(a) 所示的三变量 K 图。由图可见，由于

表 2.5.1　三变量最小项真值表

A	B	C	最小项
0	0	0	$\bar{A}\bar{B}\bar{C}$
0	0	1	$\bar{A}\bar{B}C$
0	1	0	$\bar{A}B\bar{C}$
0	1	1	$\bar{A}BC$
1	0	0	$A\bar{B}\bar{C}$
1	0	1	$A\bar{B}C$
1	1	0	$AB\bar{C}$
1	1	1	ABC

行、列变量的取值都按格雷码排列，因此每两个相邻方格中的最小项都是相邻项。为了便于书写和记忆，K 图各方格内的最小项也可以用最小项符号 m_i 或编号 i 表示，分别如图 2.5.1(b)、(c) 所示。

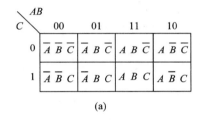
(a)

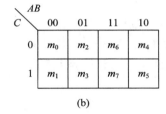
(b)

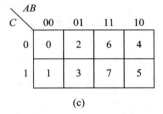
(c)

图 2.5.1　三变量 K 图

根据同样的方法，只要将输入变量的取值按格雷码规律排列，便可构成四变量 K 图、五变量 K 图，分别如图 2.5.2(a)、(b) 所示。

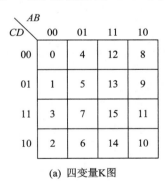
(a) 四变量K图

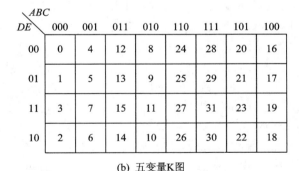
(b) 五变量K图

图 2.5.2　四变量、五变量 K 图

从以上分析可以看出，K 图具有如下特点：

（1）n 变量的卡诺图有 2^n 个方格，对应表示 2^n 个最小项。每当变量数增加一个，卡诺图的方格数就会扩大一倍。

（2）卡诺图中任何相邻位置的两个最小项都是相邻项。变量取值的顺序按格雷码排列，以确保各相邻行（列）之间只有一个变量取值不同，从而保证了卡诺图具有这一重要特点。

相邻位置包括三种情况：一是相接，即紧挨着；二是相对，即任意一行或一列的两头；三是相重，即对折起来位置重合。

相邻项是指除了一个变量不同外其余变量都相同的两个乘积项（与项）。

例如，在图2.5.2(b)所示的五变量K图中，m_5在位置上与m_4、m_7、m_1、m_{13}、m_{21}相邻，因此$m_5 = \overline{A}B\overline{C}D\overline{E}$与$m_4 = \overline{A}B\overline{C}\overline{D}\overline{E}$是相邻项，此外，还分别与$m_7 = \overline{A}B\overline{C}DE$、$m_1 = \overline{A}\overline{B}\overline{C}D\overline{E}$、$m_{13} = \overline{A}BC\overline{D}E$和$m_{21} = AB\overline{C}D\overline{E}$是相邻项，即$m_5$有5个相邻项。可见，卡诺图也反映了$n$个变量的任何一个最小项有$n$个相邻项这一特点。

卡诺图的主要缺点是：随着输入变量的增加图形迅速变得复杂，相邻项不那么直观，因此它适用于表示六变量以下的逻辑函数。

2. 逻辑函数的卡诺图表示法

卡诺图是真值表的一种特殊形式，n变量的卡诺图包含了n变量的所有最小项，因此任何一个n变量的逻辑函数都可以用n变量卡诺图来表示。

将逻辑函数填入卡诺图时，有以下几种情况。

1）给出的逻辑函数为与或标准式

只要将构成逻辑函数的最小项在卡诺图上相应的方格中填1，其余的方格填0（或不填），就可以得到该函数的卡诺图。也就是说，任何一个逻辑函数都等于其卡诺图上填1的那些最小项之和。

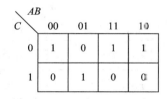

图2.5.3　F_1的卡诺图

例如，用卡诺图表示函数$F_1 = \sum m(0, 3, 4, 6)$时，只需在三变量卡诺图中将m_0、m_3、m_4、m_6处填1，其余填0（或不填）即可，其卡诺图如图2.5.3所示。

2）给出的逻辑函数为一般与或式

将一般与或式中每个与项在卡诺图上所覆盖的最小项都填1，其余填0（或不填），就可以得到该函数的卡诺图。

例如，用卡诺图表示函数$F_2 = A\overline{B}C + \overline{A}\overline{B}C + D + AD$时，先确定使每个与项为1的输入变量取值，然后在该输入变量取值所对应的方格内填1。

F_2为四变量函数，当$ABCD = 101 \times$（$\times$表示可以为1，也可以为0）时$A\overline{B}C$为1，因此在ABC取值为101所对应的方格（m_{10}、m_{11}）处填1；当$ABCD = 001 \times$时，$\overline{A}\overline{B}C$为1，因此在$ABC$取值为001所对应的方格（$m_2$、$m_3$）处填1；当$ABCD = \times\times\times 1$时$D$为1，因此在$D$取值为1所对应的8个方格（$m_1$、$m_3$、$m_5$、$m_7$、$m_9$、$m_{11}$、$m_{13}$、$m_{15}$）处填1；当$ABCD = 1\times\times 1$时$AD$为1，因此在$AD$取值为11所对应的4个方格（$m_9$、$m_{11}$、$m_{13}$、$m_{15}$）处填1。$F_2$的K图如图2.5.4所示。

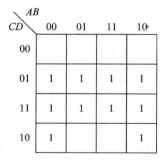

图2.5.4　F_2的卡诺图

3）给出的逻辑函数为或与标准式

只要将构成逻辑函数的最大项在卡诺图相应的方格中填0，其余的方格填1即可。也就是说，任何一个逻辑函数都等于其卡诺图上填0的那些最大项之积。

例如，函数 $F_3 = \prod M(0,2,6) = (A+B+C)(A+\overline{B}+C)$ · $(\overline{A}+\overline{B}+C)$ 的卡诺图如图 2.5.5 所示。

必须注意，在卡诺图中最大项的编号与最小项的编号一致，但对于输入变量的取值是相反的。

4）给出的逻辑函数为一般或与式

将一般或与式中每个或项在卡诺图上所覆盖的最大项处都填 0，其余的填 1 即可。

例如，将函数 $F_4 = (\overline{A}+C)(\overline{B}+C)$ 填入卡诺图时，先确定使每个或项为 0 时输入变量的取值，然后在该取值所对应的方格内填 0。

$(\overline{A}+C)$：当 $ABC=1\times0$ 时，$(\overline{A}+C)=0$，使 $F_4=0$，因此在 AC 取值为 10 所对应的方格（M_4、M_6）处填 0；

$(\overline{B}+C)$：当 $ABC=\times10$ 时，$(\overline{B}+C)=0$，也可使 $F_4=0$，因此在 BC 取值为 10 所对应的方格（M_2、M_6）处填 0。

F_4 的 K 图如图 2.5.6 所示。

3. 最小项合并规律

在卡诺图中，凡是位置相邻的最小项均可以合并。

两个相邻最小项合并为一项，消去一个互补变量。在卡诺图上该合并圈称为单元圈，它所对应的与项由圈内没变化的那些变量组成，可以直接从卡诺图中读出。例如，图 2.5.7(a) 中 m_1、m_3 合并为 $\overline{A}C$，图 2.5.7(b) 中 m_0、m_4 合并为 $\overline{B}\,\overline{C}$。

C	AB 00	01	11	10
0	0	0	0	1
1	1	1	1	1

图 2.5.5　F_3 的卡诺图

C	AB 00	01	11	10
0	1	0	0	0
1	1	1	1	1

图 2.5.6　F_4 的卡诺图

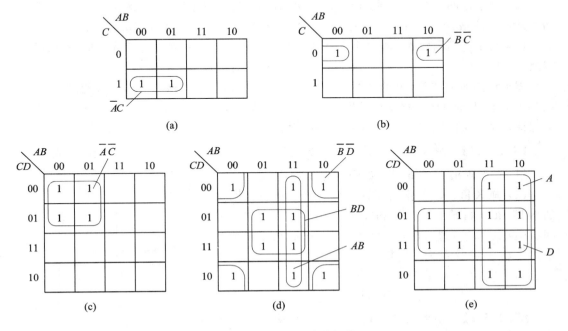

图 2.5.7　最小项合并规律

任何两个相邻的单元 K 圈也是相邻项，仍然可以合并，消去互补变量。因此，K 圈越大，消去的变量数也就越多。

图 2.5.7(c)、(d)表示 4 个相邻最小项合并为一项，消去了两个变量，合并后的与项由 K 圈对应的没有变化的那些变量组成。图 2.5.7(c)中，m_0、m_1、m_4、m_5 合并为 $\overline{A}\,\overline{C}$，图 2.5.7(d)中 m_0、m_2、m_8、m_{10} 合并为 $\overline{B}\overline{D}$，m_5、m_7、m_{13}、m_{15} 合并为 BD，m_{12}、m_{13}、m_{15}、m_{14} 合并为 AB。

图 2.5.7(e)表示 8 个相邻最小项合并为一项，消去了 3 个变量，即

$$\sum m(8,9,10,11,12,13,14,15)=A,\ \sum m(1,3,5,7,9,11,13,15)=D$$

综上所述，最小项合并具有以下特点：

(1) 任何一个合并圈（即卡诺圈）所含的方格数为 2^i 个。

(2) 位置相邻的最小项可以合并，位置相邻的卡诺圈也是相邻项，同样可以合并。

(3) 2^m 个方格合并，消去 m 个变量。合并圈越大，消去的变量数越多。

还需指出，上述最小项的合并规则对最大项的合并同样适用。由于最大项在卡诺图中与 0 格对应，因此最大项的合并是将相邻的 0 格圈在一起。

4. 用卡诺图化简逻辑函数

1）将函数化简为最简与或式

在卡诺图上以最少的卡诺圈数和尽可能大的卡诺圈覆盖所有填 1 的方格，即满足最小覆盖，就可以求得逻辑函数的最简与或式。

化简的一般步骤如下：

(1) 填卡诺图，即用卡诺图表示逻辑函数。

(2) 画卡诺圈合并最小项。选择卡诺圈的原则是：先从只有一种圈法的 1 格圈起，卡诺圈的数目应最少（与项的项数最少），卡诺圈应最大（对应与项中变量数最少）。

(3) 写出最简函数式。将每个卡诺圈写成相应的与项，并将它们相或，便得到最简与或式。

圈卡诺圈时应注意，根据重叠律（$A+A=A$），任何一个 1 格可以多次被圈用，但如果在某个 K 圈中所有的 1 格均已被别的 K 圈圈过，则该圈是多余圈。为了避免出现多余圈，应保证每个 K 圈至少有一个 1 格只被圈一次。

【例 2.5.1】 用卡诺图将函数 $F=\sum m(1,3,4,5,10,11,12,13)$ 化简为最简与或式。

解：(1) 画出 F 的 K 图，如图 2.5.8 所示。

(2) 画 K 圈。根据化简原则首先选择只有一种圈法的 K 圈 $B\overline{C}$，剩下 4 个 1 格（m_1、m_3、m_{10}、m_{11}）用 2 个 K 圈 $\overline{A}\overline{B}D$、$A\overline{B}C$ 覆盖，可见一共只要用 3 个 K 圈即可覆盖全部 1 格。

(3) 写出最简式：

$$F=B\overline{C}+\overline{A}\overline{B}D+A\overline{B}C$$

【例 2.5.2】 用卡诺图将以下函数式化简为最简与或式：

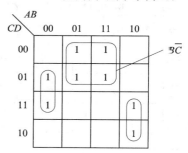

图 2.5.8　例 2.5.1 的卡诺图

$$F=\overline{B}CD+\overline{A}B\overline{D}+\overline{B}C\overline{D}+AB\overline{C}+ABCD$$

解：(1) 画出 F 的 K 图。给出的 F 为一般与或式，将每个与项所覆盖的最小项都填1，K 图如图 2.5.9 所示。

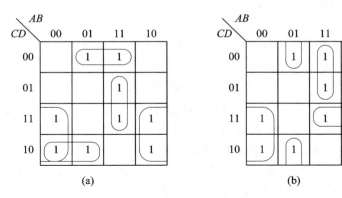

图 2.5.9　例 2.5.2 的卡诺图

(2) 画 K 圈化简函数。

(3) 写出最简与或式。

本例有两种圈法，都可以得到最简式。

按图 2.5.9(a)所示的圈法：

$$F = \overline{B}C + \overline{A}C\overline{D} + BC\overline{D} + ABD$$

按图 2.5.9(b)所示的圈法：

$$F = \overline{B}C + \overline{A}B\overline{D} + AB\overline{C} + ACD$$

该例说明，逻辑函数的最简式不是唯一的。

【例 2.5.3】　用卡诺图将以下函数式化简为最简与或式：

$$F = \sum m(0, 4, 5, 6, 7, 8, 11, 13, 15, 16, 20, 21, 22, 23, 24, 25, 27, 29, 31)$$

解：(1) 画 F 的 K 图。这是一个五变量逻辑函数，按五变量 K 图中的编号填图，得出 F 的 K 图如图 2.5.10 所示。

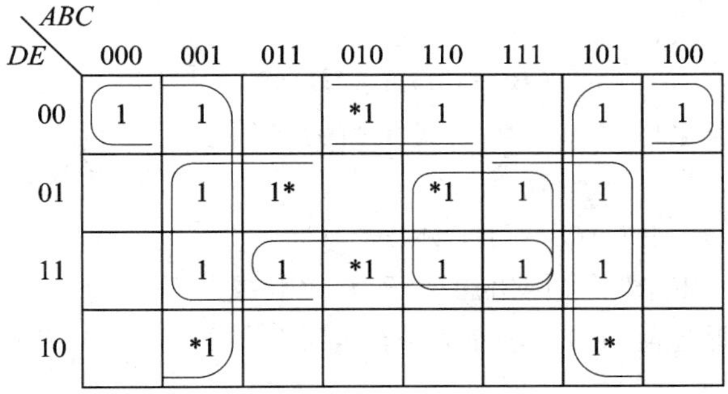

ABC / DE	000	001	011	010	110	111	101	100
00	1	1		*1	1		1	1
01		1	1*		*1	1	1	
11		1	1	*1	1	1	1	
10			*1				1*	

图 2.5.10　例 2.5.3 的卡诺图

(2) 画 K 圈化简函数。先找只有一种圈法的最小项(有 ∗ 的 1 格)：

m_6、m_{22}：用 $\sum m(4, 5, 6, 7, 20, 21, 22, 23) = \overline{B}C$ 覆盖；

m_{11}：用 $\sum m(11, 15, 27, 31) = BDE$ 覆盖；

m_{13}：用 $\sum m(5, 7, 13, 15, 21, 23, 29, 31) = CE$ 覆盖；

m_8：用 $\sum m(0,8,16,24) = \overline{C}\,\overline{D}\,\overline{E}$ 覆盖；

余下 m_{25} 用 $\sum m(25,27,29,31) = ABE$ 覆盖。

（3）写出最简式：

$$F = \overline{B}C + BDE + CE + \overline{C}\,\overline{D}E + ABE$$

2）将函数化简为最简或与式

任何一个逻辑函数既可以等于其卡诺图上填 1 的那些最小项之和，也可以等于其卡诺图上填 0 的那些最大项之积，因此，若求某函数的最简或与式，也可以在该函数的卡诺图上合并那些填 0 的相邻项。这种方法简称为圈 0 合并，其化简步骤和化简原则与圈 1 的相同，只要按卡诺圈逐一写出或项，然后将所得的或项相与即可。但需要注意，或项曰 K 圈对应的没有变化的那些变量组成，当变量取值为 0 时写原变量，取值为 1 时写反变量。

【例 2.5.4】 用卡诺图将以下函数式化简为最简或与式：

$$F = \sum m(1,3,4,5,6,7,9,11,13)$$

解：（1）画出 F 的 K 图，如图 2.5.11 所示。

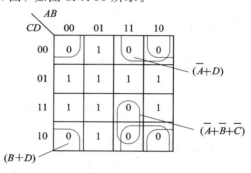

图 2.5.11　例 2.5.4 的卡诺图

（2）画 K 圈，合并 0 格。其规律与圈 1 相同，即 K 圈的数目应最少，K 圈应最大。本例用 3 个 K 圈覆盖所有 0 格。

（3）写出最简或与式：

$$F = (B+D)(\overline{A}+D)(\overline{A}+\overline{B}+\overline{C})$$

【例 2.5.5】 用卡诺图将以下函数式化简为最简或与式：

$$F = (A+\overline{B}+C+D)(\overline{A}+B)(\overline{A}+\overline{C})\overline{C}$$

解：（1）画出 F 的 K 图。本例给出的 F 为一般或与式，因此将每个或项所覆盖的最大项都填 0，得到 F 的 K 图如图 2.5.12 所示。

（2）画 K 圈化简函数。

（3）写出最简或与式：

$$F = \overline{C} \cdot (A+\overline{B}+D)(\overline{A}+B)$$

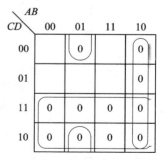

图 2.5.12　例 2.5.5 的卡诺图

卡诺图化简法的优点是简单、直观，用卡诺图进行逻辑函数式的变化也比代数法方便。但当变量数超过 6 个时，化简和变换就不再简单直观了，这时可采用 Q - M 法（或称列表法）借助计算机进行处理。

2.5.3　具有无关项的逻辑函数及其化简

1. 具有无关项的逻辑函数

逻辑问题分为完全描述和非完全描述两种。如果对于输入变量的每一组取值，逻辑函数都有确定的值，则称这类函数为完全描述的逻辑函数。如果对于输入变量的某些取值组合，逻辑函数值不确定，即函数值可以为 0，也可以为 1，那么称这类函数为非完全描述的逻辑函数。对应输出函数值不确定的输入最小项（或最大项）称为无关项。具有无关项的逻辑函数就是非完全描述的逻辑函数。

无关项通常发生在以下两种情况：

(1) 由于某些条件限制或约束，不允许输入变量的某些组合出现，因而它们所对应的函数值可以任意假设，可以为 0，也可以为 1。这些不允许出现的组合所对应的最小项称为约束项（或禁止项）。

(2) 在某些输入变量的取值下，其函数值为 1 或为 0 都可以，并不影响电路的功能。这些使函数不确定的变量取值所对应的最小项称为任意项（或随意项）。

约束项和任意项都称为无关项，包含无关项的逻辑函数一般用以下方式表示：

(1) 在真值表或 K 图中，无关项所对应的函数值用×或∅、d 表示。

(2) 在逻辑表达式中，无关项用 d 表示，约束条件用约束项恒为 0 表示。

【例 2.5.6】　设计一个开关控制灯亮的逻辑电路，分别用变量 A、B、C 表示 3 个开关，用 F 表示灯亮与否。设开关闭合为 1，断开为 0，灯亮为 1，灯灭为 0，如果不允许有两个和两个以上开关同时闭合，试写出灯亮的逻辑函数表达式。

解：根据题意，可列出逻辑函数 F 的真值表如表 2.5.2 所示。

由于不允许有两个和两个以上开关同时闭合，所以 3 个变量 A、B、C 的取值不能出现 011、101、110、111 中的任何一种。这四组取值所对应的最小项为约束项，对应的函数值用×表示。其约束条件可以表示为 $AC=0$，$BC=0$，$AB=0$，$ABC=0$，即 $AB+AC+BC+ABC=0$，也可以写成 $\sum d(3,5,6,7)=0$。因此 F 的逻辑函数表达式可写成

表 2.5.2　例 2.5.6 真值表

A	B	C	F
0	0	0	0
0	0	1	1
0	1	0	1
0	1	1	×
1	0	0	1
1	0	1	×
1	1	0	×
1	1	1	×

$$\begin{cases} F = \overline{A}\,\overline{B}C + \overline{A}B\overline{C} + A\overline{B}\,\overline{C} \\ AB + BC + AC = 0 \end{cases}$$

也可简写成

$$F = \sum m(1,2,4) + \sum d(3,5,6,7)$$

或

$$F = \prod M(0) \cdot \prod d(3,5,6,7)$$

2. 具有无关项逻辑函数的化简

化简包含无关项的逻辑函数时，应充分、合理地利用无关项，使逻辑函数得到更加简单的结果。化简时，将卡诺图中的×（或∅）究竟是作为 1 还是作为 0 来处理应以卡诺圈数

最少、卡诺圈最大为原则。因此，并不是所有的无关项都要覆盖。

【例 2.5.7】 化简例 2.5.6 的输出逻辑函数。

解：根据表 2.5.2 所示的真值表画出 F 的卡诺图，如图 2.5.13 所示。从图中可以看出，若将无关项 m_3、m_5、m_6、m_7 都作为 1，则可求得

$$F = A + B + C$$

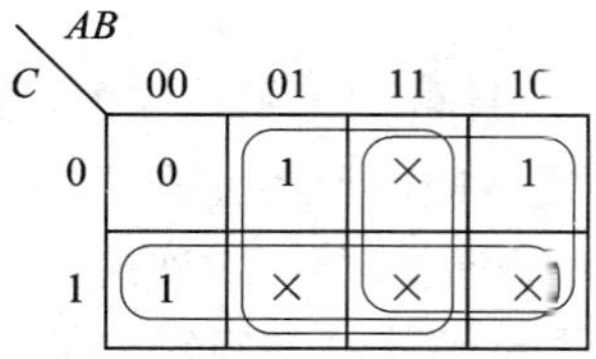

显然，这一结果要比不利用无关项的结果简单得多。该结果说明，只要 3 个开关中有一个闭合，灯就亮。

C \ AB	00	01	11	10
0	0	1	×	1
1	1	×	×	×

图 2.5.13　例 2.5.7 的卡诺图

【例 2.5.8】 试将以下逻辑函数化简为最简与或非式，并用与或非门实现电路。

$$\begin{cases} F = \sum m(2,4,6,8) \\ \overline{ABC} + AB\overline{CD} = 0 \end{cases}$$

解：(1) 画出 F 的卡诺图，如图 2.5.14(a) 所示。

(2) 圈 0 求得 $\overline{F}$ 的最简与或式：

$$\overline{F} = D + AB + AC$$

(3) 将函数 F 变换为最简与或非式：

$$F = \overline{\overline{F}} = \overline{D + AB + AC}$$

(4) 画出逻辑电路，如图 2.5.14(b) 所示。

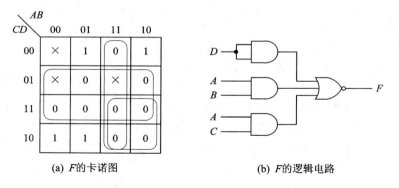

(a) F 的卡诺图　　　(b) F 的逻辑电路

图 2.5.14　例 2.5.8 的卡诺图及逻辑电路

本 章 小 结

(1) 本章介绍了逻辑代数的基本定律、基本公式、运算规则和常用逻辑门的符号，还介绍了逻辑函数的各种表示方法及化简方法。这些基本知识都是分析和设计逻辑电路的数学工具。

逻辑函数可以用真值表、逻辑表达式、逻辑图、卡诺图、波形图等方法表示，这些方法可以相互转换。对于任何一个逻辑函数，其逻辑表达式和逻辑图可以有多种形式，但真值表是唯一的，与真值表对应的最小项表达式(标准与或式)、最大项表达式(标准或与式)也是唯一的。

(2) 在具体逻辑电路的设计中，为了减少门的种类和数量，经常需要将逻辑表达式转换为与之相应的形式，因此必须掌握好常用逻辑表达式及常用逻辑门的表示方法及转换方法。

（3）逻辑函数常用的化简方法是代数法和卡诺图法。代数法化简的特点是变量数不受限制，但缺乏规律性，而且需要一定的技巧和经验；卡诺图法简单、直观，有一定的化简步骤可循，但变量数超过 6 个时就不适用了。

习　题　2

2-1　试用列真值表的方法证明下列等式成立。

（1）$A+BC=(A+B)(A+C)$

（2）$A+\overline{A}B=A+B$

（3）$A\oplus 0=A$

（4）$A\oplus 1=\overline{A}$

（5）$A(B\oplus C)=AB\oplus AC$

（6）$A\oplus\overline{B}=A\odot B=A\oplus B\oplus 1$

2-2　分别用反演规则和对偶规则求出下列函数的反函数式 $\overline{F}$ 和对偶式 F_d。

（1）$F=[(A\overline{B}+C)D+E]B$

（2）$F=AB+(\overline{A}+C)(C+\overline{D}E)$

（3）$F=\overline{A+\overline{B+\overline{C+\overline{D+\overline{E}}}}}$

（4）$F=(A+B+C)\overline{A}\overline{B}\overline{C}=0$

（5）$F=A\oplus B$

2-3　用公式法证明下列各等式。

（1）$AB+\overline{A}C+(\overline{B}+\overline{C})D=AB+\overline{A}C+D$

（2）$BC+D+\overline{D}(\overline{B}+\overline{C})(AD+B)=B+D$

（3）$\overline{A}\overline{C}+\overline{A}B+BC+\overline{A}C D=\overline{A}+BC$

（4）$A\overline{B}+B\overline{C}+C\overline{A}=\overline{A}B+\overline{B}C+\overline{C}A$

（5）$A\oplus B\oplus C=A\odot B\odot C$

（6）$A\oplus B=\overline{A}\oplus\overline{B}$

（7）$\overline{A}CD+A\overline{C}\overline{D}=(A\oplus C)(A\oplus D)$

2-4　对于图 P2-4(a)所示的每一个电路：

（1）写出电路的输出函数表达式，列出完整的真值表。

（2）若将图(b)所示的波形加到图(a)所示电路的输入端，试分别画出 F_1、F_2 的输出波形。

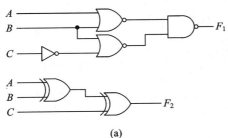

(a)

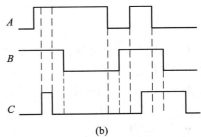

(b)

图 P2-4

2-5　已知逻辑函数的真值表分别如表 P2-5（a）、（b）、（c）所示。

（1）试分别写出各逻辑函数的最小项之和表达式、最大项之积表达式。

（2）分别求出各逻辑函数的最简与或式、最简或与式。

表 P2-5

(a)

A	B	C	F_1
0	0	0	1
0	0	1	1
0	1	0	1
0	1	1	0
1	0	0	0
1	0	1	0
1	1	0	0
1	1	1	0

(b)

A	B	C	F_2
0	0	0	0
0	0	1	1
0	1	0	0
0	1	1	0
1	0	0	1
1	0	1	1
1	1	0	1
1	1	1	0

(c)

A	B	C	F_3
0	0	0	0
0	0	1	0
0	1	0	1
0	1	1	0
1	0	0	0
1	0	1	1
1	1	0	1
1	1	1	1

2-6　对于图 P2-6 所示的每一个电路：

（1）试写出未经化简的逻辑函数表达式。

（2）写出各函数的最小项之和表达式。

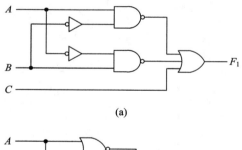
(a)

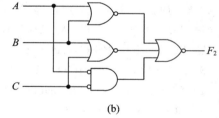
(b)

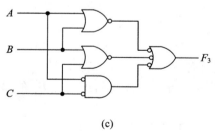
(c)

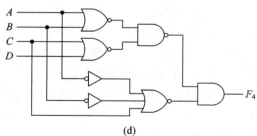
(d)

图 P2-6

2-7　用代数法化简下列逻辑函数，求出最简与或式。

（1）$F = A\bar{B} + B + \bar{A}B$

（2）$F = A\bar{B}C + \bar{A} + B + \bar{C}$

（3）$F = \overline{\bar{A}BC} + \overline{A\bar{B}}$

（4）$F = A\bar{B}CD + ABD + A\bar{C}D$

（5）$F = A\bar{B}(\bar{A}CD + \overline{AD} + \overline{B\bar{C}})(\bar{A} + B)$

（6）$F=AC(\overline{C}D+\overline{A}B)+BC(\overline{\overline{B}+\overline{AD}+CE})$

（7）$F=A\overline{C}+ABC+AC\overline{D}+CD$

（8）$F=A+(\overline{\overline{B}+\overline{C}})(A+\overline{B}+C)(A+B+C)$

（9）$F=B\overline{C}+AB\overline{C}E+\overline{B}(\overline{\overline{A}D+AD})+B(A\overline{D}+\overline{A}D)$

（10）$F=AC+A\overline{C}D+A\overline{B}\overline{E}F+B(D\oplus E)+B\overline{C}D\overline{E}+B\overline{C}\overline{D}E+AB\overline{E}F$

2-8　判断图 P2-8 中各卡诺图的圈法是否正确。如有错请改正，并写出最简与或表达式。

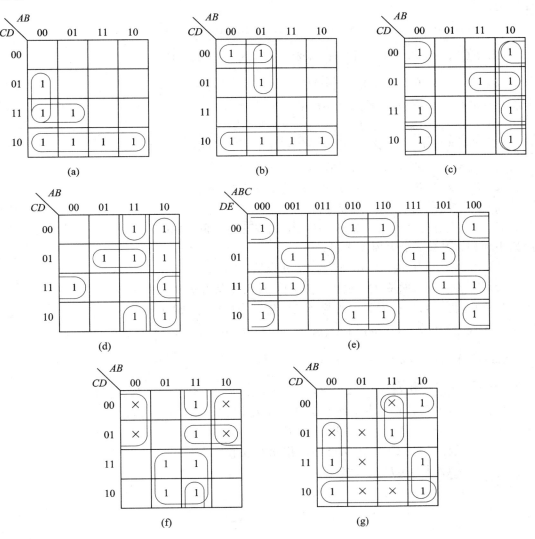

图 P2-8

2-9　用卡诺图化简法将下列函数化简为最简与或式，并画出全部由与非门组成的逻辑电路图。

（1）$F(A,B,C)=\sum m(0,1,2,5,7)$

（2）$F(A,B,C,D)=\sum m(2,3,6,7,8,10,12,14)$

(3) $F(A, B, C, D) = \sum m(2, 3, 4, 5, 8, 9, 14, 15)$

(4) $F(A, B, C, D, E) = \sum m(0, 4, 18, 19, 22, 23, 25, 29)$

(5) $F(A, B, C, D) = \prod M(0, 1, 2, 3, 6, 8, 10, 11, 12)$

(6) $F = AB + ABD + \overline{A}C + BCD$

(7) $F = A\overline{C}\overline{D} + BC + \overline{B}D + A\overline{B} + \overline{A}C + \overline{B}\overline{C}$

2-10 用卡诺图化简法将下列函数化简为最简或与式，并画出全部由或非门组成的逻辑电路图。

(1) $F(A, B, C, D) = \sum m(0, 2, 5, 7, 8, 10, 13, 15)$

(2) $F(A, B, C, D) = \prod M(0, 2, 3, 7, 8, 10, 11, 13, 15)$

(3) $F(A, B, C, D, E) = \prod M(0, 1, 3, 4, 5, 7, 10, 14, 19, 23, 26, 27, 30, 31)$

(4) $F = \overline{A}\overline{B} + (A\overline{B} + \overline{A}B + AB)C$

(5) $F = (A + B)(A + B + C)(\overline{A} + C)(B + C + D)$

2-11 已知 $F_1 = \overline{A}B\overline{D} + \overline{C}$，$F_2 = (B + C)(A + \overline{B} + D)(\overline{C} + D)$，试求：

(1) $F_a = F_1 \cdot F_2$ 之最简与或式和最简与非-与非式。

(2) $F_b = F_1 + F_2$ 之最简或与式和最简或非-或非式。

(3) $F_c = F_1 \oplus F_2$ 之最简与或非式。

2-12 设有三个输入变量 A、B、C，试按下述逻辑问题列出真值表，并写出它们各自的最小项积之和式、最大项和之积式。

(1) 当 $A + B = C$ 时，输出 F_b 为 1，其余情况为 0。

(2) 当 $A \oplus B = B \oplus C$ 时，输出 F_c 为 1，其余情况为 0。

2-13 将下列具有无关项的逻辑函数化简为最简与或表达式。

(1) $F(A, B, C, D) = \prod M(0, 1, 4, 7, 9, 10, 13) \cdot \prod d(2, 5, 8, 12, 15)$

(2) $F(A, B, C, D) = \sum m(1, 3, 6, 8, 11, 14) + \sum d(2, 4, 5, 13, 15)$

(3) $F(A, B, C, D) = \sum m(0, 2, 4, 5, 10, 12, 15) + \sum d(8, 14)$

2-14 将下列具有约束条件的逻辑函数化简为最简或与表达式：

(1) $\begin{cases} F = AB\overline{C} + A\overline{B}\overline{C} + \overline{A}\overline{B}CD + A\overline{B}C\overline{D} \\ \text{变量 } A、B、C、D \text{ 不可能出现相同的取值} \end{cases}$

(2) $\begin{cases} F = (A \oplus B)C\overline{D} + \overline{A}\overline{B}\overline{C} + \overline{A}CD \\ AB + CD = 0 \end{cases}$

第 3 章　集 成 逻 辑 门　◢◢◢

　　集成逻辑门是数字电路中最基本的逻辑单元。了解各类集成逻辑门的基本特性对于合理地选择和使用器件是十分必要的。本章简要介绍 TTL 集成逻辑门和 CMOS 集成逻辑门的基本工作原理和主要外部特性，并介绍集电极开路门和三态门的主要特点，最后介绍使用集成逻辑门时应注意的问题。

3.1　数字集成电路的分类

　　数字集成电路按其内部采用的半导体器件不同，可以分为双极型数字集成逻辑门和单极型数字集成逻辑门两大类。

　　双极型数字集成逻辑门主要有晶体管-晶体管逻辑（TTL，Transistor Transistor Logic）、射极耦合逻辑（ECL，Emitter Coupled Logic）和集成注入逻辑（I^2L，Integrated Injection Logic）等几种类型。

　　单极型数字集成逻辑门采用金属-氧化物-半导体场效应管构成，简称 MOS（Metal Oxide Semiconductor）集成电路，它可分为 NMOS、PMOS 和 CMOS 等几种类型。

　　TTL 逻辑门电路是应用最早，技术比较成熟的集成电路，其特点是工作速度快，驱动能力强，但功耗大，集成度低；CMOS 逻辑门电路是在 TTL 电路之后出现的一种广泛应用的集成电路，其特点是集成度高，功耗低，抗干扰能力强，工作电压范围宽。早期的 CMOS 器件工作速度较慢，但随着 CMOS 制造工艺的不断改进，其工作速度已赶上甚至超过 TTL 电路，CMOS 电路已成为当前数字集成电路的主流产品，由于它的功耗和抗干扰能力都远远优于 TTL，因此几乎所有的大规模、超大规模集成电路都采用 CMOS 工艺制造。

　　数字集成电路按其集成度可分为以下四类：

　　（1）小规模集成电路（SSI，Small Scale Integration），每片组件内含 10 个以内门电路。

　　（2）中规模集成电路（MSI，Medium Scale Integration），每片组件内含 10～100 个门电路。

　　（3）大规模集成电路（LSI，Large Scale Integration），每片组件内含 100～10 000 个门电路。

　　（4）超大规模集成电路（VLSI，Very Large Scale Integration），每片组件内含 10 000 个以上门电路。

　　目前常用的逻辑门和触发器属于 SSI，常用的译码器、数据选择器、加法器、计数器、移位寄存器等组件属于 MSI。常用的 LSI、VLSI 有只读存储器、随机存取存储器、微处理器、单片微处理机、高速乘法累加器、数字信号处理器以及各类专用集成电路 ASIC 芯片等。

3.2 TTL 集成逻辑门

3.2.1 TTL 与非门的工作原理

典型 TTL 与非门电路如图 3.2.1 所示,它由输入级、中间级和输出级三部分电路组成。

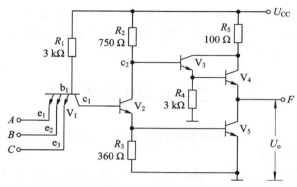

图 3.2.1 典型 TTL 与非门电路

（1）输入级：由多发射极管 V_1 和电阻 R_1 组成,其作用是对输入变量 A、B、C 实现逻辑与,所以它相当于一个与门。

多射极管 V_1 的结构如图 3.2.2(a)所示,其等效电路如图 3.2.2(b)所示。设电源电压 $U_{CC}=5$ V,二极管 $V_1 \sim V_4$ 的正向管压降为 0.7 V,当输入信号 A、B、C 中有一个或一个以上为低电平(0.3 V)时,P_1 点的电压 $U_{P1}=1$ V,c_1 点的电压 $U_{c1}=0.3$ V；当 A、B、C 全部为高电平(3.6 V),c_1 开路时,$U_{P1}=4.3$ V,$U_{c1}=3.6$ V。可见,仅当所有输入都为高时,输出才为高,只要有一个输入为低,输出便是低,所以起到了与门的作用。

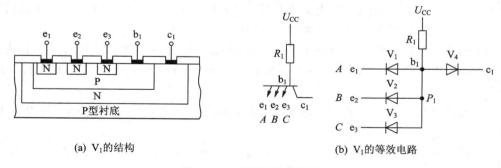

(a) V_1 的结构

(b) V_1 的等效电路

图 3.2.2 多射极晶体管 V_1

（2）中间级：由 V_2、R_2、R_3 组成。它是输出级的驱动电路,可以在 V_2 的集电极和发射极得到两个互补输出信号,分别驱动 V_3、V_5。

（3）输出级：由 V_3、V_4、V_5 和 R_4、R_5 组成。这种电路形式称为推拉式电路,不仅输出阻抗低,带负载能力强,而且可以提高工作速度。

下面分析与非门电路的工作原理。

1. 输入全部为高电平

当输入端全部为高电平 3.6 V 时，由于 V_1 的基极电压 U_{b1} 最多不能超过 2.1 V（$U_{b1}=U_{bc1}+U_{be2}+U_{be5}$），所以 V_1 所有的发射结反偏。这时 V_1 的集电结正偏，V_1 管的基极电流 I_{b1} 流向集电极并注入 V_2 的基极，$I_{b1}=\dfrac{U_{CC}-U_{b1}}{R_1}=\dfrac{5-2.1}{3\times10^3}\approx1\ \text{mA}$。

此时 V_1 处于倒置（反向）运用状态（把实际的集电极用作发射极，而实际的发射极用作集电极），其电流放大系数 $\beta_{反}$ 很小（$\beta_{反}<0.05$），因此 $I_{b2}=I_{c1}=(1+\beta_{反})I_{b1}\approx I_{b1}$。由于 I_{b1} 较大，足以使 V_2 管饱和，且 V_2 管发射极向 V_5 管提供基流，使 V_5 也饱和，因此这时 V_2 的集电极压降为

$$U_{c2}=U_{ces2}+U_{be5}\approx0.3+0.7=1\ \text{V}$$

这个电压加至 V_3 管基极，可以使 V_3 导通。此时 V_3 射极电位 $U_{e3}=U_{c2}-U_{be3}\approx0.3\ \text{V}$，它不能驱动 V_4，所以 V_4 截止。V_5 由 V_2 提供足够的基流，处于饱和状态，因此输出为低电平，即

$$U_o=U_{oL}=U_{ces5}\approx0.3\ \text{V}$$

2. 输入端至少有一个为低电平

当输入端至少有一个为低电平（0.3 V）时，相应低电平的发射结正偏，V_1 的基极电位 U_{b1} 被钳在 1 V，因而使 V_1 其余输入为高电平的发射结反偏截止。此时 V_1 的基极电流 I_{b1} 经过导通的发射结流向低电平输入端，而 V_2 的基极只可能有很小的反向基极电流进入 V_1 的集电极，所以 $I_{c1}\approx0$，但 V_1 的基流 I_{b1} 很大，因此这时 V_1 处于深饱和状态：

$$U_{ces1}\approx0,\quad U_{c1}\approx0.3\ \text{V}$$

所以 V_2、V_5 均截止。此时 V_2 的集电极电位 $U_{c2}\approx U_{CC}=5\ \text{V}$，足以使 V_3、V_4 导通，因此输出为高电平，即

$$U_o=U_{oH}=U_{c2}-U_{be3}-U_{be4}\approx5-0.7-0.7=3.6\ \text{V}$$

综上所述，当输入端全部为高电平（3.6 V）时，输出为低电平（0.3 V），这时 V_5 饱和，电路处于开门状态；当输入端至少有一个为低电平（0.3 V）时，输出为高电平（3.6 V），这时 V_5 截止，电路处于关门状态。由此可见，电路的输出和输入之间满足与非逻辑关系：

$$F=\overline{A\cdot B\cdot C}$$

两种输入条件下 TTL 与非门的各级工作状态归纳如表 3.2.1 所示。

表 3.2.1　TTL 与非门的各级工作状态归纳

输　入	V_1	V_2	V_3	V_4	V_5	输　出	与非门状态
全部为高电位	倒置工作	饱和	导通	截止	饱和	低电平 U_{oL}	开门
至少有一个为低电位	深饱和	截止	微饱和	导通	截止	高电平 U_{oH}	关门

TTL 与非门具有较高的开关速度和较强的带负载能力，其主要原因如下：

(1) 输入级采用了多射极管，缩短了 V_2 和 V_5 的开关时间，提高了开关速度。当输入端全部为高电平时，V_1 处于倒置工作状态。此时 V_1 向 V_2 提供较大的基极电流，使 V_2、V_5 迅速导通饱和。当 V_1 某一输入端突然从高电平变到低电平时，I_{b1} 转而流向 V_1 低电平输入端，即为 V_1 正向工作的基流，该瞬间将产生一股很大的集电极电流 I_{c1}，正好为 V_2 和

V_5 提供很大的反向基极电流，使 V_2 和 V_5 基区的存储电荷迅速消散，因而加快了 V_2 和 V_5 的截止过程，提高了开关速度。

（2）输出级采用了推拉式结构，提高了带负载能力。当与非门输出高电平时，V_5 截止，V_3、V_4 导通，组成射极跟随器，其输出阻抗很低，有较强的驱动能力，可向负载提供较大的驱动电流；当与非门输出低电平时，V_4 截止，V_5 处于深饱和状态，输出阻亢也很低，可以接收较大的灌电流，因此也有较强的带负载能力。

推拉式输出级还能驱动较大的电容负载而不致影响其开关速度。因为推拉式输出级无论在输出高电平或低电平时其输出阻抗都很低，当输出端接有电容负载时，对负载电容的充放电时常数都比较小，因而输出波形可获得较好的上升沿和下降沿。

3.2.2 TTL 与非门的特性与参数

1. 电压传输特性

电压传输特性是指输出电压跟随输入电压变化的关系曲线，即 $U_o = f(U_i)$ 函数关系，它可以用图 3.2.3 所示的曲线表示。由图可见，曲线大致分为以下四段：

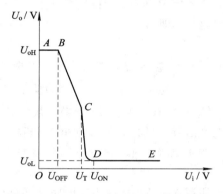

图 3.2.3 TTL 与非门的电压传输特性

AB 段（截止区）：当 $U_i \leqslant 0.6$ V 时，V_1 工作在深饱和状态，$U_{ces1} < 0.1$ V，$U_{be2} < 0.7$ V，故 V_2、V_5 截止，V_3、V_4 均导通，输出高电平 $U_{oH} = 3.6$ V。

BC 段（线性区）：当 0.6 V $\leqslant U_i < 1.3$ V 时，0.7 V $\leqslant U_{b2} < 1.4$ V，V_2 开始导通，V_5 尚未导通。此时 V_2 处于放大状态，其集电极电压 U_{c2} 随着 U_i 的增加而下降，并通过 V_3、V_4 射极跟随器使输出电压 U_o 也下降，下降斜率近似等于 $-R_2/R_3$。

CD 段（转折区）：当 1.3 V $\leqslant U_i < 1.4$ V 时，V_5 开始导通，此时 V_2 发射极到地的等效电阻为 $R_3 /\!/ R_{be5}$，比 V_5 截止时的 R_3 小得多，因而 V_2 放大倍数增加，近似为 $-R_2/(R_3 /\!/ R_{be5})$，这时 U_{c2} 迅速下降，输出电压 U_o 也迅速下降，最后 V_3、V_4 截止，V_5 进入饱和状态。

DE 段（饱和区）：当 $U_i \geqslant 1.4$ V 时，随着 U_i 增加 V_1 进入倒置工作状态，V_3 导通，V_4 截止，V_2、V_5 饱和，因而输出低电平 $U_{oL} = 0.3$ V。

由电压传输特性可以得出以下几个重要参数：

（1）输出高电平 U_{oH} 和输出低电平 U_{oL}。电压传输特性的截止区的输出电压 $U_{oH} = 3.6$ V，饱和区的输出电压 $U_{oL} = 0.3$ V。

一般产品手册给出输出高电平的下限值 $U_{oH\,min} = 2.4$ V，输出低电平的上限值 $U_{oL\,max} = 0.4$ V。

（2）开门电平 U_{ON} 和关门电平 U_{OFF}。保持输出电平为低电平时所允许输入高电平的最小值，称为开门电平 U_{ON}，即只有当 $U_i > U_{ON}$ 时，输出才为低电平；保持输出电平为高电平时所允许输入低电平的最大值，称为关门电平 U_{OFF}，即只有当 $U_i \leqslant U_{OFF}$ 时，输出才是高电平。

一般产品手册给出输入高电平的最小值 $U_{iH\,min} = 2$ V，输入低电平的最大值 $U_{iL\,max} = 0.3$ V。因此 U_{ON} 的典型值为 $U_{iH\,min} = 2$ V，U_{OFF} 的典型值为 $U_{iL\,max} = 0.8$ V。

(3) 阈值电压 U_T。阈值电压也称门槛电压，电压传输特性上转折区中点所对应的输入电压，$U_T \approx 1.3$ V，可以将 U_T 看成与非门导通（输出低电平）和截止（输出高电平）的分界线。

(4) 噪声容限 U_{NL}、U_{NH}。实际应用中由于外界干扰、电源波动等原因，可能使输入电平 U_i 偏离规定值。为了保证电路可靠工作，应对干扰的幅度有一定限制，称为噪声容限，其示意图如图 3.2.4 所示，图中 G_1 门的输出作为 G_2 门的输入。

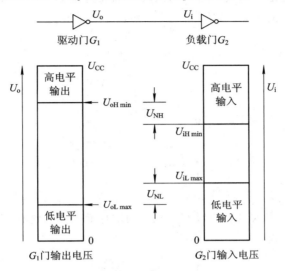

图 3.2.4　噪声容限示意图

允许叠加在输入低电平上的最大噪声电压（正向干扰）称为低电平噪声容限，用 U_{NL} 表示：

$$U_{NL} = U_{OFF} - U_{oL\,max} = U_{iL\,max} - U_{oL\,max}$$

允许叠加在输入高电平上的最大噪声电压（负向干扰）称为高电平噪声容限，用 U_{NH} 表示：

$$U_{NH} = U_{oH\,min} - U_{ON} = U_{oH\,min} - U_{iH\,min}$$

TTL 门电路 74 系列的典型参数为 $U_{oH\,min} = 2.4$ V，$U_{iH\,min} = 2$ V，$U_{iL\,max} = 0.8$ V，$U_{oL\,max} = 0.4$ V，因此可求得 $U_{NH} = 0.4$ V，$U_{NL} = 0.4$ V。

2. 输入特性

输入特性是指输入电流与输入电压之间的关系曲线，即 $I_i = f(U_i)$ 的函数关系。典型的输入特性如图 3.2.5 所示。

设输入电流 I_i 由信号源流入 V_1 发射极时方向为正，反之为负。从图 3.2.5 可以看出，当 $U_i < U_T$ 时，I_i 为负，即 I_i 流入信号源，对信号源形成灌电流负载；当 $U_i > U_T$ 时，I_i 为正，I_i 流入 TTL 门，对信号源形成拉电流负载。

（1）输入短路电流 I_{iS}。当 $U_i = 0$ 时，输入电流称为输入短路电流，其典型值约为 -1.5 mA。

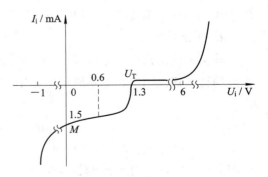

图 3.2.5　TTL 与非门输入特性

（2）输入漏电流 I_{iH}。当 $U_i > U_T$ 时，输入电流称为输入漏电流，即 V_1 倒置工作时的反向漏电流，其电流值很小，约为 10 μA。

应注意，在 $U_i > 7$ V 以后 V_1 的 ce 结将发生击穿，使 I_i 猛增。此外，当 $U_i \leqslant -1$ V 时，V_1 的 be 结也可能烧毁。这两种情况下都会使与非门损坏，因此在使用时，尤其是混合使用电源电压不同的集成电路时，应采取相应的措施，使输入电位钳制在安全工作区内。

3. 输入负载特性

在实际应用中，经常会遇到输入端经过一个电阻接地的情况，如图 3.2.6 所示，电阻 R_i 上的电压 U_i 在一定范围内会随着电阻值的增加而升高。输入负载特性就是指输入电压 U_i 随输入负载 R_i 变化的关系，如图 3.2.7 所示。

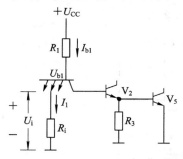

图 3.2.6　TTL 与非门输入负载图　　　　图 3.2.7　TTL 与非门输入负载特性

由图 3.2.7 可见，当 R_i 较小时，U_i 随 R_i 的增加而升高，此时 V_5 截止，忽略 V_2 基极电流的影响，可近似认为

$$U_i = \frac{U_{CC} - U_{be1}}{R_1 + R_i} R_i$$

当 R_i 很小时，U_i 很小，相当于输入低电平，输出高电平。为了保持电路稳定地输出高电平，必须使 $U_i \leqslant U_{OFF}$。若 $U_{OFF} = 0.8$ V，$R_1 = 3$ kΩ，则可求得 $R_i \leqslant 0.7$ kΩ，这个电阻值称为关门电阻 R_{OFF}。可见，要使与非门稳定地工作在截止状态，必须选取 $R_i < R_{OFF}$。

当 R_i 较大时，U_i 进一步增加，但它不能一直随 R_i 的增加而升高。因为当 $U_i = 1.4$ V 时，$U_{b1} = 2.1$ V，此时 V_5 已经导通，由于受 V_1 集电结和 V_2、V_5 发射结的钳位作用，U_{b1} 将保持在 2.1 V，致使 U_i 也不能超过 1.4 V，见图 3.2.7。

为了保证与非门稳定地输出低电平，应该有 $U_i \geqslant U_{ON}$。此时求得的输入电阻称为开门电阻，用 R_{ON} 表示。对于典型 TTL 与非门，$R_{ON} = 2$ kΩ，即 $R_i \geqslant R_{ON}$ 时才能保证与非门可靠导通。

4. 输出特性

输出特性是指输出电压 U_o 随输出电流 I_L（即负载电流）变化的关系。输出电压为低电平时的输出特性如图 3.2.8 所示；输出电压为高电平时的输出特性如图 3.2.9 所示。

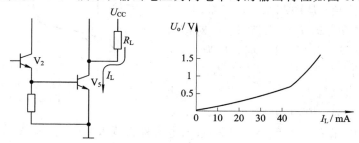

图 3.2.8　TTL 与非门输出电压为低电平时的输出特性

　　(1) 与非门处于开态时，输出低电平，此时 V_5 饱和，输出电流 I_L 从负载流进 V_5，形成灌电流；当灌电流增加时，V_5 饱和程度减轻，因而 U_{oL} 随 I_L 的增加略有增加。V_5 输出电阻约 $10\sim20$ Ω。若灌电流很大，使 V_5 脱离饱和进入放大状态，则 U_{oL} 将很快增加，这是不允许的。通常为了保证 $U_{oL}\leqslant0.35$ V，应使 $I_L\leqslant25$ mA。

　　(2) 与非门处于关态时，输出高电平。此时 V_5 截止，V_3 微饱和，V_4 导通，负载电流为拉电流，如图 3.2.9(a)、(b) 所示。由特性曲线可见，当拉电流 $I_L<5$ mA 时，V_3、V_4 处于射随器状态，因而输出高电平 U_{oH} 变化不大；当 $I_L>5$ mA 时，V_3 进入深饱和，由于 $I_{R5}\approx I_L$，$U_{oH}=U_{CC}-U_{ces3}-U_{be4}-I_LR_5$，因此 U_{oH} 将随着 I_L 的增加而降低。所以，为了保证稳定地输出高电平，要求负载电流 $I_L\leqslant14$ mA，允许的最小负载电阻 R_L 约为 170 Ω。

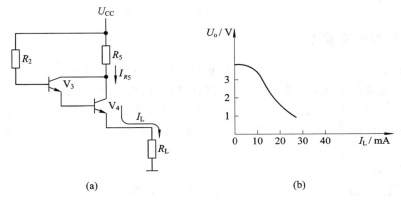

(a)　　　　　　　　　　(b)

图 3.2.9　TTL 与非门输出电压为高电平时的输出特性

5. 扇入系数和扇出系数

　　扇入系数 N_i 是指门的输入端数，它由厂家制造时确定，一般 $N_i\leqslant5$。

　　扇出系数 N_o 是指一个门能驱动同类型门的个数。当驱动门输出为低电平时，驱动门承受负载门流入的灌电流，若驱动门允许灌入的最大电流为 $I_{oL\,max}$，每个负载门给驱动门灌入的电流为 I_{iS}，则输出低电平时的扇出系数 $N_{oL}=\dfrac{I_{oL\,max}}{I_{iS}}$；当驱动门输出为高电平时，驱动门承受负载门的拉电流，若驱动门的最大输出拉电流为 $I_{oH\,max}$，流进每个负载门的电流为 I_{iH}，则输出高电平时的扇出系数 $N_{oH}=\dfrac{I_{oH\,max}}{I_{iH}}$。实际上 N_{oH} 远大于 N_{oL}，因此通常说的扇出系数 N_o 是指 N_{oL}，TTL 系列的典型值为 10。

6. 平均延迟时间 t_{pd}

　　平均延迟时间是衡量门电路速度的重要指标，它表示输出信号滞后于输入信号的时间。通常将输出电压由高电平跳变为低电平的传输延迟时间称为导通延迟时间 t_{PHL}，将输出电压由低电平跳变为高电平的传输延迟时间称为截止延迟时间 t_{PLH}。t_{PHL} 和 t_{PLH} 是以输入、输出波形对应边上等于最大幅度的 50% 的两点时间间隔来确定的，如图 3.2.10 所示。t_{pd} 为 t_{PLH} 和 t_{PHL} 的平均值，即

$$t_{pd}=\frac{1}{2}(t_{PHL}+t_{PLH})$$

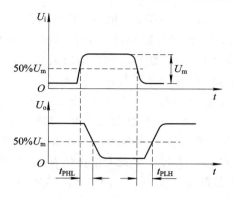

图 3.2.10　TTL 与非门的平均延迟时间

3.2.3　TTL 集成电路系列

前面讨论的 TTL 与非门是 74 标准系列的门电路。TTL 技术在发展过程中，为了提高器件的工作速度和降低功耗，不断改进集成门电路的结构，相继生产了各种 54/74 系列产品。54 系列和 74 系列都有若干子系列，例如 74 系列有 74、74H、74L、74S、74LS、74AS、74ALS、74F 等子系列。54 系列与 74 系列有相同的子系列，主要区别是 54 系列的工作温度范围更宽（54 系列为 $-55\sim+125$℃，74 系列为 $0\sim70$℃），电源允许的工作范围也更大（54 系列为 $5\times(1\pm10\%)$ V，74 系列为 $5\times(1\pm5\%)$ V），因此 54 系列主要用于军品，而 74 系列主要用于民品。有关 TTL 集成逻辑器件的型号命名规则可参考附录三。下面介绍 74 系列主要子系列的特点。

1. 74S 系列

74S（Schottky TTL）系列又称肖特基系列。典型的肖特基 TTL 与非门电路如图 3.2.11 所示。为了提高速度，它采用了以下措施。

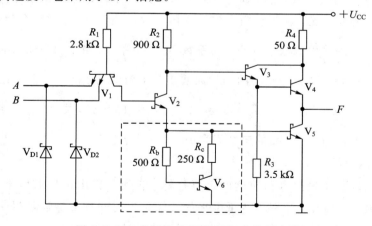

图 3.2.11　典型的肖特基 TTL 与非门电路

（1）采用了肖特基抗饱和三极管。肖特基抗饱和三极管由普通的双极型三极管和肖特基势垒二极管（SBD，Schottky Barrier Diode）组合而成，如图 3.2.12 所示。图（a）中 SBD 的正向压降约为 0.3 V，而且开关速度比一般 PN 结二极管高许多。在晶体管的 bc 结上并联一个 SBD 便构成了抗饱和晶体管，或称肖特基晶体管，其符号如图 3.2.12（b）所示。

SBD 的引入使得晶体管不会进入深饱和，其 U_{be} 限制在 0.3 V 左右，从而缩短了存储时间，提高了开关速度。图 3.2.11 所示的电路中除 V_4 外，所有晶体管都采用了肖特基晶体管。

（2）增加了有源泄放网络（如图 3.2.11 中虚线框所示）。该网络的主要作用有两个：第一，改善电压传输特性，即克服图 3.2.3 中 BC 段，使整个传输特性转换段（BCD）的斜率均匀一致，从而接近理想开关，低电平噪声容限也得到提高；第二，加速 V_5 的转换过程并且减轻 V_5 的饱和深度，从而提高整个电路的开关速度。

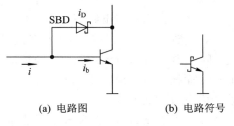

(a) 电路图   (b) 电路符号

图 3.2.12 肖特基抗饱和三极管

图 3.2.11 中输入端加有阻尼二极管 V_{D1}、V_{D2}，主要是为了减少输入连线上的负尖峰干扰脉冲。

2. 74LS 系列

性能比较好的门电路应该是工作速度快，功耗低。因此，通常用功耗和传输延迟时间的乘积（简称延迟-功耗积）来评价门电路性能的优劣。延迟-功耗积越小，门电路的综合性能就越好。

74LS(Low-power Schottky TTL) 系列又称低功耗肖特基系列。为了降低功耗，大幅度提高了电路中各个电阻的阻值；为了缩短延迟时间，提高开关速度，该系列沿用了 74S 系列的两个方法——使用抗饱和三极管和引入有源泄放电路，同时还采用了将输入端的多发射极三极管也用 SBD 代替等措施。因此，74LS 系列成为延迟-功耗积较小的系列，并得到了广泛应用。

3. 74AS、74ALS、74F 系列

74AS(Advanced Schottky TTL) 系列、74ALS(Advanced Low-power Schottky TTL) 系列又称先进肖特基系列、先进低功耗肖特基系列，它们均是目前性能较好的 TTL 门电路。

74AS 系列是为了进一步缩短延迟时间而设计的改进系列，其电路结构与 74LS 系列相似，但电路中采用了很低的电阻值，从而提高了工作速度，其缺点是功耗较大。

74ALS 系列是为了获得更小的延迟-功耗积而设计的改进系列。为了降低功耗，电路中采用了较高的电阻值。更主要的是在生产工艺上进行了改进，同时在电路结构上也进行了局部改进，因而使器件达到高性能，它的延迟-功耗积是 TTL 电路所有系列中最小的。

74F(Fast TTL) 系列又称快捷 TTL 系列，在速度和功耗两方面都介于 74AS 和 74ALS 系列之间。表 3.2.2 列出了 TTL 主要子系列的一些参数，可用于进行比较。

表 3.2.2 TTL 主要子系列部分参数对比

参数名称	74	74S	74LS	74AS	74ALS	74F
传输延迟时间 t_{pd}/ns	10	3	9.5	1.5	4	3
门功耗 P_D/mW	10	19	2	10	1.2	4
延迟-功耗积 DP/pJ	100	57	19	15	4.8	12
扇出系数 N_o	10	10	20	40	20	20

3.2.4　集电极开路门和三态门

一般的 TTL 门电路在使用时应注意以下两点：

（1）输出端不能直接和地线或电源线（＋5 V）相连。因为当输出端与地短路时，会造成 V_3、V_4 管的电流过大而损坏；当输出端与 ＋5 V 电源线短接时，V_5 管会因电流过大而损坏。

（2）两个 TTL 门的输出端不能直接并接在一起。例如在图 3.2.13 所示电路中，当两个门并接时，若一个门输出为高电平，另一个门输出为低电平，则会有一个很大的电流从截止门的 V_4 管流到导通门的 V_5 管。这个电流会使导通门的输出低电平抬高，违反逻辑电平的规定。

下面所要介绍的集电极开路门和三态门是允许输出端直接并联在一起的两种 TTL 门，并且用它们还可以构成线与逻辑及线或逻辑。

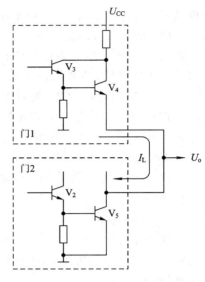

图 3.2.13　两个 TTL 门输出端并接的情况

1. 集电极开路门

集电极开路门又称 OC(Open Collector)门，其电路结构及 IEEE/ANSI 标准符号如图 3.2.14 所示，图(a)中 V_5 集电极开路，使用时需要外接电阻 R_L，图(b)和(c)分别为 OC 门的特定外形符号和矩形轮廓符号，符号中的菱形记号表示是 OC 输出结构的逻辑门。

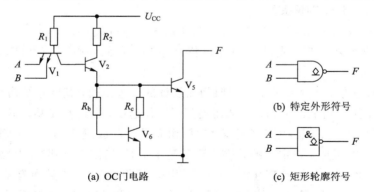

(a) OC门电路　　　　　　　　　(c) 矩形轮廓符号

(b) 特定外形符号

图 3.2.14　集电极开路门

OC 门的输出端可以直接并接，图 3.2.15 是两个 OC 与非门输出端并接的例子。图中只要有一个门的输出为低电平，则 F 输出为低，只有所有门的输出为高电平，F 输出才为高，因此相当于在输出端实现了"线与"的逻辑功能：

$$F = \overline{AB} \cdot \overline{CD} = \overline{AB + CD}$$

外接上拉电阻 R_L 的选取应保证：输出高电平时，不低于输出高电平的最小值 $U_{oH\,min}$；输出低电平时，不高于输出低电平的最大值 $U_{oL\,max}$。

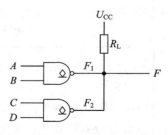

图 3.2.15　OC 门线与逻辑

当所有 OC 门都为截止状态(输出高电平)时,流过 RL 的电流 I_{RL} 如图 3.2.16(a)所示,可求得

$$R_{\mathrm{L\,max}} = \frac{U_{\mathrm{CC}} - U_{\mathrm{oH\,min}}}{nI_{\mathrm{oH}} + kI_{\mathrm{iH}}}$$

式中:n 为 OC 门的个数;I_{oH} 为 OC 门输出高电平时流入每个 OC 门的漏电流;k 为并联负载门输入端的个数;I_{iH} 为负载门的输入端为高电平时流入每个输入端的输入电流。

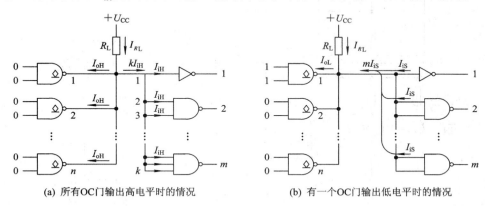

(a) 所有 OC 门输出高电平时的情况 (b) 有一个 OC 门输出低电平时的情况

图 3.2.16 外接上拉电阻 R_{L} 的选取

当有一个 OC 门处于导通状态(输出低电平),其他输出均为高电平时,负载电流全部流入导通门,这是最不利的情况,此时应保证灌电流 I_{oL} 不超过额定值 $I_{\mathrm{oL\,max}}$,若忽略流过截止管的漏电流,此时流过 R_{L} 的电流为 $I_{\mathrm{oL\,max}} - mI_{\mathrm{iS}}$,如图 3.2.16(b)所示,可求得

$$R_{\mathrm{L\,min}} = \frac{U_{\mathrm{CC}} - U_{\mathrm{oL\,max}}}{I_{\mathrm{oL\,max}} - mI_{\mathrm{iS}}}$$

式中:$I_{\mathrm{oL\,max}}$ 是导通 OC 门允许输入的最大灌电流;I_{iS} 为负载门的输入短路电流;m 为负载门的个数。综合以上两种情况,R_{L} 的选取应满足:

$$R_{\mathrm{L\,min}} < R_{\mathrm{L}} < R_{\mathrm{L\,max}}$$

OC 门除了可以实现线与逻辑功能外,还可以驱动发光二极管,如图 3.2.17 所示。另外,OC 门也可以实现逻辑电平转换,例如将 TTL 电路的电平转换为 CMOS 电路的电平,只需将上拉电阻 R_{L} 接至 CMOS 电路的电源即可。

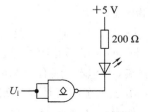

图 3.2.17 利用 OC 门实现逻辑电平转换

2. 三态门

三态(Three-State)门简称 TS 门。普通 TTL 门的输出只有两种状态——逻辑 0 和逻辑 1,这两种状态都是低阻输出。三态门还有第三种状态——高阻态(High-Impedance State),这时输出端相当于悬空。图 3.2.18(a)为三态与非门的电路结构。从电路图中可以看出,三态与非门由两部分电路组成:上半部是三输入的与非门;下半部为控制电路,是一个快速非门。控制电路的输入端为 $\overline{\mathrm{EN}}$,输出为 F',F' 一方面接到与非门的一个输入端,另一方面通过二极管 V_{D1} 和与非门的 V_3 管基极相连。

当 $\overline{\mathrm{EN}} = 0$ 时,V_7、V_8 管截止,F' 输出高电位,二极管 V_{D1} 截止,它对与非门不起作用,这时三态门和普通与非门一样,$F = A \cdot B$。

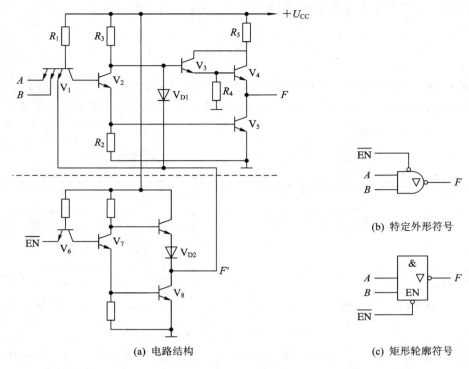

(a) 电路结构

(b) 特定外形符号

(c) 矩形轮廓符号

图 3.2.18　三态与非门

当 $\overline{EN}=1$ 时，V_7、V_8 饱和，F' 输出低电位，这时因 V_1 的一个输入为低，使 V_2、V_5 截止，同时因 $F'=0$，V_{D1} 导通，使 V_3 的基极电位（V_{D1} 导通电压与 V_8 饱和压降之和）被钳制在 1 V 左右，致使 V_4 也截止。这样 V_4、V_5 都截止，输出端呈现高阻态，即相当于悬空或断路状态。

图 3.2.18(b)、(c)是三态与非门的 IEEE/ANSI 标准符号，其中图(b)为特定外形符号，图(c)为矩形轮廓符号。符号中的倒三角"▽"记号表示逻辑门是三态输出，$\overline{EN}$ 为使能控制端，$\overline{EN}$ 输入端有小圆圈表示低电平有效（若没有小圆圈，则表示高电平有效）。

由于三态门有使能控制端，所以其功能描述与普通逻辑门也不相同。三态与非门的真值表如表 3.2.3 所示，其输出函数表达式可写成：

$$\overline{EN}=0,\ F=\overline{AB}$$

$$\overline{EN}=1,\ F\ \text{为高阻态}$$

三态与非门的输入、输出波形如图 3.2.19 所示，图中当 $\overline{EN}=1$ 时，F 为高阻态，用悬浮电平表示。

表 3.2.3　三态与非门的真值表

$\overline{EN}$	A	B	F
0	0	0	1
0	0	1	1
0	1	0	1
0	1	1	0
1	×	×	Z

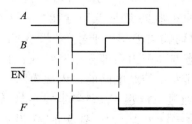

图 3.2.19　三态与非门的输入、输出波形

三态门有两种控制模式：一种是控制端$\overline{EN}$为低电平时三态门工作，$\overline{EN}$为高电平时三态门禁止，如图 3.2.20(a)所示；另一种是控制端 EN 为高电平时三态门工作，EN 为低电平时三态门禁止，如图 3.2.20(b)所示。

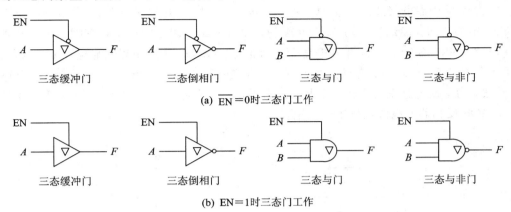

(a) $\overline{EN}=0$ 时三态门工作

(b) EN=1 时三态门工作

图 3.2.20　两种控制模式的三态门符号

三态门的主要用途是可以实现在同一个公共通道上轮流传送 n 个不同的信息，如图 3.2.21(a) 所示，这个公共通道通常称为总线，各个三态门可以在控制信号的控制下与总线相连或脱离。挂接总线的三态门在任何时刻只能有一个控制端有效，即只有一个门传输数据，因此三态门常用在数据总线中分时传送数据。

也可以利用三态门实现双向传输，如图 3.2.21(b)所示。当 EN＝0 时，G_1 门工作，G_2 门禁止，数据从 A 传送到 B；当 EN＝1 时，G_1 门禁止，G_2 门工作，数据可以从 B 传送到 A。

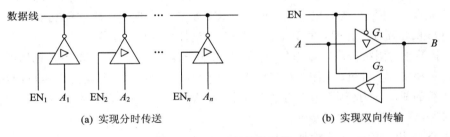

(a) 实现分时传送

(b) 实现双向传输

图 3.2.21　三态门的应用

3.3　CMOS 集成逻辑门

MOS 集成逻辑门是采用半导体场效应管作为开关元件的数字集成电路，它分为PMOS、NMOS 和 CMOS 三种类型。PMOS 电路是早期产品，其结构简单，易于制造，成品率高，但开关速度低，而且采用负电源，不便于与 TTL 电路连接。NMOS 电路速度高，集成度高，而且采用正电源，便于与 TTL 电路连接。NMOS 比较适用于大规模数字集成电路，如存储器和微处理器等，不适用于制成通用逻辑电路，主要原因是 NMOS 电路带电容性负载的能力较弱。CMOS 电路又称互补 MOS 电路，它是性能较好的一种电路，特别适用于通用逻辑电路的设计，CMOS 电路目前在大规模集成电路中已得到普遍应用。下面着重讨论 CMOS 逻辑门电路。

3.3.1 CMOS 反相器

1. CMOS 反相器的工作原理

CMOS 反相器电路如图 3.3.1(a)所示，它由两个增强型 MOS 场效应管组成，其中 V_1 为 NMOS 管，称为驱动管，V_2 为 PMOS 管，称为负载管。图 3.3.1(b)是 CMOS 反相器的简化电路。NMOS 管的栅源开启电压 U_{TN} 为正值，PMOS 管的栅源开启电压 U_{TP} 为负值，其数值均在 $2\sim5$ V 之间。当 $U_{GS1}>U_{TN}$ 时，NMOS 管 V_1 导通；当 $U_{GS2}<U_{TP}$ 时，PMOS 管 V_2 导通。为了使电路正常工作，要求电源电压 $U_{DD}>(U_{TN}+|U_{TP}|)$。U_{DD} 可在 $3\sim18$ V 之间，CMOS 反相器的电源电压工作范围很宽。

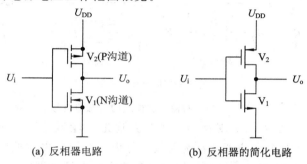

(a) 反相器电路　　　　(b) 反相器的简化电路

图 3.3.1　CMOS 反相器

当 $U_i=U_{iL}=0$ V 时，$U_{GS1}=0$，因此 V_1 管截止，而此时 $U_{GS2}=U_i-U_{DD}=-U_{DD}<U_{TP}$，$V_2$ 导通，且导通内阻很低，所以 $U_o=U_{oH}\approx U_{DD}$，即输出为高电平。

当 $U_i=U_{iH}=U_{DD}$ 时，$U_{GS1}=U_{DD}>U_{TN}$，V_1 导通，而 $U_{GS2}=0>U_{TP}$，因此 V_2 截止。此时 $U_o=U_{oL}\approx0$，即输出为低电平。可见，CMOS 反相器实现了逻辑非的功能。

CMOS 反相器在工作时，由于在静态下 U_i 无论是高电平还是低电平，V_1 和 V_2 中总有一个截止，且截止时阻抗极高，流过 V_1 和 V_2 的静态电流很小，因此 CMOS 反相器的静态功耗非常低，一般在 μW 量级；又因为静态时 V_1、V_2 只有一个导通，其沟道电阻可制造得较小，对电容负载的驱动能力较强，所以工作速度较快。这是 CMOS 电路最突出的两个优点。

2. CMOS 反相器的主要特性

CMOS 反相器的电压传输特性如图 3.3.2 所示。该特性曲线大致分为 AB、BC、CD 三个阶段。

AB 段：$U_i<U_{TN}$，输入为低电平，此时 $U_{GS1}<U_{TN}$，$U_{GS2}<U_{TP}$，V_1 截止，V_2 导通，所以 $U_o=U_{oH}\approx U_{DD}$，输出为高电平。

CD 段：$U_i>(U_{DD}-|U_{TP}|)>U_{TN}$，输入为高电平，此时 V_1 导通，V_2 截止，所以 $U_o=U_{oL}\approx0$，输出为低电平。

BC 段：$U_{TN}<U_i<(U_{DD}-|U_{TP}|)$，此时由于 $U_{GS1}>U_{TN}$，$U_{GS2}<U_{TP}$，因此 V_1、V_2 均导通。若 V_1、V_2 的参数对称，则 $U_i=1/2\,U_{DD}$ 时两管导通内阻相等，$U_o=1/2\,U_{DD}$。因此，CMOS 反相器的阈值电压为 $U_T\approx1/2\,U_{DD}$。BC 段特性曲线很陡，可见 CMOS 反相器

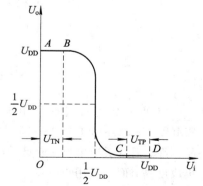

图 3.3.2　CMOS 反相器的电压传输特性

的传输特性接近理想开关特性，因而其噪声容限大，抗干扰能力强。

CMOS 反相器的电流传输特性如图 3.3.3 所示。在 AB 段由于 V_1 截止，阻抗很高，所以流过 V_1 和 V_2 的漏电流几乎为 0。在 CD 段 V_2 截止，阻抗很高，所以流过 V_1 和 V_2 的漏电流也几乎为 0。只有在 BC 段，V_1 和 V_2 均导通时才有电流 i_D 流过 V_1 和 V_2，并且在 $U_i = 1/2\,U_{DD}$ 附近 i_D 最大。

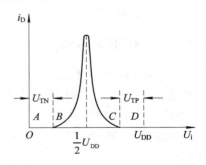

图 3.3.3　CMOS 反相器的电流
传输特性

与 TTL 电路相比，CMOS 电路的电压传输特性接近于理想特性，因此它具有以下优点：

（1）静态功耗低。CMOS 反相器稳定工作时总是有一个 MOS 管处于截止状态，流过的电流为极小的漏电流，因而静态功耗很低，有利于提高集成度。

（2）抗干扰能力强。由于其阈值电压 $U_T \approx 1/2\,U_{DD}$，在输入信号变化时，过渡区变化陡峭，所以低电平噪声容限和高电平噪声容限近似相等，约为 $0.45 U_{DD}$。同时，为了提高 CMOS 门电路的抗干扰能力，还可以通过适当提高 U_{DD} 的方法来实现。这在 TTL 电路中是办不到的。

（3）电源电压工作范围宽，电源利用率高。标准 CMOS 电路的电源电压范围很宽，可在 3～18 V 范围内工作。当电源电压变化时，与电压传输特性有关的参数基本上都与电源电压呈线性关系。CMOS 反相器的输出电压摆幅大，$U_{oH} = U_{DD}$，$U_{oL} = 0$ V，因此电源利用率很高。

3.3.2　CMOS 逻辑门

在 CMOS 反相器的基础上可以构成各种 CMOS 逻辑门。图 3.3.4 为 CMOS 与非门电路，它由 4 个 MOS 管组成。V_1、V_2 是两个串联的 NMOS 管，V_3、V_4 是两个并联的 PMOS 管。当输入 A、B 中有一个或者两个均为低电平时，V_1、V_2 中有一个或两个截止，输出 F 总为高电平。只有当输入 A、B 均为高电平时，输出 F 才为低电平。设高电平为逻辑 1，低电平为逻辑 0，则输出 F 和输入 A、B 之间是与非关系，即 $F = \overline{A \cdot B}$。

图 3.3.5 为 CMOS 或非门电路，它由两个并联的 NMOS 管 V_1、V_2 和两个串联的 PMOS 管 V_3、V_4 组成。在该电路中，只要 A、B 输入中有一个为高电平时，输出 F 就为低电平；只有当 A、B 输入同时为低电平时，才使 V_1 和 V_2 同时截止，V_3 和 V_4 同时导通，输出 F 才为高电平。因此，F 和输入 A、B 之间是或非关系，即 $F = \overline{A + B}$。

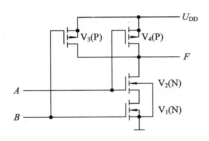

图 3.3.4　CMOS 与非门电路

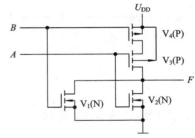

图 3.3.5　CMOS 或非门电路

利用与非门、或非门和反相器还可以组成其他门。此外 CMOS 也有漏极开路输出门电路（OD 门）和 CMOS 三态门，其逻辑符号与 TTL 集电极开路门和三态门的符号相同。

3.3.3 CMOS 传输门

传输门（TG，Transmission Gate）的应用较广泛，不仅可以作为基本单元电路构成各种逻辑电路，用于传输数字信号，还可以传输模拟信号，因此又称模拟开关。图 3.3.6 为 CMOS 传输门的电路结构和逻辑符号，它由 NMOS 管和 PMOS 管并接而成。NMOS 管 V_1 衬底接地，PMOS 管 V_2 衬底接电源 U_{DD}。V_1、V_2 的源极和漏极分别连在一起作为传输门的输入、输出端。两管的栅极分别接一对互补控制信号 C 和 $\overline{C}$。

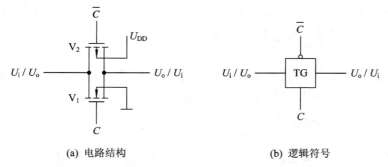

(a) 电路结构　　　　　　　　　(b) 逻辑符号

图 3.3.6　CMOS 传输门

当在控制端 C 加 0 V，在 $\overline{C}$ 端加 U_{DD} 时，只要输入信号的变化范围不超出 0～U_{DD}，则 V_1 和 V_2 同时截止，输入与输出之间呈高阻态（>10^9 Ω），传输门截止。

若 $C=U_{DD}$，$\overline{C}=0$ V，则当 $0<U_i<U_{DD}-U_{TN}$ 时 V_1 导通，而当 $|U_{TP}|<U_i<U_{DD}$ 时 V_2 导通。因此，U_i 在 0～U_{DD} 之间变化时，V_1 和 V_2 至少有一个是导通的，使 U_i 与 U_o 两端之间呈低阻态（小于 1 kΩ），传输门导通。

由于 V_1、V_2 管的结构形式是对称的，即漏极和源极可互换使用，因而 CMOS 传输门属于双向器件，它的输入端和输出端也可以互易使用。

传输门的一个重要用途是作模拟开关，它可以用来传输连续变化的模拟电压信号。模拟开关的基本电路由 CMOS 传输门和一个 CMOS 反相器组成，如图 3.3.7 所示。当 $C=1$ 时，开关接通，当 $C=0$ 时，开关断开，因此只要一个控制电压即可工作。和 CMOS 传输门一样，模拟开关也是双向器件。

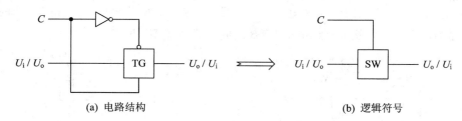

(a) 电路结构　　　　　　　　　　(b) 逻辑符号

图 3.3.7　CMOS 双向模拟开关

3.3.4 CMOS 集成电路系列

目前 CMOS 集成电路产品有 4000 系列、74HC/HCT 系列、74AHC/AHCT 系列、

74VHC/VHCT 系列和 74LVC/LVCT 系列等。

4000 系列是早期产品,后来发展为 4000B 系列,虽然它有较宽的工作电压范围(3～18 V),但传输延迟时间长,带负载能力也较弱。

74HC(High-speed CMOS)系列和 74HCT(High-speed CMOS 和 TTL Compatible)系列均为高速 CMOS 器件,它们在传输延迟时间和带负载能力上基本相同,但其工作电压范围和对输入电平的要求有所不同,74HC 系列的电路与 TTL 电路不兼容,74HCT 系列的电路与 TTL 电路兼容,可与 TTL 器件交换使用。

74AHC/AHCT 系列是改进的高速 CMOS 器件,其工作速度和带负载能力都比74HC/HCT 系列提高了近一倍,而且能与 74HC/HCT 系列产品兼容,因此得到了广泛应用。

表 3.3.1 列出了部分 CMOS 系列的主要参数,可用来进行比较。

表 3.3.1　部分 CMOS 系列的主要参数

逻辑系列	电源电压/V	功耗/(mW/门)	传输延迟/(ns/门)
4000B	3～18	2.5	25～100
74HC/HCT	2～6	1.2	10
74AHC/AHCT	2～6	0.9	5

3.4　集成门电路在使用中的实际问题

3.4.1　TTL 电路与 CMOS 电路的接口

TTL 电路和 CMOS 电路接口时,无论是用 TTL 电路驱动 CMOS 电路还是用 CMOS 电路驱动 TTL 电路,驱动门都必须为负载门提供合乎标准的高、低电平和足够的驱动电流。为了便于对照比较,表 3.4.1 列出了 TTL 和 CMOS 电路的输入、输出特性参数。

表 3.4.1　TTL 和 CMOS 电路的输入、输出特性参数

电路种类＼参数名称	TTL 74 系列	TTL 74LS 系列	CMOS* 4000 系列	高速 CMOS 74HC 系列	高速 CMOS 74HCT 系列
$U_{oH\,min}$/V	2.4	2.7	4.6	4.4	4.4
$U_{oL\,max}$/V	0.4	0.5	0.05	0.1	0.1
$I_{oH\,max}$/mA	−0.4	−0.4	−0.51	−4	−4
$I_{oL\,max}$/mA	16	8	0.51	4	4
$U_{iH\,min}$/V	2	2	3.5	3.5	2
$U_{iL\,max}$/V	0.8	0.8	1.5	1	0.8
$I_{iH\,max}$/μA	40	20	0.1	0.1	0.1
$I_{iL\,max}$/mA	−1.6	−0.4	$−0.1×10^{-3}$	$−0.1×10^{-3}$	$−0.1×10^{-3}$

注:* 表示 4000 系列 CMOS 门电路在 $U_{DD}=5$ V 时的参数。

1. 用 TTL 电路驱动 CMOS 电路

（1）当用 TTL 电路驱动 4000 系列和 74HC 系列 CMOS 电路时，必须设法将 TTL 电路的输出高电平提升到 3.5 V 以上。此时可以在 TTL 电路的输出端接一个上拉电阻（例如 3.3 kΩ）至电源 U_{CC}（+5 V），则 CMOS 电路相当于一个同类 TTL 电路的负载。

如果 CMOS 电路的电源较高，则 TTL 的输出端仍可接一上拉电阻，但需使用集电极开路门电路，如图 3.4.1(a)所示。应注意，上拉电阻的大小对工作速度有一定的影响，这是由于门电路的输入和输出端均存在杂散电容的缘故。上拉电阻的计算与 OC 门外接上拉电阻的计算方法相同。

另一种方案是采用一个专用的 CMOS 电平移动器（例如 40109），它由两种直流电源 U_{CC} 和 U_{DD} 供电，电平移动器接收 TTL 电平（对应于 U_{CC}），而输出 CMOS 电平（对应于 U_{DD}），电路如图 3.4.1(b)所示。

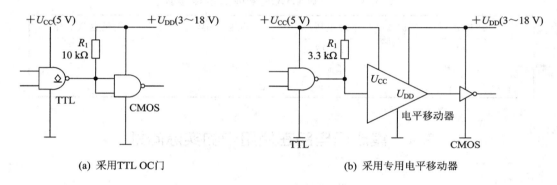

图 3.4.1　TTL 与 CMOS 之间的电平移动

（2）用 TTL 电路驱动 HCT 系列和 AHCT 系列的 CMOS 门电路时，因两类电路性能兼容，故可以直接相接，不需外加元件和器件。

2. 用 CMOS 电路驱动 TTL 电路

当用 CMOS 电路驱动 TTL 电路时，由于 CMOS 驱动电流较小（特别是输出低电平时），所以对 TTL 电路的驱动能力很有限。例如，CD4069（六反相器）只能直接驱动两个 74LS 系列门负载，因此采用 CMOS 驱动器可以提高驱动能力，也可以将同一封装内的门电路并联使用以加大驱动能力，还可以用三极管反相器作为接口电路，即用三极管电流放大器扩展电流驱动能力，其电路如图 3.4.2 所示。

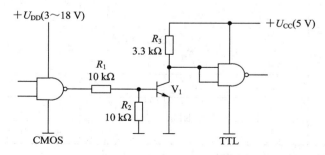

图 3.4.2　CMOS 电路通过三极管放大器驱动 TTL 电路

3.4.2　CMOS 电路的使用注意事项

尽管 CMOS 和大多数 MOS 电路输入有保护电路，但这些电路吸收的瞬变能量有限，太大的瞬变信号会破坏保护电路，甚至破坏电路的工作。为防止这种现象发生，应注意以下几点：

（1）焊接时电烙铁外壳应接地。

（2）器件插入或拔出插座时，所有电压均需除去。

（3）不用的输入端应根据逻辑要求或接电源 U_{DD}（与非门），或接地（或非门），或与其他输入端连接。

（4）输出级所接电容负载不能大于 500 pF，否则会因输出级功率过大而损坏电路。

本 章 小 结

（1）TTL 和 CMOS 两类集成门电路是目前应用最广泛的逻辑器件。本章重点介绍了它们的外部特性，包括电压传输特性、输入特性和输出特性等。在这些特性中，输入和输出高、低电平的最大值与最小值、噪声容限、传输延长时间、功耗、扇出系数等都是逻辑门电路的重要技术参数，只有正确理解这些电气特性，才能合理地选择和使用器件。

（2）普通逻辑门电路的输出端不能直接并接，而集电极/漏极开路门（OC/OD 门）和三态门是允许将输出端直接并接的两种逻辑门。

OC/OD 门输出端连在一起可以实现“线与”功能，同时还可以实现电平转接。三态门的输出除了高、低两个电平之外，还有第三种状态——高阻态。把三态门输出连接在一起可以允许多个器件共用一条数据总线以实现数据的分时传送。

（3）目前生产和使用的数字集成电路种类很多。常用的 TTL 74 系列产品有 74×××、74S×××、74LS×××、74AS×××、74ALS×××、74F××× 等系列，常用的 CMOS 产品有 40××、45×× 及高速 CMOS 产品 74HC×××、74HCT×××、74AHC×××、74AHCT××× 等系列。

在 TTL 和 CMOS 产品中除了 4000 系列和 74××× 标准系列外，均采用了“54/74‘系列标志’×××”的命名方式，其中“74”表示民品，“54”表示军品，“×××”表示器件的品种编号。只要器件的品种编号相同，它们的逻辑功能和引脚功能排列都是相同的，而不同系列的工艺结构和电气特性是不同的。因此应根据不同的条件、要求去选择和使用逻辑器件。

习　题　3

3－1　二极管门电路如图 P3－1 所示。已知二极管导通压降为 0.7 V，A、B、C 高电平输入为 5 V，低电平输入为 0.3 V，试分别列出电路的真值表，写出输出表达式。若图 (a) 输出高电平 $U_{oH} \geqslant 3$ V，试计算负载电阻 R_L 的最小值。

3－2　TTL 与非门电路如图 P3－2 所示。如果在输入端接电阻 R_i，试计算 $R_i = 0.5$ kΩ 和 $R_i = 2$ kΩ 时的输入电压 U_i。

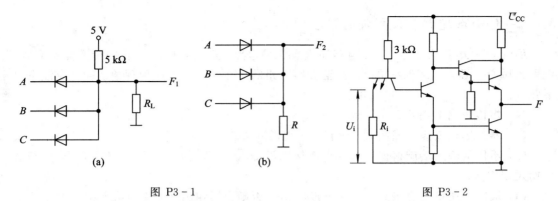

图 P3 - 1   图 P3 - 2

3 - 3　有两组 TTL 与非门器件，分别测得它们的技术参数如下：

A 组：$U_{oH\ min} = 2.4\ V$，$U_{oL\ max} = 0.4\ V$，$U_{iH\ min} = 2\ V$，$U_{iL\ max} = 0.8\ V$

B 组：$U_{oH\ min} = 2.7\ V$，$U_{oL\ max} = 0.5\ V$，$U_{iH\ min} = 2\ V$，$U_{iL\ max} = 0.8\ V$

试分别求出它们的噪声容限，并判断哪组门电路的抗干扰能力强。

3 - 4　TTL 与非门输入端可以有四种接法：① 输入端悬空；② 输入端接高于 2 V、低于 5 V 的电源；③ 输入端接同类与非门的输出高电压 3.6 V；④ 输入端接大于 2 kΩ 的电阻到地。试说明这四种接法都属于输入高电平(逻辑 1)。

3 - 5　TTL 电路拉电流的负载能力小于 5 mA，灌电流的负载能力小于 20 mA，开门电平 $U_{ON} \leqslant 1.8\ V$，关门电平 $U_{OFF} > 0.8\ V$。有人根据图 P3 - 5(a)～(e)所示的逻辑电路图写出 $F_1 \sim F_5$ 表达式分别为

$F_1 = \overline{AB} \cdot \overline{CD}$，$F_2 = AB + CD$，$F_3 = AB + CD$，$F_4 = AB + CD$，$F_5 = \overline{AB + CD}$

试判断这些表达式是否正确，并简述其理由。

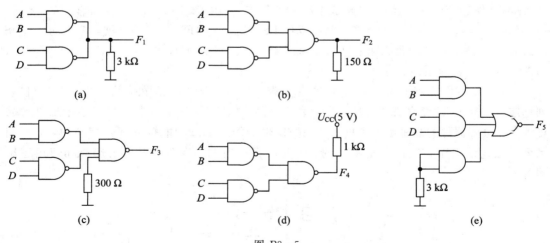

图 P3 - 5

3 - 6　试判断图 P3 - 6 所示各电路能否按各图要求的逻辑关系正常工作。若电路接法有错，则改电路；若电路正确但给定的逻辑关系不对，则写出正确的逻辑表达式。

已知 TTL 的 $I_{oH}/I_{oL} = 0.4\ mA/10\ mA$，$U_{oH}/U_{oL} = 3.6\ V/0.3\ V$，CMOS 门的 $U_{DD} = 5\ V$，$U_{oH}/U_{oL} = 5\ V/0\ V$，$I_{oH}/I_{oL} = 0.5\ mA/0.5\ mA$。

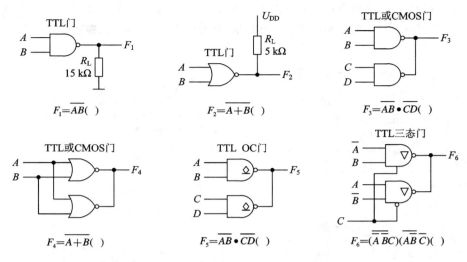

$$F_1 = \overline{AB}(\quad)$$

$$F_2 = \overline{A+B}(\quad)$$

$$F_3 = \overline{\overline{AB} \cdot \overline{CD}}(\quad)$$

$$F_4 = \overline{\overline{A+B}}(\quad)$$

$$F_5 = \overline{AB} \cdot \overline{CD}(\quad)$$

$$F_6 = (\overline{\overline{A\,BC}})(\overline{\overline{A\,B\,C}})(\quad)$$

图 P3 - 6

3 - 7 图 P3 - 7 所示均为 TTL 门电路。

(1) 写出函数 F_1、F_2、F_3、F_4 的逻辑表达式。

(2) 若已知 A、B、C 的波形，分别画出 $F_1 \sim F_4$ 的波形图。

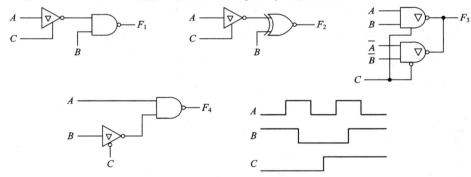

图 P3 - 7

3 - 8 试写出图 P3 - 8 所示电路的逻辑表达式，并用真值表说明这是一个什么逻辑功能部件。

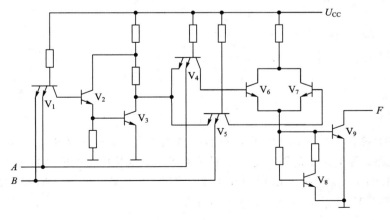

图 P3 - 8

3 - 9　在 CMOS 电路中有时采用图 P3 - 9(a)～(d)所示的扩展功能用法，试分析各图的逻辑功能，写出 $F_1 \sim F_4$ 的逻辑表达式。已知电源电压 $U_{DD} = 10$ V，二极管的正向导通压降为 0.7 V。

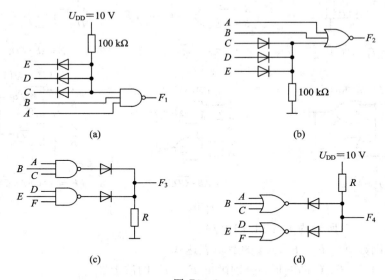

图 P3 - 9

第 4 章　　组合逻辑电路

逻辑电路可以分成两大类：一类是组合逻辑电路，简称组合电路；另一类是时序逻辑电路，简称时序电路。

组合电路的特点是：电路中任一时刻的稳态输出仅仅取决于该时刻的输入，而与电路原来的状态无关。组合电路没有记忆功能，只有从输入到输出的通路，没有从输出到输入的回路，其一般框图如图 4.1 所示。图中，x_1、x_2、$\cdots$、x_n 表示输入变量，F_1、F_2、$\cdots$、F_m 表示输出函数，每一个输出函数可表示为

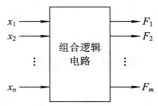

图 4.1　组合逻辑电路框图

$$F_i = f_i(x_1, x_2, \cdots, x_n) \qquad (i = 1, 2, \cdots, m)$$

本章首先介绍组合逻辑电路的一般分析方法和设计方法，然后介绍常用中规模集成组合电路的基本功能及其应用，最后扼要介绍竞争和冒险现象及其消除办法。

4.1　组合逻辑电路的分析

所谓逻辑电路的分析，就是找出给定逻辑电路输出和输入之间的逻辑关系，并指出电路的逻辑功能。分析过程一般按下列步骤进行：

（1）根据给定的逻辑电路，从输入端开始，逐级推导出输出端的逻辑函数表达式。

（2）根据输出函数表达式列出真值表。

（3）用文字概括出电路的逻辑功能。

【例 4.1.1】 分析图 4.1.1 所示组合逻辑电路的逻辑功能。

解：根据给出的逻辑图，逐级推导出输出端的逻辑函数表达式：

$$P_1 = \overline{AB}, \quad P_2 = \overline{BC}, \quad P_3 = \overline{AC}$$

$$F = \overline{P_1 \cdot P_2 \cdot P_3} = \overline{\overline{AB} \cdot \overline{BC} \cdot \overline{AC}} = AB + BC + AC$$

由上式可列出真值表，如表 4.1.1 所示。

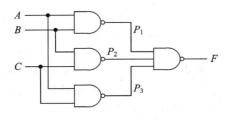

图 4.1.1　例 4.1.1 的逻辑电路

表 4.1.1　例 4.1.1 的真值表

A	B	C	F
0	0	0	0
0	0	1	0
0	1	0	0
0	1	1	1
1	0	0	0
1	0	1	1
1	1	0	1
1	1	1	1

由真值表可以看出，在 3 个输入变量中，只要有两个或两个以上的输入变量为 1，则输出函数 F 为 1，否则为 0。它表示了一种"少数服从多数"的逻辑关系，因此可以将该电路概括为三变量多数表决器。

【例 4.1.2】 分析图 4.1.2(a)所示电路，指出该电路的逻辑功能。

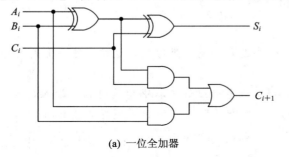

(a) 一位全加器

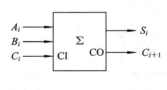

(b) 一位全加器符号

图 4.1.2　例 4.1.2 电路

解：(1) 写出函数表达式：

$$S_i = A_i \oplus B_i \oplus C_i$$
$$C_{i+1} = (A_i \oplus B_i)C_i + A_iB_i$$

(2) 列真值表。根据 S_i 和 C_{i+1} 的表达式可列出真值表，如表 4.1.2 所示。

(3) 分析功能。由真值表可见，当 3 个输入变量 A_i、B_i、C_i 中有一个为 1 或 3 个同时为 1 时，输出 $S_i=1$，而当 3 个变量中有两个或两个以上同时为 1 时，输出 $C_{i+1}=1$，它正好实现了 A_i、B_i、C_i 3 个一位二进制数的加法运算功能，这种电路称为一位全加器。其中，A_i、B_i 分别为两个一位二进制数相加的被加数、加数；C_i 为低位向本位的进位；S_i 为本位和；C_{i+1} 是本位向高位的进位。一位全加器的符号如图 4.1.2(b)所示。

表 4.1.2　例 4.1.2 的真值表

A_i	B_i	C_i	C_{i+1}	S_i
0	0	0	0	0
0	0	1	0	1
0	1	0	0	1
0	1	1	1	0
1	0	0	0	1
1	0	1	1	0
1	1	0	1	0
1	1	1	1	1

如果不考虑低位来的进位，即 $C_i=0$，则这样的电路称为半加器，其真值表和逻辑电路分别如表 4.1.3 和图 4.1.3 所示。

表 4.1.3　半加器的真值表

A_i	B_i	C_{i+1}	S_i
0	0	0	0
0	1	0	1
1	0	0	1
1	1	1	0

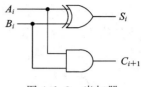

图 4.1.3　半加器

从以上例题可以看出，分析的关键是如何从真值表中找出输出和输入之间的逻辑关系，并用文字概括出电路的逻辑功能。由真值表说明电路的逻辑功能需要对常用的组合电路有所了解。目前常用的组合电路种类很多，主要有算术逻辑运算电路、数值比较器、判别器、编码器、译码器、数据选择器、数据分配器、码制变换电路、奇偶校验电路等，随着集成技术的发展，这些电路目前均已有中规模产品，其功能和应用将在 4.3 节中详细介绍。

4.2　组合逻辑电路的设计

组合逻辑电路的设计是分析的逆过程，它是指根据给定的逻辑功能，设计出实现这些功能的最佳逻辑电路。

工程上的最佳设计通常需要用多个指标去衡量，主要考虑的问题有以下几个方面：

（1）所用的逻辑器件数目最少，器件的种类最少，且器件之间的连线最简单。这样的电路称为"最小化"电路。

（2）满足速度要求，应使级数尽量少，以减少门电路的延迟。

（3）功耗小，工作稳定可靠。

上述"最佳化"是从满足工程实际需要提出的。显然，"最小化"电路不一定是"最佳化"电路，必须从经济指标和速度、功耗等多个指标综合考虑，才能设计出最佳电路。

组合逻辑电路可以采用小规模集成电路实现，也可以采用中规模集成电路器件或存储器、可编程逻辑器件来实现。虽然采用中、大规模集成电路设计时，其最佳含义及设计方法都有所不同，但采用传统的设计方法仍是数字电路设计的基础。因此下面先介绍采用 SSI 设计的实例。

组合逻辑电路的设计一般可按以下步骤进行：

（1）逻辑抽象。将文字描述的逻辑命题转换成真值表称为逻辑抽象。这是十分重要的一步。首先分析逻辑命题，确定输入、输出变量；然后用二值逻辑的 0、1 两种状态分别对输入、输出变量进行逻辑赋值，即确定 0、1 的具体含义；最后根据输出与输入之间的逻辑关系列出真值表。

（2）选择器件类型。根据命题的要求和器件的功能及其资源情况决定采用哪种器件。例如，当选用 MSI 组合逻辑器件设计电路时，对于多输出函数来说，通常选用译码器实现电路较方便，而对单输出函数来说，则选用数据选择器实现电路较方便。

（3）根据真值表和选用逻辑器件的类型，写出相应的逻辑函数表达式。当采用 SSI 集成门设计时，为了获得最简单的设计结果，应将逻辑函数表达式化简，并变换为与门电路相对应的最简式。

当采用 MSI 组合逻辑器件设计时，不需要将逻辑函数式化简，只需将其变换成与所用器件的输出函数表达式相同或相似的形式即可，具体做法将在 4.3 节介绍。采用存储器和可编程逻辑器件设计组合电路的具体做法将在第 8 章介绍。

（4）根据逻辑函数表达式及选用的逻辑器件画出逻辑电路图。

【例 4.2.1】　设计一个一位全减器。

解：（1）列真值表。全减器有 3 个输入变量：被减数 A_n、减数 B_n、低位向本位的借位 C_n；有两个输出变量：本位差 D_n、本位向高位的借位 C_{n+1}。全减器逻辑符号如图 4.2.1(a)所示。根据二进制数的减法规律可列出真值表（如表 4.2.1 所示）。

（2）选器件。选用 SSI 集成门设计。

表 4.2.1　全减器的真值表

A_n	B_n	C_n	C_{n+1}	D_n
0	0	0	0	0
0	0	1	1	1
0	1	0	1	1
0	1	1	1	0
1	0	0	0	1
1	0	1	0	0
1	1	0	0	0
1	1	1	1	1

（3）写逻辑函数式。首先画出 C_{n+1} 和 D_n 的卡诺图，如图 4.2.1(b)所示，然后根据选用的 SSI 器件将 C_{n+1}、D_n 分别化简为相应的函数式。由于该电路有两个输出函数，因此化简时应从整体出发，尽量利用公共项使整个电路门数最少，而不是将每个输出函数化为最简。

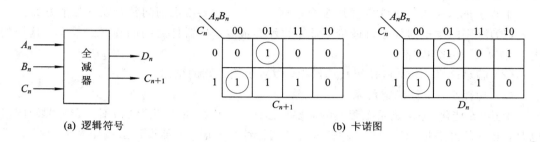

(a) 逻辑符号   (b) 卡诺图

图 4.2.1 全减器框图及卡诺图

本例可选用异或门实现电路。化简 C_{n+1} 和 D_n 时，可将 $\overline{A}_n\overline{B}_nC_n$、$\overline{A}_nB_n\overline{C}_n$ 作为公共项，写出相应的函数式为

$$D_n = \overline{A}_n\overline{B}_nC_n + \overline{A}_nB_n\overline{C}_n + A_n\overline{B}_n\overline{C}_n + A_nB_nC_n$$

$$= A_n \oplus B_n \oplus C_n$$

$$C_{n+1} = \overline{A}_n\overline{B}_nC_n + \overline{A}_nB_n\overline{C}_n + B_nC_n$$

$$= \overline{A}_n(B_n \oplus C_n) + B_nC_n$$

$$= \overline{\overline{A}_n(B_n \oplus C_n) \cdot \overline{B_nC_n}}$$

（4）画出逻辑电路。根据以上表达式画出的逻辑电路如图 4.2.2 所示。
本例也可以采用其他 SSI 集成门实现，读者可以自行分析。

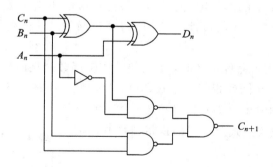

图 4.2.2 全减器的逻辑图

【例 4.2.2】 用门电路设计一个将 8421 BCD 码转换为余 3 码的变换电路。

解：（1）分析题意，列真值表。该电路输入为 8421 BCD 码，输出为余 3 码，因此它是一个四输入、四输出的码制变换电路，其框图如图 4.2.3(a)所示。根据两种 BCD 码的编码关系，列出真值表，如表 4.2.2 所示。由于 8421 BCD 码不会出现 1010～1111 这六种状态，因此把它们视为无关项。

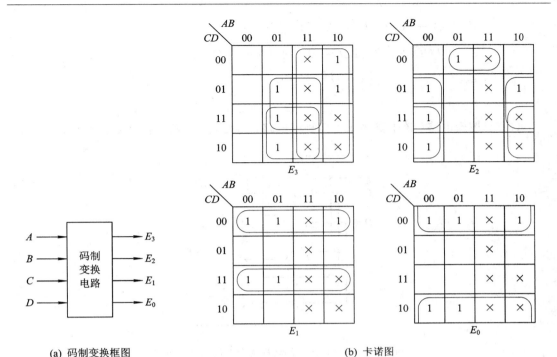

(a) 码制变换框图   (b) 卡诺图

图 4.2.3 例 4.2.2 的电路框图及卡诺图

表 4.2.2 例 4.2.2 的真值表

A	B	C	D	E_3	E_2	E_1	E_0
0	0	0	0	0	0	1	1
0	0	0	1	0	1	0	0
0	0	1	0	0	1	0	1
0	0	1	1	0	1	1	0
0	1	0	0	0	1	1	1
0	1	0	1	1	0	0	0
0	1	1	0	1	0	0	1
0	1	1	1	1	0	1	0
1	0	0	0	1	0	1	1
1	0	0	1	1	1	0	0
1	0	1	0	×	×	×	×
1	0	1	1	×	×	×	×
1	1	0	0	×	×	×	×
1	1	0	1	×	×	×	×
1	1	1	0	×	×	×	×
1	1	1	1	×	×	×	×

（2）选择器件，写出输出函数表达式。题目没有具体指定用哪一种门电路，因此可以从门电路的数量、种类、速度等方面综合折衷考虑，选择最佳方案。该电路的卡诺图化简过程如图 4.2.3(b)所示，首先求出最简与或式，然后进行函数式变换。变换时一方面应尽量利用公共项以减少门的数量，另一方面应减少门的级数，以减少传输延迟时间，从而得到输出函数式为

$$E_3 = A + BC + BD = \overline{\overline{A} \cdot \overline{BC} \cdot \overline{BD}}$$

$$E_2 = B\overline{C}\,\overline{D} + \overline{B}C + \overline{B}D = B(\overline{C+D}) + \overline{B}(C+D) = B \oplus (C+D)$$

$$E_1 = \overline{C}\,\overline{D} + CD = C \odot D = C \oplus \overline{D}$$

$$E_0 = \overline{D}$$

（3）画逻辑电路。该电路采用了四种门电路，速度较快，其逻辑电路如图 4.2.4 所示。

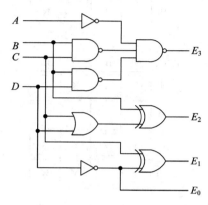

图 4.2.4　8421 BCD 码转换为余 3 码的逻辑电路

4.3　常用中规模组合逻辑器件及应用

目前，许多常用的组合逻辑电路已被制成了中规模集成电路（MSI）芯片出售。MSI 器件具有通用性强、体积小、功耗低、使用方便灵活等显著优点，因而得到了广泛应用。下面介绍编码器、译码器、数据选择器、数值比较器、加法器等典型的中规模组合逻辑器件，着重讨论它们的逻辑功能及应用。

4.3.1　编码器

将数字、文字、符号或特定含义的信息用二进制代码表示的过程称为编码。能够实现编码功能的电路称为编码器（Encoder）。图 4.3.1 是编码器的原理框图，它有 m 个输入信号、n 位二进制代码输出。m 和 n 之间的关系为 $m \leqslant 2^n$。当 $m = 2^n$ 时，称为二进制编码器。$m = 10$，$n = 4$ 时称为二-十进制（BCD）编码器。常用的编码器有普通编码器和优先编码器两类。普通编码器的特点是：任何时刻只允许输入一个有效信号，不允许出现多个输入同

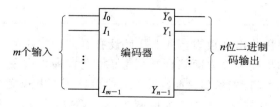

图 4.3.1　编码器的原理框图

时有效的情况，否则编码器将产生错误的输出。优先编码器则在一定条件下允许多个输入同时有效，它能够根据事先安排好的优先顺序只对优先级别最高的有效输入信号进行编码。下面主要介绍优先编码器的功能及应用。

1. 二进制优先编码器

常用中规模优先编码器有 74LS148(8 线 - 3 线优先编码器)、74LS147(10 线 - 4 线 BCD 优先编码器)。

74LS148 是一种带扩展功能的二进制优先编码器，其逻辑电路和逻辑符号如图 4.3.2 所示。在逻辑符号中，小圆圈表示低电平有效。

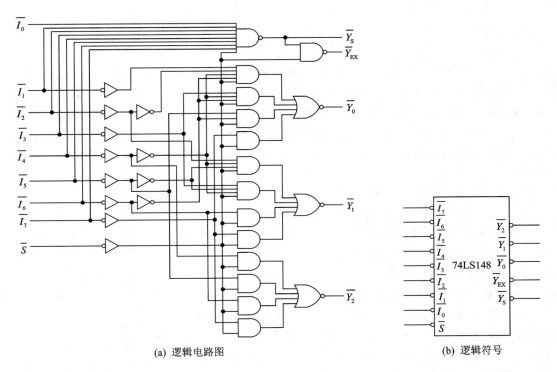

(a) 逻辑电路图   (b) 逻辑符号

图 4.3.2 优先编码器 74LS148

74LS148 有 8 个信号输入端 $\overline{I}_7 \sim \overline{I}_0$，$\overline{I}_7$ 优先级别最高，有 3 个代码(反码)输出端 $\overline{Y}_2 \sim \overline{Y}_0$，均为低电平有效。此外，还设置了使能输入端 $\overline{S}$、选通输出端 $\overline{Y}_S$ 和扩展端 $\overline{Y}_{EX}$，也均为低电平有效。

74LS148 的功能表如表 4.3.1 所示。从表中可以看出，当 $\overline{S}=1$ 时，电路处于禁止编码状态，此时无论 $\overline{I}_7 \sim \overline{I}_0$ 中有无有效信号，输出 $\overline{Y}_2 \sim \overline{Y}_0$ 均为 1，且 $\overline{Y}_S$、$\overline{Y}_{EX}$ 也为 1，表示编码器不工作。当 $\overline{S}=0$ 时，电路处于正常工作状态，如果 $\overline{I}_7 \sim \overline{I}_0$ 中有低电平(有效信号)输入，则输出 $\overline{Y}_2 \sim \overline{Y}_0$ 只对级别最高的输入进行编码输出。例如，当 $\overline{I}_7=1$，$\overline{I}_6=0$ 时，无论其他输入端是否有效，输出端只对 $\overline{I}_6$ 的输入进行编码，因此 $\overline{Y}_2\overline{Y}_1\overline{Y}_0=001$(即 110 的反码)。74LS148 正常工作时，$\overline{Y}_S=1$，$\overline{Y}_{EX}=0$。如果 $\overline{I}_7 \sim \overline{I}_0$ 中无有效信号输入，则输出 $\overline{Y}_2 \sim \overline{Y}_0$ 均为高电平，且 $\overline{Y}_S=0$，$\overline{Y}_{EX}=1$。

表 4.3.1　74LS148 的功能表

输　　入									输　　出				
$\bar{S}$	$\bar{I}_7$	$\bar{I}_6$	$\bar{I}_5$	$\bar{I}_4$	$\bar{I}_3$	$\bar{I}_2$	$\bar{I}_1$	$\bar{I}_0$	$\bar{Y}_2$	$\bar{Y}_1$	$\bar{Y}_0$	$\bar{Y}_{EX}$	$\bar{Y}_S$
1	×	×	×	×	×	×	×	×	1	1	1	1	1
0	1	1	1	1	1	1	1	1	1	1	1	1	0
0	0	×	×	×	×	×	×	×	0	0	0	0	1
0	1	0	×	×	×	×	×	×	0	0	1	0	1
0	1	1	0	×	×	×	×	×	0	1	0	0	1
0	1	1	1	0	×	×	×	×	0	1	1	0	1
0	1	1	1	1	0	×	×	×	1	0	0	0	1
0	1	1	1	1	1	0	×	×	1	0	1	0	1
0	1	1	1	1	1	1	0	×	1	1	0	0	1
0	1	1	1	1	1	1	1	0	1	1	1	0	1

从功能表还可以看出，当扩展输出端 $\bar{Y}_{EX}=0$ 时，表示编码器正常工作，当 $\bar{Y}_{EX}=1$ 时，表示编码器被禁止或无有效输入信号，故也可以将 $\bar{Y}_{EX}$ 称为编码状态指示端；选通输出端 $\bar{Y}_S$ 只有在允许编码器工作($\bar{S}=0$)但没有有效信号输入时才为 0，因此也称为无编码输入指示端。整个芯片只有当 $\bar{S}=0$，$\bar{Y}_{EX}\bar{Y}_S=01$ 时才处于正常工作状态，因此可以利用这些特点实现编码器的扩展。

2. 二-十进制优先编码器

二-十进制优先编码器也称 BCD 优先编码器。74LS147 BCD 优先编码器的逻辑符号如图 4.3.3 所示，功能表如表 4.3.2 所示。它有 9 个输入端 $\bar{I}_1 \sim \bar{I}_9$ 和 4 个输出端 $\bar{Y}_3 \sim \bar{Y}_0$（反码），均为低电平有效。

应注意，74LS147 没有 $\bar{I}_0$ 输入，实际上当 $\bar{I}_9 \sim \bar{I}_1$ 均无效时，输出 $\bar{Y}_3 \sim \bar{Y}_0$ 为 1111，其反码为 0000，即为 BCD 码的 0 输出，因此表中的第 1 行默认为 $\bar{I}_0$ 输入。74LS147 的输入、输出均为低电平有效，因此给每个输出端加一个反相器，即可将反码输出的 BCD 码转换为正常的 BCD 码。

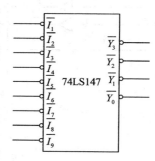

图 4.3.3　74LS147 的逻辑符号

表 4.3.2　74LS147 的功能表

$\bar{I}_1$	$\bar{I}_2$	$\bar{I}_3$	$\bar{I}_4$	$\bar{I}_5$	$\bar{I}_6$	$\bar{I}_7$	$\bar{I}_8$	$\bar{I}_9$	$\bar{Y}_3$	$\bar{Y}_2$	$\bar{Y}_1$	$\bar{Y}_0$
1	1	1	1	1	1	1	1	1	1	1	1	1
×	×	×	×	×	×	×	×	0	0	1	1	0
×	×	×	×	×	×	×	0	1	0	1	1	1
×	×	×	×	×	×	0	1	1	1	0	0	0
×	×	×	×	×	0	1	1	1	1	0	0	1
×	×	×	×	0	1	1	1	1	1	0	1	0
×	×	×	0	1	1	1	1	1	1	0	1	1
×	×	0	1	1	1	1	1	1	1	1	0	0
×	0	1	1	1	1	1	1	1	1	1	0	1
0	1	1	1	1	1	1	1	1	1	1	1	0

4.3.2　译码器

译码是编码的逆过程，译码器（Decoder）的逻辑功能是将输入二进制代码的原意"译成"相应的状态信息。译码器有两种类型：一类是变量译码器，也称唯一地址译码器，常用于计算机中将一个地址代码转换成一个有效信号；另一类是显示译码器，主要用于驱动数码管显示数字或字符。下面首先介绍变量译码器。

变量译码器的原理框图如图 4.3.4 所示，它有 n 个输入端、m 个译码输出端，$m \leqslant 2^n$。译码器工作时，对于 n 变量的每一组输入代码，m 个输出中仅有一个为有效电平，其余输出均为无效电平。

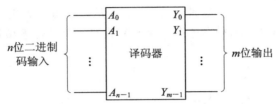

图 4.3.4　变量译码器的原理框图

1. 二进制译码器

二进制译码器有 n 位输入、2^n 位输出。常用的中规模集成芯片有 74LS139（双 2 线 - 4 线译码器）、74LS138（3 线 - 8 线译码器）、74LS154（4 线 - 16 线译码器）等。

1）译码器的功能描述

（1）2 - 4 译码器。图 4.3.5 为 2 - 4 译码器的逻辑电路及逻辑符号，其功能表如表 4.3.3 所示。图 4.3.5 中，A_1、A_0 为地址输入端，A_1 为高位；$\overline{Y}_0$、$\overline{Y}_1$、$\overline{Y}_2$、$\overline{Y}_3$ 为状态信号输出端，Y_i 上的非号表示低电平有效；$\overline{E}$ 为使能端（或称选通控制端），低电平有效。当 $\overline{E}=0$ 时，允许译码器工作，$\overline{Y}_0 \sim \overline{Y}_3$ 中有一个为低电平输出；当 $\overline{E}=1$ 时，禁止译码器工作，所有输出 $\overline{Y}_0 \sim \overline{Y}_3$ 均为高电平。

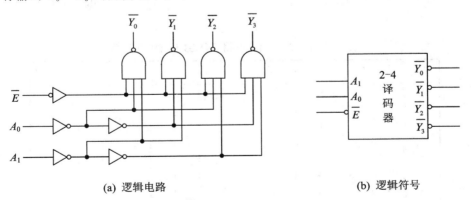

(a) 逻辑电路　　　　　　　　　　(b) 逻辑符号

图 4.3.5　2 - 4 译码器的逻辑电路与逻辑符号

从表 4.3.3 中可以看出，当 $\overline{E}=0$ 时，2 - 4 译码器的输出函数分别为：$\overline{Y}_0 = \overline{\overline{A}_1 \overline{A}_0}$，$\overline{Y}_1 = \overline{\overline{A}_1 A_0}$，$\overline{Y}_2 = \overline{A_1 \overline{A}_0}$，$\overline{Y}_3 = \overline{A_1 A_0}$。如果用 $\overline{Y}_i$ 表示 i 端的输出，m_i 表示输入地址变量 A_1、A_0 的一个最小项，则 $\overline{E}=0$ 时输出函数可写成：

$$\overline{Y}_i = \overline{m}_i \qquad (i = 0, 1, 2, 3)$$

可见，译码器的每一个输出函数对应输入变量的一组取值。当使能端有效（$\overline{E}=0$）时，它正好是输入变量最小项的非。因此变量译码器也称为最小项发生器。

（2）3 - 8 译码器。3 - 8 译码器有 3 位输入、8 位输出。图 4.3.6 为 74LS138 的逻辑电路及逻辑符号。其中，A_2、A_1、A_0 为地址输入端，A_2 为高位；$\overline{Y}_0 \sim \overline{Y}_7$ 为状态信号输出端，低电平有效；E_1、$\overline{E}_2$、

表 4.3.3 2 - 4 译码器的功能表

$\overline{E}$	A_1 A_0	$\overline{Y}_0$	$\overline{Y}_1$	$\overline{Y}_2$	$\overline{Y}_3$
1	× ×	1	1	1	1
0	0 0	0	1	1	1
0	0 1	1	0	1	1
0	1 0	1	1	0	1
0	1 1	1	1	1	0

$\overline{E}_3$ 为使能端。74LS138 的功能表如表 4.3.4 所示。从表中可以看出，只有当 E_1 为高，$\overline{E}_2$、$\overline{E}_3$ 都为低时，该译码器才有有效状态信号输出；若有一个条件不满足，则译码不工作，输出全为高。

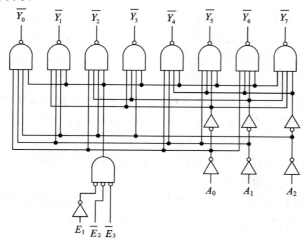

(a) 逻辑电路

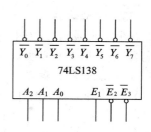

(b) 逻辑符号

图 4.3.6 3 - 8 译码器 74LS138

表 4.3.4 3 - 8 译码器 74LS138 的功能表

E_1	$\overline{E}_2 + \overline{E}_3$	A_2 A_1 A_0	$\overline{Y}_0$	$\overline{Y}_1$	$\overline{Y}_2$	$\overline{Y}_3$	$\overline{Y}_4$	$\overline{Y}_5$	$\overline{Y}_6$	$\overline{Y}_7$
0	×	× × ×	1	1	1	1	1	1	1	1
×	1	× × ×	1	1	1	1	1	1	1	1
1	0	0 0 0	0	1	1	1	1	1	1	1
1	0	0 0 1	1	0	1	1	1	1	1	1
1	0	0 1 0	1	1	0	1	1	1	1	1
1	0	0 1 1	1	1	1	0	1	1	1	1
1	0	1 0 0	1	1	1	1	0	1	1	1
1	0	1 0 1	1	1	1	1	1	0	1	1
1	0	1 1 0	1	1	1	1	1	1	0	1
1	0	1 1 1	1	1	1	1	1	1	1	0

如果用 $\overline{Y}_i$ 表示 i 端的输出，则当 $E_1=1$，$\overline{E}_2 + \overline{E}_3 = 0$ 时，输出函数为

$$\overline{Y}_i = \overline{m}_i \qquad (i = 0, 1, \cdots, 7)$$

可见，当使能端有效时，每个输出函数也正好等于输入变量最小项的非。

　　2）译码器的扩展

　　利用译码器的使能端可以实现功能扩展。图 4.3.7 是采用两片 3 - 8 译码器 74LS138 构成 4 - 16 译码器的逻辑图。4 - 16 译码器的最高位输入 A_3 接至片（Ⅰ）的使能端 $\overline{E_3}$ 和片（Ⅱ）的使能端 E_1，片（Ⅰ）的 $\overline{E_2}$ 和片（Ⅱ）的 $\overline{E_2}$、$\overline{E_3}$ 接在一起作为 4 - 16 译码器的使能端 $\overline{EN}$。当 $\overline{EN}=1$ 时，片（Ⅰ）和片（Ⅱ）均被禁止，译码器不工作。当 $\overline{EN}=0$ 时，若 $A_3=0$，则片（Ⅰ）被选中，片（Ⅱ）被禁止，当 $A_2A_1A_0$ 输入变化时，片（Ⅰ）的 $\overline{Y_0} \sim \overline{Y_7}$ 有相应的输出；若 $A_3=1$，则片（Ⅰ）被禁止，片（Ⅱ）被选中，当 $A_2A_1A_0$ 输入变化时，片（Ⅱ）的 $\overline{Y_8} \sim \overline{Y_{15}}$ 有相应的输出。这样当 $A_3A_2A_1A_0$ 从 0000 至 1111 变化时，$\overline{Y_0} \sim \overline{Y_{15}}$ 每次只有一个输出低电平，从而完成了 4 - 16 译码器的功能。

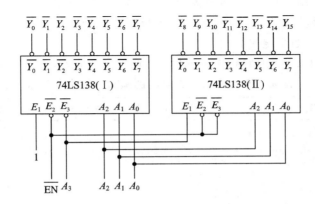

图 4.3.7　采用 2 片 3 - 8 译码器扩展成 4 - 16 译码器

　　3）译码器的应用

　　二进制译码器的应用很广，典型的应用有以下几种：

　　（1）实现逻辑函数。

　　（2）实现存储系统的地址译码。

　　（3）带使能端的译码器可用作数据分配器或脉冲分配器。

　　【例 4.3.1】　试用 3 - 8 译码器实现函数：

$$F_1 = \sum m(0, 4, 7)$$

$$F_2 = \sum m(1, 2, 3, 5, 6, 7)$$

　　解：因为当译码器的使能端有效时，每个输出 $\overline{Y_i}=\overline{m_i}=M_i$，因此只要将函数的输入变量加至译码器的地址输入端，并在输出端辅以少量的门电路，便可以实现逻辑函数。

　　本题 F_1、F_2 均为三变量函数，首先令函数的输入变量 $ABC=A_2A_1A_0$，然后将 F_1、F_2 变换为译码器输出的形式：

$$F_1 = m_0 + m_4 + m_7 = \overline{\overline{m_0} \cdot \overline{m_4} \cdot \overline{m_7}} = \overline{\overline{Y_0} \cdot \overline{Y_4} \cdot \overline{Y_7}}$$

$$F_2 = m_1 + m_2 + m_3 + m_5 + m_6 + m_7 = M_0 \cdot M_4 = \overline{Y_0} \cdot \overline{Y_4}$$

　　实现 F_1、F_2 的逻辑电路如图 4.3.8 所示。F_2 变换为最大项相与的形式主要是为了减少 3 - 8 译码器的输出连线。

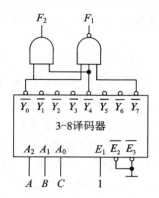

图 4.3.8 例 4.3.1 的逻辑电路

【例 4.3.2】 试用一片 3-8 译码器 74LS138 和少量门电路设计一个多地址译码电路。该译码电路有 8 根地址输入线 $A_7 \sim A_0$，要求当地址码为 C0H～C7H 时，译码器的输出 $\overline{Y}_0 \sim \overline{Y}_7$ 分别被译中，且低电平有效。

解： 根据题意列出多地址译码电路的输入、输出对应关系，如表 4.3.5 所示。

表 4.3.5 例 4.3.2 电路的输入、输出关系表

	A_7	A_6	A_5	A_4	A_3	A_2	A_1	A_0	$\overline{Y}_0$	$\overline{Y}_1$	$\overline{Y}_2$	$\overline{Y}_3$	$\overline{Y}_4$	$\overline{Y}_5$	$\overline{Y}_6$	$\overline{Y}_7$
C0H	1	1	0	0	0	0	0	0	0	1	1	1	1	1	1	1
C1H	1	1	0	0	0	0	0	1	1	0	1	1	1	1	1	1
C2H	1	1	0	0	0	0	1	0	1	1	0	1	1	1	1	1
C3H	1	1	0	0	0	0	1	1	1	1	1	0	1	1	1	1
C4H	1	1	0	0	0	1	0	0	1	1	1	1	0	1	1	1
C5H	1	1	0	0	0	1	0	1	1	1	1	1	1	0	1	1
C6H	1	1	0	0	0	1	1	0	1	1	1	1	1	1	0	1
C7H	1	1	0	0	0	1	1	1	1	1	1	1	1	1	1	0

从表中可以看出，当地址码变化时，$A_7 A_6 A_5 A_4 A_3 = 11000$ 不变，$A_2 A_1 A_0$ 从 000 至 111 变化时，$\overline{Y}_0 \sim \overline{Y}_7$ 分别被译中，因此可以用 $A_7 \sim A_3$ 控制 74LS138 的使能输入端，令 $A_7 \sim A_3 = 11000$ 时使能端有效，$A_7 \sim A_3$ 为其他值时使能端无效，即可实现该题的要求。由此可得 $E_1 = A_7 \cdot A_6$，$\overline{E}_2 = \overline{E}_3 = A_5 + A_4 + A_3$。其逻辑电路图如图 4.3.9 所示。

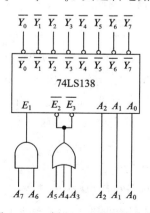

图 4.3.9 例 4.3.2 的逻辑电路

2. 二-十进制译码器

二-十进制译码器也称 BCD 译码器,它的功能是将输入的一位 BCD 码(四位二进制代码)译成 10 个高、低电平输出信号,因此也叫 4 - 10 译码器。

二-十进制译码器 74LS42 的逻辑符号如图 4.3.10 所示,其功能表如表 4.3.6 所示。

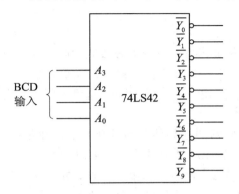

图 4.3.10　二-十进制译码器 74LS42 的逻辑符号

表 4.3.6　二-十进制译码器 74LS42 的功能表

序号	输入				输出									
	A_3	A_2	A_1	A_0	$\overline{Y_0}$	$\overline{Y_1}$	$\overline{Y_2}$	$\overline{Y_3}$	$\overline{Y_4}$	$\overline{Y_5}$	$\overline{Y_6}$	$\overline{Y_7}$	$\overline{Y_8}$	$\overline{Y_9}$
0	0	0	0	0	0	1	1	1	1	1	1	1	1	1
1	0	0	0	1	1	0	1	1	1	1	1	1	1	1
2	0	0	1	0	1	1	0	1	1	1	1	1	1	1
3	0	0	1	1	1	1	1	0	1	1	1	1	1	1
4	0	1	0	0	1	1	1	1	0	1	1	1	1	1
5	0	1	0	1	1	1	1	1	1	0	1	1	1	1
6	0	1	1	0	1	1	1	1	1	1	0	1	1	1
7	0	1	1	1	1	1	1	1	1	1	1	0	1	1
8	1	0	0	0	1	1	1	1	1	1	1	1	0	1
9	1	0	0	1	1	1	1	1	1	1	1	1	1	0
	1	0	1	0	1	1	1	1	1	1	1	1	1	1
	1	0	1	1	1	1	1	1	1	1	1	1	1	1
伪	1	1	0	0	1	1	1	1	1	1	1	1	1	1
码	1	1	0	1	1	1	1	1	1	1	1	1	1	1
	1	1	1	0	1	1	1	1	1	1	1	1	1	1
	1	1	1	1	1	1	1	1	1	1	1	1	1	1

从表中可以看出,当输入一个 BCD 码时,就会在它所表示的十进制数的对应输出端产生一个低电平有效信号。如果输入的是伪码(非法码),则 $\overline{Y_0}$～$\overline{Y_9}$ 均无低电平信号产生,即译码器拒绝"翻译",因此这个电路结构具有拒绝非法码的功能。

3. 显示译码器

在数字系统中，经常需要将二进制代码表示的数字或字符等信息直观地显示出来，因此要用到数码显示器和显示译码器等逻辑部件。数码显示器是用来显示数字、文字或符号的器件，也称数码管；显示译码器是用来驱动数码管显示数字或字符的组合逻辑部件。下面分别加以介绍。

1）七段显示数码管

数码显示器有多种，按显示方式可分为分段式、点阵式和重叠式；按发光材料可分为辉光显示器、荧光显示器、发光二极管显示器和液晶显示器等。目前普遍使用的七段式数字显示器主要有发光二极管和液晶显示器两种。这里主要介绍由七段发光二极管组成的数码管原理。

发光二极管(LED)由特殊的半导体材料砷化镓、磷砷化镓等制成，它可以单独使用，也可以组成分段式或点阵式 LED 显示器件。七段 LED 数码管(以下简称数码管)由 7 个发光二极管组成日字型，外加正向电压时二极管导通，并发出一定波长的光，因而只要按照一定规律控制各发光段的亮、灭，就可以显示各种数字和符号。

数码管按照其发光二极管的连接方式不同，可分为共阳极和共阴极两种。共阴极是指数码管中所有发光二极管的阴极连在一起接低电平，而阳极分别由 a、b、c、d、e、f、g 输入信号驱动，当某个输入为高电平时，相应的发光二极管点亮；共阳极数码管则相反，它的所有发光二极管的阳极连在一起接高电平，而阴极分别由 a、b、c、d、e、f、g 输入信号驱动，当某个输入为低电平时，相应的发光二极管点亮。共阳极数码管 BS201B 和共阴极数码管 BS201A 的引脚图及等效电路如图 4.3.11 所示。图中，dp 为小数点，也是一个发光二极管，但一般显示译码器没有驱动输出，使用时需另加驱动。

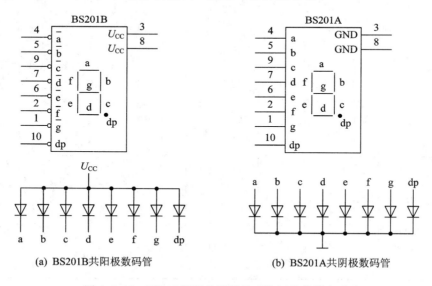

(a) BS201B共阳极数码管　　　　(b) BS201A共阴极数码管

图 4.3.11　BS201 两种数码管的引脚图及等效电路

2）显示译码器

显示译码器的输入是一位 8421 BCD 码，输出是数码显示管各段的驱动信号，用 a、b、c、d、e、f、g 表示。由于数码管有共阴、共阳之分，因此常用的显示译码器也分两类：一类译码器的输出为低电平有效，如 74LS46、74LS47 等，可驱动共阳极数码管；另一类译码器的输出为高电平有效，如 74LS48、74LS49 等，可驱动共阴极数码管。七段显示译码器 74LS47 的逻辑符号如图 4.3.12 所示，功能表如表 4.3.7 所示。其中，D_3、D_2、D_1、D_0 为 8421 BCD 码输入；$\bar{a}$、$\bar{b}$、$\bar{c}$、$\bar{d}$、$\bar{e}$、$\bar{f}$、$\bar{g}$ 为译码器的输出；$\overline{LT}$ 为试灯输入；$\overline{RBI}$（Ripple Blanking Input）为纹波熄灭输入，也称纹波灭零输入；$\overline{BI}/\overline{RBO}$ 为熄灭输入/纹波灭零输出，它是输入/输出的公共端口。

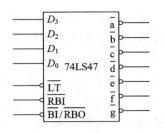

图 4.3.12　七段显示译码器 74LS47 的逻辑符号

表 4.3.7　74LS47 的功能表

输　　入			$\overline{BI}/\overline{RBO}$	输　　出	功能及显示字符
$\overline{LT}$ $\quad$ $\overline{RBI}$	D_3 D_2 D_1 D_0			$\bar{a}$ $\ \bar{b}$ $\ \bar{c}$ $\ \bar{d}$ $\ \bar{e}$ $\ \bar{f}$ $\ \bar{g}$	
0 $\quad$ $\times$	$\times$ $\times$ $\times$ $\times$		1	0 0 0 0 0 0 0	试灯输入
1 $\quad$ 0	0 0 0 0		0	1 1 1 1 1 1 1	纹波灭零输入
$\times$ $\quad$ $\times$	$\times$ $\times$ $\times$ $\times$		0	1 1 1 1 1 1 1	熄灭输入
1 $\quad$ 1	0 0 0 0		1	0 0 0 0 0 0 1	0
1 $\quad$ $\times$	0 0 0 1		1	1 0 0 1 1 1 1	1
1 $\quad$ $\times$	0 0 1 0		1	0 0 1 0 0 1 0	2
1 $\quad$ $\times$	0 0 1 1		1	0 0 0 0 1 1 0	3
1 $\quad$ $\times$	0 1 0 0		1	1 0 0 1 1 0 0	4
1 $\quad$ $\times$	0 1 0 1		1	0 1 0 0 1 0 0	5
1 $\quad$ $\times$	0 1 1 0		1	0 0 0 0 0 0 0	6
1 $\quad$ $\times$	0 1 1 1		1	0 0 0 1 1 1 1	7
1 $\quad$ $\times$	1 0 0 0		1	0 0 0 0 0 0 0	8
1 $\quad$ $\times$	1 0 0 1		1	0 0 0 1 1 0 0	9

各控制端的功能如下：

（1）当 $\overline{LT}$、$\overline{BI}/\overline{RBO}$ 均无效（高电平），$\overline{RBI}$ 为 1 或任意时（表 4.3.7 中第 4～13 行），可以进行字段译码。例如当 $D_3 \sim D_0 = 0101$ 时，$\bar{a} \sim \bar{g} = 0100100$，即七字段中 b 和 e 不亮，其他均亮，因此可驱动数码管显示 5。74LS47 对于 1010～1111 非法 8421 BCD 码的输入显示了一些特殊的符号，本表未列出。有些显示译码器将 $D_3 \sim D_0$ 的输入按二进制数处理，可显示 0～9、A、B、C、D、E、F 这 16 个数符。

（2）当 $\overline{LT} = 0$、$\overline{BI}/\overline{RBO} = 1$ 时，无论 $\overline{RBI}$ 和 $D_3 \sim D_0$ 输入任何值，输出 $\bar{a} \sim \bar{g}$ 均为 0（表中第 1 行），此时数码管全亮，显示数字 8，因此可用 $\overline{LT} = 0$ 测试数码管各段能否正常显示，故 $\overline{LT}$ 称为试灯输入。

（3）$\overline{BI}/\overline{RBO} = 0$ 有以下两种情况：

① 当 $\overline{LT} = 1$，$\overline{RBI} = 0$ 且 $D_3 \sim D_0 = 0000$（表中第 2 行）时，$\bar{a} \sim \bar{g}$ 全为高，数码管全灭，不显示 0，此时 $\overline{BI}/\overline{RBO}$ 用作输出端，$\overline{RBO} = 0$。由于灭零是 $\overline{RBI}$ 控制的，因此 $\overline{RBI}$ 称为纹波灭零输入端。

② 当 $\overline{BI}=0$，$\overline{BI/RBO}$ 用作输入端，$\overline{LT}$、$\overline{RBI}$ 和 $D_3 \sim D_0$ 为任意（表中第 3 行）时，$\overline{a} \sim \overline{g}$ 也全为高，数码管全部熄灭，$\overline{BI/RBO}$ 称为熄灭输入。

注意情况①和②的区别：情况① $\overline{RBI}=0$ 时仅在 $D_3 \sim D_0 = 0000$ 时灭 0，即 $\overline{RBI}$ 纹波灭零输入是用来熄灭不需要显示的 0，而情况② $\overline{BI}=0$ 时可以控制数码管是否全部熄灭。因此在多位显示系统中，正确连接各片的 $\overline{RBI}$ 和 $\overline{RBO}$ 端，可以熄灭数据整数部分的首部无效 0 和小数部分的尾部无效 0。例如，图 4.3.13 是用 74LS47 与数码管连接的显示系统，图中 $\overline{RBI}$ 的接法如下：整数部分最高位接 0（灭 0），最低位接 1（不灭 0），其余各位均接受高位 $\overline{RBO}$ 的输出信号，进行灭 0 控制；小数部分除最高位接 1（不灭 0）、最低位接 0（灭 0）外，其余各位均接受低位 $\overline{RBO}$ 的输出信号，进行灭 0 控制。这样，整数部分只有高位是 0 且被熄灭时低位才有灭 0 输入；小数部分只有最低位是 0 且被熄灭时高位才有灭 0 输入。例如当 6 位输入数为 059.050 时，该系统就可以显示数字 59.05。

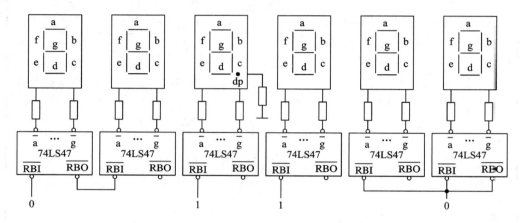

图 4.3.13　具有灭 0 控制功能的数码显示系统

74LS47 在使用时，其输出 $\overline{a} \sim \overline{g}$ 与共阳极数码管的 $\overline{a} \sim \overline{g}$ 对应连接，中间应加 300 Ω 左右的限流电阻。共阳极数码管的小数点（dp）不用时可以悬空，使用时应通过电阻接地。

4.3.3　数据选择器

数据选择器又称多路选择器（Multiplexer，简称 MUX），其框图如图 4.3.14(a) 所示。它有 n 位地址输入、2^n 位数据输入、1 位输出。每次在地址输入的控制下，从多路输入数据中选择一路输出，其功能类似于一个单刀多掷开关，如图 4.3.14(b) 所示。

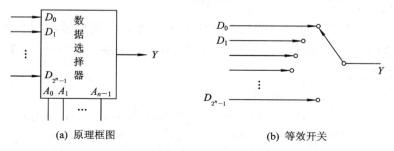

(a) 原理框图　　　　　　　　　　(b) 等效开关

图 4.3.14　数据选择器

1. 数据选择器的功能描述

常用的集成数据选择器有 74LS157(四 2 选 1)、74LS153(双 4 选 1)、74LS151(8 选 1)、74LS150(16 选 1)等。

图 4.3.15 是 4 选 1 数据选择器的逻辑图及符号。图中，$D_0 \sim D_3$ 是数据输入端，也称为数据通道；A_1、A_0 是地址输入端，或称选择输入端；Y 是输出端；$\overline{E}$ 是使能端，低电平有效。当 $\overline{E} = 1$ 时，输出 $Y = 0$，即无效；当 $\overline{E} = 0$ 时，在地址输入 A_1、A_0 的控制下从 $D_0 \sim D_3$ 中选择一路输出。4 选 1 数据选择器的功能表见表 4.3.8。

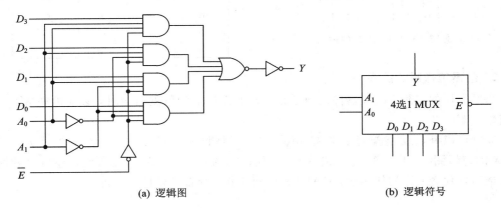

(a) 逻辑图　　　　　　　　　　　　(b) 逻辑符号

图 4.3.15　4 选 1 数据选择器

表 4.3.8　4 选 1 数据选择器的功能表

$\overline{E}$	A_1	A_0	Y
1	$\times$	$\times$	0
0	0	0	D_0
0	0	1	D_1
0	1	0	D_2
0	1	1	D_3

当 $\overline{E} = 0$ 时，4 选 1 MUX 的逻辑功能可以用以下表达式表示：

$$Y = \overline{A}_1 \overline{A}_0 D_0 + \overline{A}_1 A_0 D_1 + A_1 \overline{A}_0 D_2 + A_1 A_0 D_3 = \sum_{i=0}^{3} m_i D_i$$

式中：m_i 是地址变量 A_1、A_0 所对应的最小项，称为地址最小项。该表达式还可以用矩阵形式表示为

$$Y = (\overline{A}_1 \overline{A}_0 \quad \overline{A}_1 A_0 \quad A_1 \overline{A}_0 \quad A_1 A_0) \begin{pmatrix} D_0 \\ D_1 \\ D_2 \\ D_3 \end{pmatrix} = (A_1 A_0)_m (D_0 D_1 D_2 D_3)^{\mathrm{T}}$$

式中：$(A_1 A_0)_m$ 是由最小项组成的行阵；$(D_0 D_1 D_2 D_3)^{\mathrm{T}}$ 是由 D_0、D_1、D_2、D_3 组成的列阵的转置。

图 4.3.16 为 8 选 1 MUX 的逻辑符号，其功能表如表 4.3.9 所示，输出表达式为

$$Y = \sum_{i=0}^{7} m_i D_i = (A_2 A_1 A_0)_m (D_0 D_1 D_2 D_3 D_4 D_5 D_6 D_7)^{\mathrm{T}}$$

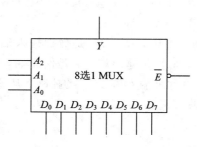

图 4.3.16 8 选 1 MUX 的逻辑符号

表 4.3.9 8 选 1 MUX 的功能表

$\bar{E}$	A_2	A_1	A_0	Y
1	×	×	×	0
0	0	0	0	D_0
0	0	0	1	D_1
0	0	1	0	D_2
0	0	1	1	D_3
0	1	0	0	D_4
0	1	0	1	D_5
0	1	1	0	D_6
0	1	1	1	D_7

2. 数据选择器的扩展

当所采用的实际 MUX 器件的通道数少于所需传输的数据通道时，必须扩展 MUX 的通道数。

通常可以利用使能端进行扩展。图 4.3.17 是将一片双 4 选 1 MUX 扩展为 8 选 1 MUX 的逻辑图。图中，A_2 是 8 选 1 MUX 地址端的最高位，A_0 是最低位。还可以利用译码器选通各片 MUX 的使能端，控制各片轮流工作，读者可以自行分析。

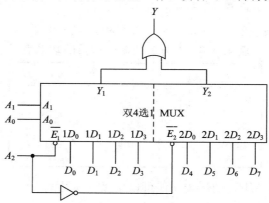

图 4.3.17 用双 4 选 1 MUX 构成 8 选 1 MUX

3. 数据选择器的应用

数据选择器主要有以下用途：

（1）实现多路信号的分时传送。

（2）实现组合逻辑函数。

（3）实现并行数据到串行数据的转换。

（4）产生序列信号。

下面介绍几种典型应用。

1）实现组合逻辑函数

对于 n 个地址输入的 MUX，当使能端有效时，其输出表达式为

$$Y = \sum_{i=0}^{2^n-1} m_i D_i$$

式中：m_i 是由地址输入 A_{n-1}、…、A_1、A_0 构成的地址最小项；D_i 为 MUX 的数据输入，称为 m_i 的系数。当 $D_i=1$ 时，其对应的最小项 m_i 在表达式中出现；当 $D_i=0$ 时，m_i 不出现。由于任何一个逻辑函数都可以写成最小项表达式，MUX 的输出表达式与其相似，所以可以利用 MUX 实现组合逻辑函数。

【例 4.3.3】　试用 8 选 1 MUX 实现逻辑函数 $F(A,B,C)=\overline{A}B+A\overline{B}+C$。

解：首先写出 F 的最小项表达式。将 F 填入卡诺图，如图 4.3.18 所示。根据卡诺图可得

$$F = m_1 + m_2 + m_3 + m_4 + m_5 + m_7$$

确定 8 选 1 MUX 的地址输入，将 A_2、A_1、A_0 分别接 A、B、C 且令 $D_1=D_2=D_3=D_4=D_5=D_7=1$，$D_0=D_6=0$，则有

$$Y = \sum_{i=0}^{7} m_i D_i = m_1 + m_2 + m_3 + m_4 + m_5 + m_7$$

故 $F=Y$，用 8 选 1 MUX 实现逻辑函数的逻辑电路如图 4.3.19 所示。

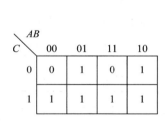

图 4.3.18　例 4.3.3 的卡诺图

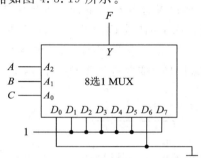

图 4.3.19　例 4.3.3 的逻辑电路

以上将 F 与 Y 对照，确定 MUX 数据输入 D_i 的方法称逻辑对照法。当所实现逻辑函数的变量数小于或等于 MUX 的地址端数 n 时，设计过程与上例相同。当逻辑函数的变量数大于 MUX 的地址端数 n 时，可采用代数法进行逻辑对照，也可采用卡诺图进行逻辑对照。

【例 4.3.4】　试用 4 选 1 MUX 实现逻辑函数：

$$F(A,B,C) = \overline{ABC} + \overline{AB}C + \overline{A}BC + A\overline{BC}$$

解：（1）确定 4 选 1 MUX 的地址输入。将 A_1、A_0 分别接 A、B，则 F 可写成：

$$F = m_0\overline{C} + m_0C + m_1C + m_2\overline{C} = m_0 + m_1C + m_2\overline{C}$$

（2）确定 4 选 1 MUX 的数据输入。

因 $Y = m_0D_0 + m_1D_1 + m_2D_2 + m_3D_3$，若使 $F=Y$，则有 $D_0=1$，$D_1=C$，$D_2=\overline{C}$，$D_3=0$，因此 F 的表达式可写成：

$$\begin{aligned} F = Y &= (A_1A_0)_m(D_0D_1D_2D_3)^{\mathrm{T}} \\ &= (AB)_m(1,C,\overline{C},0)^{\mathrm{T}} \end{aligned}$$

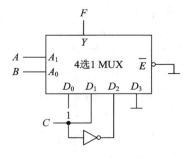

图 4.3.20　例 4.3.4 的逻辑电路

（3）画出用 4 选 1 MUX 实现 F 的逻辑电路，如图 4.3.20 所示。

本题也可以采用卡诺图进行逻辑对照，求出 MUX 的数据输入，其过程如图 4.3.21 所示。

首先画出 F 的三变量卡诺图，如图 4.3.21(a)所示，选定 MUX 的地址输入 A_1、A_0 分别接 A、B 后，在图(a)F 的卡诺图中求出在 A、B 变量的各组取值下 F 与 C 变量的关系，从而得到图(b)F 的卡诺图，将图(b)F 的卡诺图与图(c)4 选 1 MUX 的卡诺图对照，便可求得 MUX 的数据输入 $D_0=1$，$D_1=C$，$D_2=\bar{C}$，$D_3=0$，其结果与代数法相同。

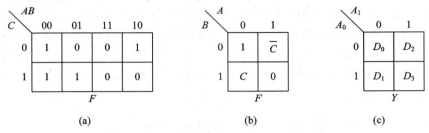

图 4.3.21 例 4.3.4 的卡诺图对照法

2）实现并行数据到串行数据的转换

用 8 选 1 MUX 构成的并/串行转换电路如图 4.3.22(a)所示，当 8 选 1 MUX 的地址输入 A_2、A_1、A_0 按图(b)所给的波形从 000 至 111 依次变化时，8 选 1 MUX 将并行输入数据 10110101 依次送至 Y 端串行输出。

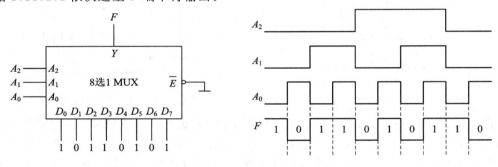

图 4.3.22 用 MUX 实现并/串转换电路

4.3.4 数据分配器

数据分配器又称多路分配器（DEMUX），其功能与数据选择器相反，它可以将一路输入数据按 n 位地址分送到 2^n 个数据输出端上。图 4.3.23 为 1-4 DEMUX 的逻辑符号，其功能表如表 4.3.10 所示。其中，D 为数据输入；A_1、A_0 为地址输入；$Y_0 \sim Y_3$ 为数据输出，$\bar{E}$ 为使能端。

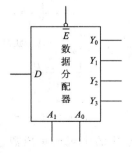

图 4.3.23 1-4 DEMUX 的逻辑符号

表 4.3.10 1-4 DEMUX 的功能表

$\bar{E}$	A_1 A_0	Y_0 Y_1 Y_2 Y_3
1	× ×	1 1 1 1
0	0 0	D 1 1 1
0	0 1	1 D 1 1
0	1 0	1 1 D 1
0	1 1	1 1 1 D

常用的 DEMUX 有 1－4 DEMUX、1－8 DEMUX、1－16 DEMUX 等。从表 4.3.10 中可以看出，1－4 DEMUX 与 2－4 译码器功能相似，如果将 2－4 译码器的使能端 $\overline{E}$ 用作数据输入端 D，如图 4.3.24(a)所示，则 2－4 译码器的输出可写成：

$$\overline{Y}_i = \overline{Dm_i} \qquad (i = 0, 1, 2, 3)$$

随着译码器输入地址的改变，可使某个最小项 m_i 为 1，则译码器相应的输出 $\overline{Y}_i = D$，因而只要改变译码器的地址输入 A、B，就可以将输入数据 D 分配到不同的通道上。因此，凡是具有使能端的译码器都可以用作数据分配器。图 4.3.24(b)是将 3－8 译码器用作 1－8 DEMUX 的逻辑图。其中：

$$E_1 = D$$
$$\overline{E}_2 = \overline{E}_3 = 0$$
$$\overline{Y}_i = \overline{E_1 m_i} = \overline{Dm_i}$$

当改变地址输入 A、B、C 时，$\overline{Y}_i = \overline{D}$，即输入数据被反相分配到各输出端。

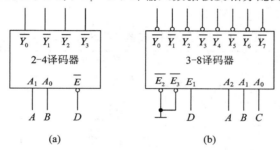

图 4.3.24 用译码器实现 DEMUX

数据分配器常与数据选择器联用，以实现多通道数据分时传送。例如，发送端由 MUX 将各路数据分时送到公共传输线上，接收端再由分配器将公共传输线上的数据适时分配到相应的输出端，而两者的地址输入都是同步控制的，其示意图如图 4.3.25 所示。

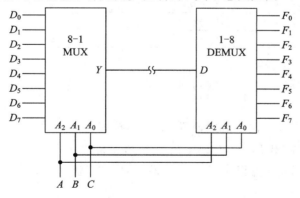

图 4.3.25 多通道数据分时传送

4.3.5 数值比较器

数值比较器是对两个位数相同的二进制数进行数值比较，并判定其关系大小的组合逻辑电路，比较结果有 $A>B$、$A<B$ 和 $A=B$ 三种情况。常用的中规模集成数值比较器有 4 位数值比较器 74LS85 和 8 位数值比较器 74LS682 等。

1. 数值比较器的功能描述

4 位数值比较器 74LS85 的逻辑符号如图 4.3.26 所示，其功能表如表 4.3.11 所示。图中，$A_3 \sim A_0$、$B_3 \sim B_0$ 为待比较的 4 位二进制数输入端；$F_{A>B}$、$F_{A=B}$、$F_{A<B}$ 是 3 个比较结果；$A>B$、$A=B$、$A<B$ 是反映低位比较结果的 3 个级联输入端。将级联输入端与其他比较器的输出连接，可组成位数更多的数值比较器。

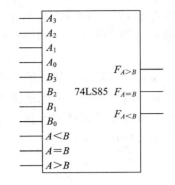

图 4.3.26　74LS85 的逻辑符号

从表 4.3.11 中可以看出：

（1）两个 4 位二进制数从最高位 A_3 和 B_3 开始逐位进行比较，如果它们不相等，则该位的比较结果就可以作为两个数 A 和 B 的比较结果。

（2）输出 $F_{A=B}=1$ 的条件是：$A_3=B_3$，$A_2=B_2$，$A_1=B_1$，$A_0=B_0$，而且级联输入端 $A=B=1$，$A<B=0$，$A>B=0$。

表 4.3.11　数值比较器 74LS85 的功能表

比　较　输　入				级　联　输　入			输　　　出		
A_3　B_3	A_2　B_2	A_1　B_1	A_0　B_0	$A>B$	$A<B$	$A=B$	$F_{A>B}$	$F_{A<B}$	$F_{A=B}$
$A_3>B_3$	×	×	×	×	×	×	1	0	0
$A_3<B_3$	×	×	×	×	×	×	0	1	0
$A_3=B_3$	$A_2>B_2$	×	×	×	×	×	1	0	0
$A_3=B_3$	$A_2<B_2$	×	×	×	×	×	0	1	0
$A_3=B_3$	$A_2=B_2$	$A_1>B_1$	×	×	×	×	1	0	0
$A_3=B_3$	$A_2=B_2$	$A_1<B_1$	×	×	×	×	0	1	0
$A_3=B_3$	$A_2=B_2$	$A_1=B_1$	$A_0>B_0$	×	×	×	1	0	0
$A_3=B_3$	$A_2=B_2$	$A_1=B_1$	$A_0<B_0$	×	×	×	0	1	0
$A_3=B_3$	$A_2=B_2$	$A_1=B_1$	$A_0=B_0$	1	0	0	1	0	0
$A_3=B_3$	$A_2=B_2$	$A_1=B_1$	$A_0=B_0$	0	1	0	0	1	0
$A_3=B_3$	$A_2=B_2$	$A_1=B_1$	$A_0=B_0$	0	0	1	0	0	1

2. 数值比较器的扩展

数值比较器的扩展方式有串联和并联两种。

1）串联扩展

图 4.3.27 是将两片 4 位数值比较器 74LS85 扩展为 8 位数值比较器的连接图，其中，低位片 74LS85(1) 的输出 $F_{A>B}$、$F_{A=B}$、$F_{A<B}$ 分别和高位片 74LS85(2) 的级联输入 $A>B$、$A=B$、$A<B$ 连接，当高 4 位相等（$A_7 \sim A_4 = B_7 \sim B_4$）时，就可以由低 4 位 $A_3 \sim A_0$ 和 $B_3 \sim B_0$ 来决定数值的大小。

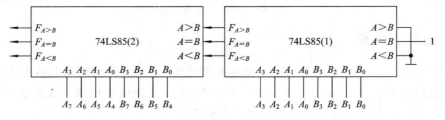

图 4.3.27　用 4 位数值比较器扩展为 8 位数值比较器

2）并联扩展

当比较的位数较多，且速度要求较快时，可以采用并联方式扩展。例如，用 5 片 4 位比较器扩展为 16 位比较器，可按图 4.3.28 的方式连接。图中，将待比较的 16 位二进制数分成 4 组，各组的 4 位比较是并行进行的，再将每组的比较结果输入到第 5 片 4 位比较器来进行比较，最后得出比较结果。这种方式从数据输入到输出只需要两倍的 4 位比较器的延迟时间，而如果采用串联方式时，则需要 4 倍的 4 位比较器的延迟时间。

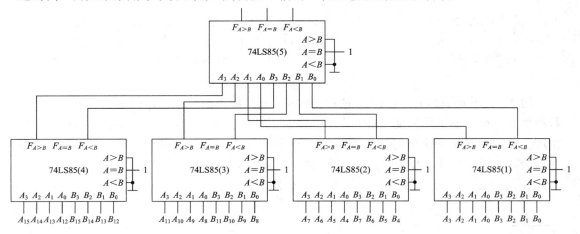

图 4.3.28　4 位比较器扩展为 16 位比较器

4.3.6　加法器

1. 串行进位加法器

在例 4.1.2 中已介绍了一位全加器电路。当要实现两个多位二进制数相加时，可采用并行相加、串行进位的方法来实现。图 4.3.29 是由 4 个全加器构成的 4 位二进制数加法电路，它的进位是由低位向高位逐位串行传递的，因此将这种进位方式称为串行进位方式。这种结构的加法器电路比较简单，但运算速度不高。为了克服这一缺点，可采用超前进位等方式。

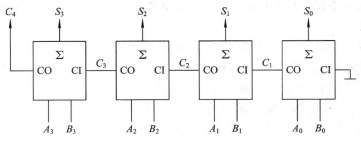

图 4.3.29　4 位串行进位、并行相加的加法电路

2. 超前进位加法器

为了提高运算速度，减少进位信号的传递时间，通常使用超前进位全加器。中规模 4 位二进制超前进位全加器 74LS283 的逻辑符号如图 4.3.30（a）所示。其中，$A_4 \sim A_1$、$B_4 \sim B_1$ 分别为 4 位加数和被加数输入端；$F_4 \sim F_1$ 为 4 位和输出端；C_0 为进位输入端；C_4 为进位输出端。这种电路内部的进位信号不再逐级传递，而是采用了超前进位技术，即各

级进位信号仅由加数、被加数和最低位的进位信号 C_0 决定，而与其他进位无关，所以提高了运算速度。

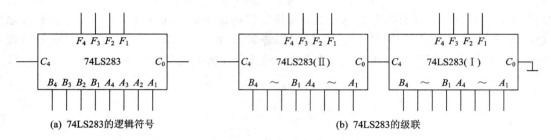

(a) 74LS283的逻辑符号　　　　　　　　(b) 74LS283的级联

图 4.3.30　超前进位全加器 74LS283

图 4.3.30(b)是两片 74LS283 的连接方法，其片间进位仍采用串行进位的方式，当片数增加时也会影响运算速度。如果片间进位也要用超前进位传输方式，则必须采用超前进位产生器和具有级联输出的超前进位加法器构成电路。图 4.3.31(a)是超前进位产生器 74LS182 的逻辑符号，图(b)是 74LS182 和 4 位算术逻辑单元 74LS181 的连接图。

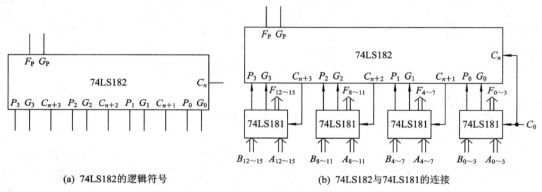

(a) 74LS182的逻辑符号　　　　　　　　(b) 74LS182与74LS181的连接

图 4.3.31　超前进位产生器 74LS182

3. 加法器的应用

加法器在数字系统中应用广泛，主要可以用来实现码组变换，加、减运算和乘法运算等，下面举例说明。

【例 4.3.5】　试用 4 位二进制全加器 74LS283 实现一位余 3 BCD 码到 8421 BCD 码的转换。

解： 因为对于同样一个十进制数，余 3 码比相应的 8421 BCD 码多 3，因此要实现余 3 码到 8421 BCD 码的转换，只需从余 3 码减去 (0011) 即可。由于 0011 各位变反后成为 1100，再加 1，即为 1101，因此，减 (0011) 同加 (1101) 等效。所以，在 4 位加法器的 $A_3 \sim A_0$ 上接余 3 码的 4 位代码，B_3、B_2、B_1、B_0 上接固定代码 1101，就能实现转换，其逻辑电路如图 4.3.32 所示。

【例 4.3.6】　试用 4 位二进制全加器 74LS283 构成一位 8421 BCD 码加法电路。

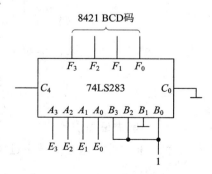

图 4.3.32　例 4.3.5 电路

解：4 位二进制加法器按二进制数规则进行加法运算，运算结果也是用二进制数表示。十进制数加法的进位规则是"逢 10 进 1"，且运算结果也应该用 8421 BCD 码来表示，因此必须将二进制加法器的运算结果进行修正，才能得到等值的 8421 BCD 码。

两个一位十进制数相加时，加数、被加数的取值范围是 0～9，其和的最大值是 18。如果考虑低位 8421 BCD 码可能会产生进位，则其和的最大值为 19。表 4.3.12 列出了十进制数 0～19 与二进制数、8421 BCD 码的对应关系。从表中可以看出，在二进制加法器的相加结果 $S_3 \sim S_0$ 大于 1111 后才能产生进位 $C_4 = 1$，而 8421 BCD 码的 $D_8 D_4 D_2 D_1$ 大于 1001 后就有进位（$D_{10} = 1$）。如果将大于 9 以后的二进制数加 6（0110）进行修正，则可得到等值的 8421 BCD 码。

表 4.3.12　十进制数 0～19 与二进制数、8421 BCD 码的对应关系

十进制数 N	二进制数					8421 BCD 码				
	C_4	S_3	S_2	S_1	S_0	D_{10}	D_8	D_4	D_2	D_1
0	0	0	0	0	0	0	0	0	0	0
1	0	0	0	0	1	0	0	0	0	1
2	0	0	0	1	0	0	0	0	1	0
3	0	0	0	1	1	0	0	0	1	1
4	0	0	1	0	0	0	0	1	0	0
5	0	0	1	0	1	0	0	1	0	1
6	0	0	1	1	0	0	0	1	1	0
7	0	0	1	1	1	0	0	1	1	1
8	0	1	0	0	0	0	1	0	0	0
9	0	1	0	0	1	0	1	0	0	1
10	0	1	0	1	0	1	0	0	0	0
11	0	1	0	1	1	1	0	0	0	1
12	0	1	1	0	0	1	0	0	1	0
13	0	1	1	0	1	1	0	0	1	1
14	0	1	1	1	0	1	0	1	0	0
15	0	1	1	1	1	1	0	1	0	1
16	1	0	0	0	0	1	0	1	1	0
17	1	0	0	0	1	1	0	1	1	1
18	1	0	0	1	0	1	1	0	0	0
19	1	0	0	1	1	1	1	0	0	1

从表中还可看出，当 8421 BCD 码有进位时，$D_{10} = 1$，因此可以将 D_{10} 看做修正标志。当 $D_{10} = 0$，即二进制数 $\leqslant 9$（1001）时，不需要修正；当 $D_{10} = 1$，即二进制数 $\geqslant 10$（1010）时，需要修正。通过表 4.3.12 求出 D_{10} 与 C_4、$S_3 \sim S_0$ 的逻辑关系并构成校正电路，则可实现二进制运算结果到 8421 BCD 码的等值转换。从表 4.3.12 中可以看出，当输入 $C_4 = 1$ 或 S_3、S_1 同时为 1，或 S_3、S_2 同时为 1 时，D_{10} 就为 1，因而修正标志 D_{10} 可写成：

$$D_{10} = C_4 + S_3 S_1 + S_3 S_2$$

当 $D_{10} = 1$ 时，需要对二进制加法器的运算结果进行修正，因此整个 8421 BCD 码加法电路需要用 2 片 74LS283，第 Ⅰ 片完成二进制数的相加操作，第 Ⅱ 片完成和的修正操作，其电路如图 4.3.33 所示。

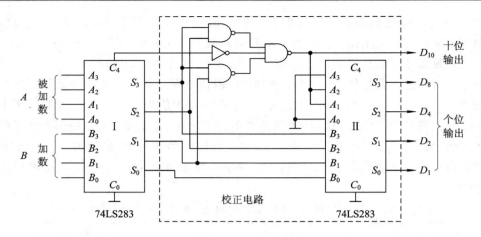

图 4.3.33 一位 8421 BCD 码加法器

4.4 组合逻辑电路中的竞争与冒险

1. 竞争与冒险

前面讨论组合逻辑电路时，没有考虑门电路的延迟时间，仅讨论了电路输出与输入之间的稳态关系。实际上，由于逻辑门存在延迟时间以及信号的传输路径不同，当输入信号电平发生瞬间变化时，电路可能产生与稳态时逻辑功能不一致的错误输出，这种现象就是电路中的竞争与冒险。

例如，一个简单组合电路如图 4.4.1(a)所示。若不考虑门的延迟时间，则有 $F = A \cdot \bar{A} = 0$，稳态时 F 应恒为 0。若考虑门的延迟(设每个门的延迟均为 t_{pd})，则输入信号 A 需经非门延迟 t_{pd} 后才得到 $\bar{A}$。当 A 变量发生跳变(0→1)时，由于 A 和 $\bar{A}$ 到达与门输入端有时间差，出现了 A 和 $\bar{A}$ 同时为 1 的情况，所以在输出端产生了正向尖峰脉冲，或称正向毛刺，如图 4.4.1(b)所示。又如，在图 4.4.2(a)所示电路中，其输出函数 $F = AB + \bar{A}C$，当 $B = C = 1$ 时，$F = A + \bar{A}$，在稳态条件下，F 应恒为 1。但当 A 变量发生变化(1→0)时，由于门电路有延迟，$\overline{AB}$ 和 $\overline{AC}$(即 $\bar{A}$ 和 $\bar{A}$)到达 G 门输入端有时间差，出现了 $\bar{A}$ 和 A 同时为 1 的情况，所以在输出端产生了负向尖峰脉冲，或称负向毛刺，如图 4.4.2(b)所示。

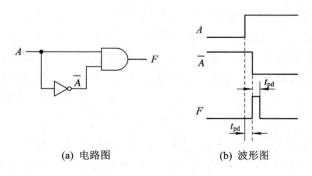

(a) 电路图　　　　　(b) 波形图

图 4.4.1 竞争冒险示例 1

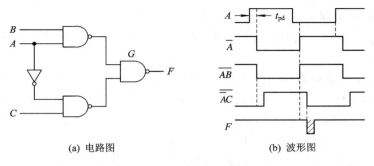

(a) 电路图　　　　　　　　　　　(b) 波形图

图 4.4.2　竞争冒险示例 2

从以上分析可以看出，当某一输入变量发生变化时，由于传输路径不同，到达电路中某一个门的输入端的时间有先有后，这种时差现象称为竞争。由于竞争而使电路输出端产生尖峰脉冲的现象称为冒险。组合电路中的竞争是普遍现象，但不一定都会产生冒险。图 4.4.2(b)所示的波形图中，当输入信号 A 从 0 变为 1 时，也会有竞争，但未在输出端产生毛刺，所以竞争不一定造成危害。但是一旦出现毛刺，若下级负载对毛刺敏感，则会使负载电路产生错误动作，这是不允许的。

以上分析都是在一个输入变量发生变化的条件下，电路在过渡过程中产生的冒险一般称为逻辑冒险；由于两个或多个输入变量变化时间不同步引起的冒险称为功能冒险。这里仅讨论逻辑冒险现象。

2. 逻辑冒险的判别

1）代数法

若组合逻辑电路的输出函数表达式为下列形式之一，则存在逻辑冒险现象：

$$F = X + \overline{X} \qquad 存在 0 型冒险 \quad （负向毛刺）$$
$$F = X \cdot \overline{X} \qquad 存在 1 型冒险 \quad （正向毛刺）$$

这里 X 为有竞争条件的变量，且可能产生冒险现象。

【例 4.4.1】　判断 $F = AC + \overline{A}B + \overline{A}C$ 是否存在逻辑冒险。

解：由 F 函数表达式可以看出，变量 A、C 具有竞争条件（因为 A、C 都有多个传输路径）。当 $BC = 11$ 时，$F = A + \overline{A}$，因此可能产生 0 型冒险。C 变量虽然经过不同路径传输，但不能变为 $C + \overline{C}$ 的形式，故不可能产生冒险。

2）卡诺图法

如果卡诺图中有两个卡诺圈相切，且相切处未被其他卡诺圈包围，则可能发生冒险现象。图 4.4.3(a)所示的卡诺图中，卡诺圈 AB 和 $\overline{A}C$ 相切，当输入变量 $B = C = 1$，A 变量变化时将产生冒险现象。

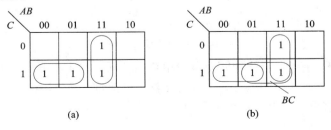

(a)　　　　　　　　　　　　　　(b)

图 4.4.3　用卡诺图识别和消除逻辑冒险

3. 冒险现象的消除

当电路中存在冒险现象时，必须设法消除它，否则会导致错误结果。消除冒险现象通常有如下方法：

（1）增加冗余项消除逻辑冒险。例如，对于图 4.4.2(a)所示的电路，只要在其卡诺图的两卡诺圈相切处加一个卡诺圈(如图 4.4.3(b)所示)就可消除逻辑冒险。这样，函数表达式变为

$$F = AB + \overline{A}C + BC$$

即增加了一个冗余项。冗余项是简化函数时应舍弃的多余项，但为了电路工作可靠又需加上它。可见，最简化设计不一定都是最佳的。

（2）加滤波电路，消除毛刺的影响。毛刺很窄，其宽度可以和门的传输时间相比拟，因此常在输出端并联滤波电容 C，或在本级输出端与下级输入端之间串接一个如图 4.4.4 所示的积分电路来消除其影响。但 C 或 R、C 的引入会使输出波形边沿变斜，故参数要选择合适，一般由实验确定。

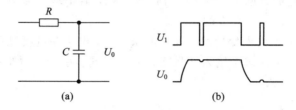

图 4.4.4　加滤波电路排除冒险

（3）加选通信号，避开毛刺。毛刺仅发生在输入信号变化的瞬间，因此在这段时间内先将门封住，待电路进入稳态后，再加选通脉冲选取输出结果。该方法简单易行，但选通信号的作用时间和极性等一定要合适。例如，在图 4.4.5 所示电路中，输出门的一个输入端加入一个选通信号，即可有效地消除任何冒险现象的影响。该电路尽管可能有冒险发生，但输出端却不会反映出来，因为当冒险现象发生时，选通信号的低电平将输出门封锁了。

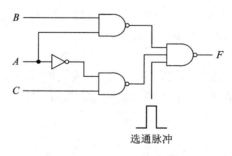

图 4.4.5　避开冒险的一种方法

以上三种方法各有特点。增加冗余项适用范围有限，加滤波电容是实验调试阶段常采取的应急措施，加选通脉冲则是行之有效的方法。目前许多 MSI 器件都备有使能（选通控制）端，为加选通信号消除毛刺提供了方便。

本 章 小 结

（1）组合电路的输出状态仅仅取决于该时刻的输入状态，它可以由门电路或 MSI 组合器件构成，电路中不包含存储（记忆）元件。

（2）分析组合电路的目的是确定已知电路的逻辑功能。应该熟练掌握组合电路的分析方法，并且能够判断常用电路的逻辑功能。

（3）组合电路的设计是根据命题的要求和选用的器件设计出经济、合理的逻辑电路。在设计中关键是要掌握好逻辑抽象，将文字描述的逻辑命题转换成符合要求的真值表，其次是合理选择器件类型，并使逻辑表达式的变换与化简尽可能与所选器件的形式一致，而不是尽量化简。

（4）本章介绍了编码器、译码器、数据选择器、数值比较器、加法器等常用 MSI 组合逻辑器件。为了正确使用这些器件，应着重理解它们的逻辑符号、功能表、输出函数表达式和扩展方法，了解它们的应用领域，掌握译码器、数据选择器和加法器的典型应用以及实现组合逻辑函数的方法。

（5）竞争与冒险现象是实际工作中经常遇到的一种现象，应该了解竞争和冒险的基本概念、种类，冒险现象的判别方法以及消除方法。

习　题　4

4 - 1　分析图 P4 - 1 所示的各组合电路，写出输出函数表达式，列出真值表，说明电路的逻辑功能。

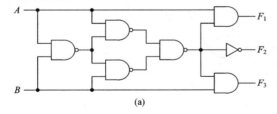 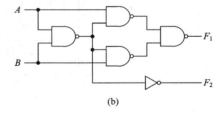

图 P4 - 1

4 - 2　分析图 P4 - 2 所示的组合电路，写出输出函数表达式，列出真值表，指出该电路完成的逻辑功能。

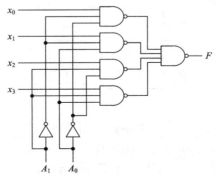

图 P4 - 2

4 - 3　图 P4 - 3 是一个受 M 控制的代码转换电路。当 $M=1$ 时，完成 4 位二进制码至格雷码的转换；当 $M=0$ 时，完成 4 位格雷码至二进制码的转换。试分别写出 Y_0、Y_1、Y_2、Y_3 的逻辑函数表达式，并列出真值表，说明该电路的工作原理。

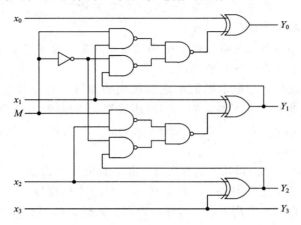

图 P4 - 3

4 - 4　图 P4 - 4 是一个多功能逻辑运算电路，图中 S_3、S_2、S_1、S_0 为控制输入端。试列表说明该电路在 S_3、S_2、S_1、S_0 的各种取值组合下 F 与 A、B 的逻辑关系。

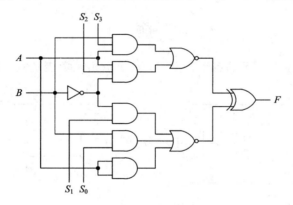

图 P4 - 4

4 - 5　已知某组合电路的输出波形如图 P4 - 5 所示，试用最少的或非门实现之。

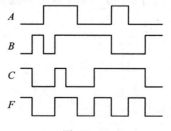

图 P4 - 5

4 - 6　用逻辑门设计一个受光、声和触摸控制的电灯开关逻辑电路，分别用 A、B、C 表示光、声和触摸信号，用 F 表示电灯。灯亮的条件是：无论有无光、声信号，只要有人触摸开关，灯就亮；当无人触摸开关时，只有当无光、有声音时灯才亮。试列出真值表，写出输出函数表达式，并画出最简逻辑电路图。

4-7 用逻辑门设计一个多输出逻辑电路，其输入为 8421 BCD 码，输出为 3 个检测信号，要求：

(1) 当检测到输入数字能被 4 整除时，$F_1=1$。

(2) 当检测到输入数字大于或等于 3 时，$F_2=1$。

(3) 当检测到输入数字小于 7 时，$F_3=1$。

4-8 用逻辑门设计一个两位二进制数的乘法器。

4-9 设计一个全加(减)器，其输入为 A、B、C 和 X(当 $X=0$ 时，实现加法运算；当 $X=1$ 时，实现减法运算)，输出为 S(表示和或差)、P(表示进位或借位)。列出真值表，试用 3 个异或门和 3 个与非门实现该电路，画出逻辑电路图。

4-10 设计一个交通灯故障检测电路，要求红、黄、绿 3 个灯仅有一个灯亮时，输出 $F=0$；若无灯亮或有两个以上的灯亮，则均为故障，输出 $F=1$。试用最少的非门和与非门实现该电路。要求列出真值表，化简逻辑函数，并指出所用 74 系列器件的型号。

4-11 试用两片 8 线-3 线优先编码器 74LS148 组成 16 线-4 线优先编码器，画出逻辑电路图，说明其逻辑功能。

4-12 (1) 图 P4-12 为 3 个单译码逻辑门译码器，指出每个译码器的输出有效电平以及相应的输入二进制码，写出译码器的输出函数表达式。

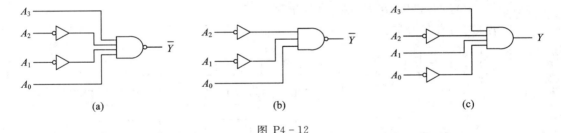

(a) (b) (c)

图 P4-12

(2) 试画出与下列表达式对应的单译码器逻辑电路图。

① $\overline{Y}=\overline{\overline{A_3}A_2\overline{A_1}A_0}$ ② $Y=A_3\overline{A_2}A_1\overline{A_0}$ ③ $\overline{Y}=\overline{\overline{A_4}A_3\overline{A_2}\overline{A_1}A_0}$

4-13 试用一片 3-8 译码器和少量逻辑门设计下列多地址输入的译码电路。

(1) 有 8 根地址输入线 $A_7\sim A_0$，要求当地址码为 A8H、A9H、…、AFH 时，译码器输出 $\overline{Y}_0\sim\overline{Y}_7$ 分别被译中，且低电平有效。

(2) 有 10 根地址输入线 $A_9\sim A_0$，要求当地址码为 2E0H、2E1H、…、2E7H 时，译码器输出 $\overline{Y}_0\sim\overline{Y}_7$ 分别被译中，且低电平有效。

4-14 试用一片 3-8 译码器 74LS138 和少量逻辑门实现下列多输出函数：

(1) $F_1=AB+\overline{A}\overline{B}C$

(2) $F_2=A+B+\overline{C}$

(3) $F_3=\overline{A}B+A\overline{B}$

4-15 某组合电路的输入 X 和输出 Y 均为 3 位二进制数。当 $X<2$ 时，$Y=1$；当 $2\leqslant X\leqslant5$ 时，$Y=X+2$；当 $X>5$ 时，$Y=0$。试用一片 3-8 译码器和少量逻辑门实现该电路。

4-16 由 3-8 译码器 74LS138 和逻辑门构成的组合逻辑电路如图 P4-16 所示。

（1）试分别写出 F_1、F_2 的最简或与表达式。

（2）试说明当输入变量 A、B、C、D 为何种取值时，$F_1 = F_2 = 1$。

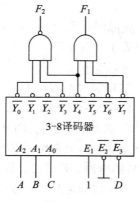

图 P4-16

4-17　已知逻辑函数 $F(a, b, c, d) = \sum m(1, 3, 7, 9, 15)$，试用一片 3-8 译码器 74LS138 和少量逻辑门实现该电路。

4-18　用 3-8 译码器构成的脉冲分配器电路如图 P4-18(a) 所示，输入波形如图(b)所示。

（1）若 CP 脉冲信号加在 $\overline{E_3}$ 端，试画出 $\overline{Y_0} \sim \overline{Y_7}$ 的波形。

（2）若 CP 脉冲信号加在 E_1 端，试画出 $\overline{Y_0} \sim \overline{Y_7}$ 的波形。

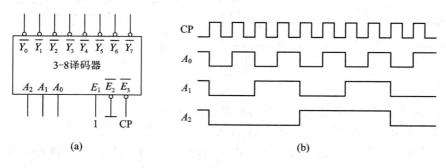

(a)　　　　　　　　　　　　　　　(b)

图 P4-18

4-19　试用 3 片 3-8 译码器组成一个 5-24 译码器。

4-20　用一片 BCD 码十进制译码器和附加门实现 8421BCD 码至余 3 码的转换电路。

4-21　试用一片 4-16 译码器组成一个 5421 BCD 码十进制数译码器。

4-22　试用 8 选 1 数据选择器 74LS151 实现下列逻辑函数（允许反变量输入，但不能附加门电路）：

（1）$F = A \oplus B \oplus AC \oplus BC$

（2）$F(A, B, C, D) = \sum m(0, 4, 5, 8, 12, 13, 14)$

（3）$F(A, B, C, D) = \sum m(0, 3, 5, 8, 11, 14) + \sum d(1, 6, 12, 13)$

4-23　试用 16 选 1 数据选择器和一个异或门实现一个 8 用逻辑电路。其功能要求如表 P4-23 所示。

表 P4 - 23

S_2	S_1	S_0	F
0	0	0	0
0	0	1	$A+B$
0	1	0	$\overline{AB}$
0	1	1	$A\oplus B$
1	0	0	1
1	0	1	$\overline{A+B}$
1	1	0	AB
1	1	1	$A\odot B$

4 - 24　由 74LS153 双 4 选 1 数据选择器组成的电路如图 P4 - 24 所示。

（1）分析该电路，写出 F 的最小项表达式 $F(A，B，C，D)$。

（2）改用 8 选 1 实现函数 F，试画出逻辑电路。

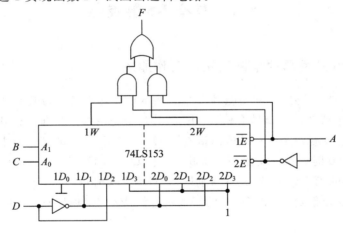

图 P4 - 24

4 - 25　用 4 选 1 数据选择器和 3 - 8 译码器组成 20 选 1 数据选择器。

4 - 26　图 4.3.28 所示的 16 位数值比较器中，若输入数据 $A_{15} \sim A_0 =$ B536H，$B_{15} \sim B_0 =$ B5A3H，试求各片输出值。

4 - 27　试用一片 4 位数值比较器 74LS85 和一片 4 位二进制加法器 74LS283 设计一个 4 位二进制数到 8421 BCD 码的转换电路。

4 - 28　设 X、Y 分别为 4 位二进制数，试用 4 位二进制全加器 74LS283 实现一个 $F=2(X+Y)$ 的运算电路。

4 - 29　判断下列函数是否存在冒险现象。若有，试消除之。

（1）$F=AB+\overline{A}C+\overline{B}C$

（2）$F=A\overline{B}+\overline{A}C+B\overline{C}$

（3）$F=(A+\overline{B}+C)(\overline{A}+\overline{B}+C)(A+B+C)$

第 5 章 触 发 器 ◆◆◆

前面介绍了组合逻辑电路的分析和设计。组合逻辑电路的特点是：在任何时刻电路的输出仅仅取决于该时刻的输入，而与以前的输入无关，即电路没有记忆功能。

触发器(Flip-Flop)是一种具有记忆功能，可以存储二进制信息的双稳态电路，它是组成时序逻辑电路的基本单元，也是最基本的时序电路。

本章首先介绍各种触发器的电路结构、工作原理和逻辑表示方法，然后简要介绍几种常用典型集成触发器的工作特性。通过这一章的学习，读者可了解时序逻辑电路最基本的特点。

5.1 基本 RS 触发器

5.1.1 基本 RS 触发器的电路结构和工作原理

基本 RS 触发器是构成各种功能触发器的基本单元，所以称为基本触发器。它可以用两个与非门或两个或非门交错耦合构成。图 5.1.1(a)是用两个与非门构成的基本 RS 触发器的逻辑电路，它具有两个互补的输出端 Q 和 $\bar{Q}$，一般用 Q 端的逻辑值来表示触发器的状态。当 $Q=1$，$\bar{Q}=0$ 时，称触发器处于 1 状态；当 $Q=0$，$\bar{Q}=1$ 时，称触发器处于 0 状态。R_D、S_D 为触发器的两个输入端(或称激励端)，当输入信号 $R_D=1$，$S_D=1$(即 $R_D S_D$ 为 11)时，该触发器必定处于 $Q=1$ 或 $Q=0$ 的某一状态保持不变，所以它是具有两个稳定状态的双稳态电路。

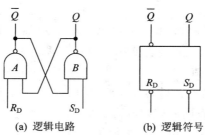

(a) 逻辑电路　　　　(b) 逻辑符号

图 5.1.1　与非门构成的基本 RS 触发器

当输入信号变化时，触发器可以从一个稳定状态转换到另一个稳定状态。我们把输入信号作用前的触发器状态称为现在状态(简称现态)，用 Q^n 和 $\bar{Q}^n$ 表示(为了书写方便，现态 Q^n 右上角的 n 可以略去，Q^n 可写成 Q，下同)，把在输入信号作用后触发器所进入的新状态称为触发器的下一状态(或简称次态)，用 Q^{n+1} 和 $\bar{Q}^{n+1}$ 表示。因此，根据图 5.1.1(a)所示电路中的与非逻辑关系可以得出以下结果：

(1) 当 $R_D=0$，$S_D=1$ 时，无论触发器原来处于什么状态，其次态一定为 0 状态，即 $Q^{n+1}=0$，$\bar{Q}^{n+1}=1$，称触发器处于置 0 状态，也称触发器处于复位状态。

(2) 当 $R_D=1$，$S_D=0$ 时，无论触发器原来处于什么状态，其次态一定为 1 状态，即 $Q^{n+1}=1$，$\bar{Q}^{n+1}=0$，称触发器处于置 1 状态，也称触发器处于置位状态。

(3) 当 $R_D=1$，$S_D=1$ 时，触发器保持原状态不变，即 $Q^{n+1}=Q$，$\bar{Q}^{n+1}=\bar{Q}$，称触发器处于保持(记忆)状态。

(4) 当 $R_D=0$，$S_D=0$ 时，两个与非门输出均为 1(高电平)，此时破坏了触发器的互补输出关系，特别当 R_D、S_D 同时从 0 变化为 1 时，由于门的延迟时间不一致，因此触发器的次态不确定，即 $Q^{n+1}=\varnothing$，这种情况在实际使用场合一般是不允许的。因此，规定输入信号 R_D、S_D 不能同时为 0，它们应遵循 $R_D+S_D=1$ 的约束条件。

由以上分析可见，基本 RS 触发器具有置 0、置 1 和保持的逻辑功能。通常 S_D 称为直接置 1 端或置位(Set)端，R_D 称为直接置 0 端或复位(Reset)端。基本 RS 触发器的逻辑符号如图 5.1.1(b)所示。因为它是以 R_D 和 S_D 为低电平时被置 0 或置 1 的，所以 R_D、S_D 为低电平有效，且在图 5.1.1(b)中 R_D、S_D 的输入端加有小圆圈。为了推导公式方便，本书 R_D、S_D 上方均没有带非号"—"。

5.1.2 基本 RS 触发器的功能描述

描述触发器的逻辑功能通常采用以下几种方法。

1. 状态转移真值表(状态表)

将触发器的次态 Q^{n+1} 与现态 Q 及输入信号之间的逻辑关系用表格的形式表示出来，这种表格就称为状态转移真值表(或称状态表、特性表)。根据以上分析，图 5.1.1(a)所示的基本 RS 触发器的状态转移真值表如表 5.1.1(a)所示，表 5.1.1(b)是其简化表。它们与组合电路的真值表相似，不同的是触发器的次态 Q^{n+1} 不仅与输入信号有关，还与它的现态 Q 有关，这正体现了时序电路的特点。表 5.1.1 也可以用图 5.1.2 所示的卡诺图来表示，并将这种表示触发器状态的卡诺图称为次态卡诺图。

表 5.1.1 基本 RS 触发器的状态表

(a)

R_D	S_D	Q	Q^{n+1}
0	0	0	$\times$
0	0	1	$\times$
0	1	0	0
0	1	1	0
1	0	0	1
1	0	1	1
1	1	0	0
1	1	1	1

(b)

R_D	S_D	Q^{n+1}
0	0	$\times$
0	1	0
1	0	1
1	1	Q

当已知触发器的输入信号和现态时，就可以从状态表或次态卡诺图中求出触发器的次态，获取其状态变化的信息。

2. 特征方程

描述触发器逻辑功能的函数表达式称为触发器的特征方程。由图 5.1.2 所示的次态卡诺图可求得基本 RS 触发器的特征方程为

$$\begin{cases} Q^{n+1} = \overline{S}_{\mathrm{D}} + R_{\mathrm{D}} Q \\ S_{\mathrm{D}} + R_{\mathrm{D}} = 1 \qquad (\text{约束条件}) \end{cases}$$

特征方程中的约束条件表示 R_{D} 和 S_{D} 不允许同时为 0，即 R_{D} 和 S_{D} 中至少有一个为 1。

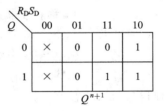

图 5.1.2　次态卡诺图

3. 状态转移图(状态图)与激励表

状态转移图是用图形方式来描述触发器的状态转移规律。图 5.1.3 为基本 RS 触发器的状态转移图。图中两个圆圈分别表示触发器的两个稳定状态，箭头表示在输入信号的作用下状态转移的方向，箭头旁的标注表示转移条件。

激励表(也称驱动表)是表示触发器由当前状态 Q 转移到确定的下一状态 Q^{n+1} 时对输入信号的要求。基本 RS 触发器的激励表如表 5.1.2 所示。

状态图和激励表可以直接从表 5.1.1 和图 5.1.2 求得。

表 5.1.2　基本 RS 触发器的激励表

$Q \to Q^{n+1}$		R_{D}	S_{D}
0	0	$\times$	1
0	1	1	0
1	0	0	1
1	1	1	$\times$

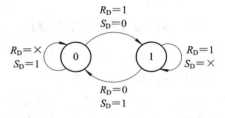

图 5.1.3　基本 RS 触发器的状态转移图

4. 波形图

工作波形图又称时序图，它反映了触发器的输出状态在输入信号作用下随时间变化的规律，是实验中可观察到的波形。图 5.1.4 为基本 RS 触发器的工作波形，图中虚线部分表示状态不确定。

基本 RS 触发器也可以用或非门组成，其电路及逻辑符号如图 5.1.5 所示，输入信号 S_{D}、R_{D} 是高电平有效，因此输入端没有小圆圈。电路的工作原理读者可自行分析。

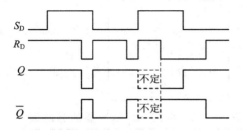

图 5.1.4　基本 RS 触发器的工作波形

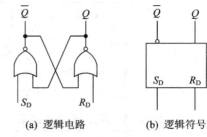

(a) 逻辑电路　　　　(b) 逻辑符号

图 5.1.5　或非门构成的 RS 触发器

5.2　时钟控制的触发器

当上述基本 RS 触发器的输入信号发生变化使触发器产生直接置 0 或置 1 翻转时，触

发器的状态就会发生变化。在数字系统中，常要求触发器按一定的时间节拍动作，即要求触发器的状态转换时刻受到时钟脉冲(CP，Clock Pulse)的控制，而转换到何种状态则由输入信号及原状态决定。因此，在基本 RS 触发器的基础上增加触发引导电路，便构成了各种时钟控制的触发器。钟控触发器也称为时钟触发器或同步触发器。根据逻辑功能不同，钟控触发器可分为 RS 触发器、D 触发器、JK 触发器和 T 触发器等几种类型。

5.2.1　钟控 RS 触发器

钟控 RS 触发器是在基本 RS 触发器的基础上加两个与非门构成的，其逻辑电路及逻辑符号分别如图 5.2.1(a)、(b)所示。图中，C 门和 D 门构成触发引导电路，R 为置 0 端，S 为置 1 端，CP 为时钟脉冲输入端。

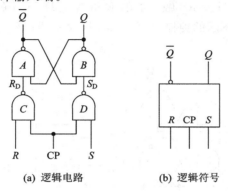

(a) 逻辑电路　　　　　　(b) 逻辑符号

图 5.2.1　钟控 RS 触发器

从图 5.2.1(a)可以看出，基本 RS 触发器的输入函数为

$$R_D = \overline{R \cdot CP}, \quad S_D = \overline{S \cdot CP}$$

当 CP=0 时，C、D 门被封锁，R_D=1，S_D=1，由基本触发器的功能可知，触发器保持原状态不变。

当 CP=1 时，$R_D = \overline{R}$，$S_D = \overline{S}$，触发器将发生状态转移。将 R_D、S_D 代入基本 RS 触发器的特征方程中，可得出钟控 RS 触发器的特征方程为

$$\begin{cases} Q^{n+1} = S + \overline{R}Q \\ RS = 0 \quad （约束条件） \end{cases}$$

式中，RS=0 表示 R 与 S 不能同时为 1。该方程表明当 CP=1 时，钟控 RS 触发器的状态按上式发生转移，即时钟信号 CP=1 时才允许外部输入信号起作用。

同理还可得出 CP=1 时，钟控 RS 触发器的状态转移真值表、激励表分别如表 5.2.1 和表 5.2.2 所示，状态转移图和波形图分别如图 5.2.2(a)、(b)所示。

表 5.2.1　钟控 RS 触发器的状态表

R	S	Q^{n+1}
0	0	Q
0	1	1
1	0	0
1	1	$\times$

表 5.2.2　钟控 RS 触发器的激励表

$Q \rightarrow Q^{n+1}$		R	S
0	0	$\times$	0
0	1	0	1
1	0	1	0
1	1	0	$\times$

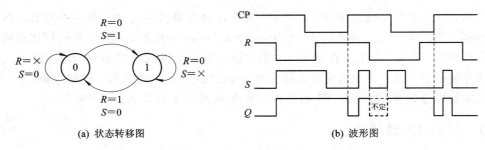

(a) 状态转移图　　　　　　　　(b) 波形图

图 5.2.2　钟控 RS 触发器的状态图和波形图

5.2.2　钟控 D 触发器（数据锁存器）

将图 5.2.1(a)所示的钟控 RS 触发器的 R 端接至 D 门的输出端，并将输入端 S 改为 D，便构成了图 5.2.3(a)所示的钟控 D 触发器，该触发器也称为数据锁存器，其逻辑符号如图 5.2.3(b)所示。

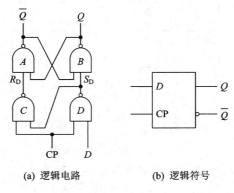

(a) 逻辑电路　　　　　　　(b) 逻辑符号

图 5.2.3　钟控 D 触发器

在图 5.2.3(a)中，门 A 和 B 构成了基本 RS 触发器，门 C 和 D 构成了触发引导电路。基本触发器的输入为

$$S_D = \overline{D \cdot CP}$$

$$R_D = \overline{\overline{S_D} \cdot CP} = \overline{\overline{\overline{D \cdot CP}} \cdot CP} = \overline{(\overline{D} + \overline{CP}) \cdot CP} = \overline{\overline{D} \cdot CP}$$

当 CP=0 时，$R_D = 1$，$S_D = 1$，触发器保持原状态不变。

当 CP=1 时，$S_D = \overline{D}$，$R_D = D$，代入基本 RS 触发器的特征方程可得到钟控 D 触发器的特征方程为

$$Q^{n+1} = \overline{S}_D + R_D Q = \overline{\overline{D}} + DQ = D + DQ = D$$

同理，可以得到钟控 D 触发器在 CP=1 时的状态转移真值表如表 5.2.3 所示，激励表如表 5.2.4 所示，状态图如图 5.2.4 所示，波形图如图 5.2.5 所示。

表 5.2.3　钟控 D 触发器的状态表

D	Q^{n+1}
0	0
1	1

表 5.2.4　钟控 D 触发器的激励表

$Q \rightarrow Q^{n+1}$		D
0	0	0
0	1	1
1	0	0
1	1	1

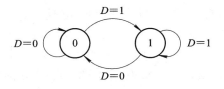

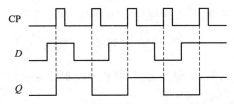

图 5.2.4　钟控 D 触发器的状态图 　　　　图 5.2.5　钟控 D 触发器的波形图

钟控 D 触发器在时肿脉冲作用下，其次态 Q^{n+1} 始终和输入端 D 一致，因此常把它称为数据锁存器或延迟(Delay)触发器，输入端 D 也称为数据输入端。

5.2.3　钟控 JK 触发器

钟控 JK 触发器的逻辑电路和逻辑符号如图 5.2.6(a)、(b)所示。

与钟控 RS 触发器对照，其等效的 R、S 输入信号为

$$S = J\overline{Q}, \quad R = KQ$$

由于 Q 和 $\overline{Q}$ 互补，无论 J、K 输入取值如何，不可能出现 $SR=11$ 的情况，因此就解决了 R、S 之间的约束问题。由图 5.2.6(a)可见：

$$S_D = \overline{J\overline{Q} \cdot CP}, \quad R_D = \overline{KQ \cdot CP}$$

当 CP＝0 时，$R_D=1$，$S_D=1$，触发器维持原状态不变。

当 CP＝1 时，$S_D=\overline{J\overline{Q}}$，$R_D=\overline{KQ}$，代入基本 RS 触发器的特征方程可得钟控 JK 触发器的特征方程为

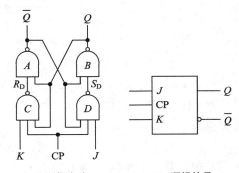

(a) 逻辑电路　　　(b) 逻辑符号

图 5.2.6　钟控 JK 触发器

$$Q^{n+1} = \overline{S}_D + R_D Q = J\overline{Q} + \overline{KQ}Q = J\overline{Q} + \overline{K}Q$$

可简写为

$$Q^{n+1} = J\overline{Q} + \overline{K}Q$$

同理，可得出钟控 JK 触发器在 CP＝1 时的状态转移真值表如表 5.2.5 所示，激励表如表 5.2.6 所示，状态图如图 5.2.7 所示。

表 5.2.5　钟控 JK 触发器的状态表

J	K	Q^{n+1}
0	0	Q
0	1	0
1	0	1
1	1	$\overline{Q}$

表 5.2.6　钟控 JK 触发器的激励表

$Q \rightarrow Q^{n+1}$		J	K
0	0	0	$\times$
0	1	1	$\times$
1	0	$\times$	1
1	1	$\times$	0

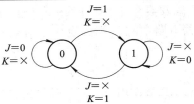

图 5.2.7　JK 触发器的状态图

由表 5.2.5 可见，JK 触发器具有保持($Q^{n+1}=Q$)、置 0、置 1 和翻转($Q^{n+1}=\overline{Q}$)功能。

5.2.4 钟控 T 触发器和 T′ 触发器

钟控 T 触发器由钟控 JK 触发器简单演变而成，其逻辑电路及逻辑符号分别如图 5.2.8(a)、(b)所示。

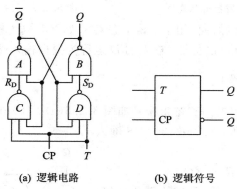

(a) 逻辑电路　　　　**(b) 逻辑符号**

图 5.2.8　钟控 T 触发器

当 CP=0 时，$R_D=1$，$S_D=1$，触发器维持原状态不变。

当 CP=1 时，将 $J=T$、$K=T$ 代入钟控 JK 触发器的特征方程可得钟控 T 触发器的特征方程为

$$Q^{n+1} = J\overline{Q} + \overline{K}Q = T\overline{Q} + \overline{T}Q = T \oplus Q$$

同理，可得出钟控 T 触发器在 CP=1 时的状态表(见表 5.2.7)、激励表(见表 5.2.8)和状态图(见图 5.2.9)。

表 5.2.7　钟控 T 触发器的状态表

T	Q^{n+1}
0	Q
1	$\overline{Q}$

表 5.2.8　钟控 T 触发器的激励表

$Q \rightarrow Q^{n+1}$		T
0	0	0
0	1	1
1	0	1
1	1	0

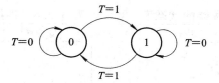

图 5.2.9　T 触发器的状态图

由表 5.2.7 可见，钟控 T 触发器在 $T=0$ 时具有保持功能，在 $T=1$ 时具有翻转功能。若将图 5.2.8(a)所示 T 触发器电路中的 T 端固定接至高电平(逻辑 1)，便得到钟控 T′ 触发器，其特征方程为

$$Q^{n+1} = \overline{Q}$$

可见，T′ 触发器具有翻转功能，CP 每作用一次，T′ 触发器就翻转一次，因此 T′ 触发器也称为计数触发器。

5.2.5　电平触发方式的工作特点

以上分析的 4 种钟控触发器均由 4 个与非门组成。当时钟脉冲 CP 为低电平（CP＝0）时，触发器不接收输入信号，维持原状态不变；当时钟脉冲 CP 为高电平（CP＝1）时，触发器接收输入信号，发生状态变化。这种钟控方式称为电平触发方式。

电平触发方式的特点是：在约定钟控信号电平（CP＝1 或 0）期间，触发器的状态对输入控制信号敏感，输入信号的变化都会引起触发器状态的变化；在非约定钟控信号电平（CP＝0 或 1）期间，不论输入控制信号如何变化，触发器的状态维持不变。

应指出，电平触发方式的工作特点有可能使触发器的状态在 CP＝1 期间发生多次翻转，例如，用钟控 JK 触发器（$J＝1, K＝1$）构成的 T' 触发器，在 CP＝1 时，其状态转移方程为 $Q^{n+1}＝\bar{Q}$，由于触发引导信号发生了变化，因此若脉冲宽度较宽，则 T' 触发器将在 CP＝1 期间发生多次翻转，直至 CP＝0 为止，这种现象称为空翻。如果要求每来一个 CP 脉冲，触发器仅翻转一次，则对钟控信号约定电平（通常 CP＝1）的宽度有着极为苛刻的要求。例如，对 T' 触发器，必须要求触发器输出端的新状态返回到输入端之前，CP 应回到低电平，也就是 CP＝1 的宽度 t_{CP} 不能大于 $3t_{\mathrm{pd}}$（t_{pd} 为与非门的传输延迟时间），而为了保证触发器能可靠翻转，至少在一个翻转过程中 CP 应保持高电平，亦即 CP＝1 的宽度 t_{CP} 不能小于 $2t_{\mathrm{pd}}$，因此 CP 的宽度应限制在 $2t_{\mathrm{pd}}＜t_{\mathrm{CP}}＜3t_{\mathrm{pd}}$ 的范围内。但 TTL 门电路的传输延迟 t_{pd} 一般在 10 ns 左右，尤其是每个门电路的 t_{pd} 有一定的离散性，因此在一个包括许多触发器的数字系统中，实际上无法确定时钟脉冲的宽度。所以，为了避免空翻现象，必须对以上的钟控触发器在电路结构上加以改进。

5.3　集 成 触 发 器

目前普遍使用的集成触发器都可以防止空翻，性能稳定。常用的集成触发器有主从触发器和边沿触发器两种类型。

5.3.1　主从 JK 触发器

主从触发器由主触发器和从触发器两部分组成，其工作过程分为两步。当 CP＝1 时，主触发器接收输入信号，从触发器被封锁；在 CP 由 1 变为 0 后，主触发器被封锁，从触发器随主触发器的状态翻转，从而实现在每个 CP 周期里，输出端的状态只改变一次。下面以主从 JK 触发器为例说明这类触发器的工作原理。

1. 主从 JK 触发器的电路结构和工作原理

主从 JK 触发器的电路结构如图 5.3.1 所示，它由两个钟控 RS 触发器构成，其中门 1～门 4 构成从触发器，门 5～门 8 构成主触发器。

（1）当 CP＝0 时，主触发器输入控制门（门 7 和门 8）被封锁，输入控制信号的变化不会引起主触发器的状态变化，其状态（$Q_主$）保持不变。此时 $\overline{\mathrm{CP}}＝1$，从触发器输入控制门（门 3 和门 4）被打开。将 $R_{\mathrm{D从}}＝Q_主, S_{\mathrm{D从}}＝\bar{Q}_主$ 代入基本 RS 触发器的特征方程得

$$Q^{n+1}＝\bar{S}_{\mathrm{D从}}＋R_{\mathrm{D从}}Q＝\bar{\bar{Q}}_主＋Q_主 Q＝Q_主$$

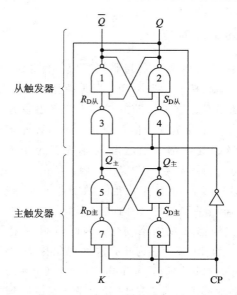

图 5.3.1　主从 JK 触发器的结构框图

上式说明 CP＝0 时，主触发器的状态转移到从触发器中存放，即从触发器和主触发器的状态保持一致，设该状态为触发器的 Q。

（2）当 CP＝1 时（CP 由 0 变为 1 及其后），$\overline{CP}＝0$，从触发器输入控制门被封锁，其保持原状态（Q）不变，主触发器输入控制门开，接收 J、K 输入控制信号：

$$R_{D主}＝\overline{KQ}, \quad S_{D主}＝\overline{J\bar{Q}}$$

$$Q_{主}^{n+1}＝\overline{S}_{D主}＋R_{D主}Q＝J\bar{Q}＋\overline{KQ}Q＝J\bar{Q}＋\bar{K}Q$$

（3）当 CP＝0 时，主触发器的状态转移到从触发器，即

$$Q^{n+1}＝Q_{主}^{n+1}＝J\bar{Q}＋\bar{K}Q$$

综上所述，主从 JK 触发器在 CP＝1 期间，主触发器接受控制信号作用，被置成相应的状态，而从触发器不动，在 CP 下降沿置定输出状态，特征方程为 $Q^{n+1}＝J\bar{Q}＋\bar{K}Q$，因此主从触发器的状态翻转发生在 CP 的下降沿。主从 JK 触发器的逻辑符号如图 5.3.2 所示。

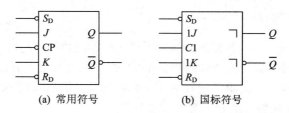

(a) 常用符号　　　　　　(b) 国标符号

图 5.3.2　主从 JK 触发器的逻辑符号

2. 主从 JK 触发器的一次翻转特性

由于主从 JK 触发器采用了具有存储功能的触发引导电路，因而有效避免了空翻现象。所谓一次翻转特性，是指在 CP＝1 期间主触发器接受输入控制信号 J、K 作用而发生了一次状态翻转后，主触发器的状态就将一直保持不变，不再受输入控制信号 J、K 的影响，直到下一个 CP 作用周期到来，即 CP 变为 0 后再变为 1。

例如，在图 5.3.3 中，设 $Q＝Q_{主}＝0$，$J＝0$，$K＝1$，如果在 CP＝1 期间 J、K 发生了

多次变化,其中第一次变化发生在 t_1,则此时 $J=K=1$,从触发器输出 $Q=0$,因而 $R_{D主}=\overline{KQ}=1$,$S_{D主}=\overline{JQ}=0$,从而主触发器发生状态转换,即 $Q_{主}^{n+1}=1$,$\overline{Q}_{主}^{n+1}=0$。第二次变化发生在 t_2,此时 $J=0$,$K=1$,由于从触发器输出 $Q=0$,$R_{D主}=\overline{KQ}=1$,$S_{D主}=\overline{JQ}=1$,因此主触发器状态不变。

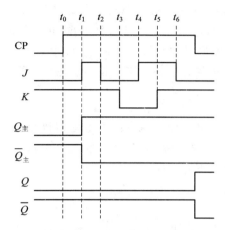

图 5.3.3 主从触发器的一次翻转

如果 CP=1 期间 $Q=0$,则图 5.3.1 中门 7 始终被封锁($R_{D主}=1$),主触发器只能接收置 1 输入信号;如果 CP=1 期间 $Q=1$,则门 8 始终被封锁($S_{D主}=1$),主触发器只能接收置 0 输入信号。所以,在 CP=1 期间主从触发器只可能翻转一次。例如,输入控制信号在 CP=1 期间满足条件,如图 5.3.3 中 t_1 后,主触发器被置 1,主触发器翻转了一次,就不能再翻转为 0(翻转第二次),如图 5.3.3 中 t_2 后,J、K 发生了多次变化,但主触发器始终保持在第一次翻转后的 1 状态,此即为主从 JK 触发器的一次翻转特性。

图 5.3.4 为考虑了一次翻转特性后主从 JK 触发器的工作波形。因此在使用主从触发器时应注意,在 CP=1 期间输入状态没有变化的条件下,用 CP↓ 时的输入状态即可决定主从触发器的次态,否则,应考虑 CP=1 期间的一次翻转特性才能确定 CP↓ 到达时触发器的次态。

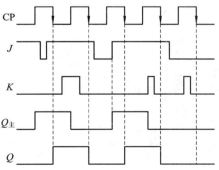

图 5.3.4 主从 JK 触发器的工作波形图

3. 主从 JK 触发器的脉冲工作特性

为了正确使用主从 JK 触发器,必须了解其脉冲工作特性,即对时钟脉冲 CP 和激励信号 J、K 的要求。从图 5.3.1 所示的主从 JK 触发器可以看出:

（1）在时钟脉冲 CP 由 0 上跳到 1 及 CP＝1 的准备阶段要完成主触发器的正确转移，则需：第一，CP 上升沿到达时，J、K 信号已处于稳定状态，且在 CP＝1 期间 J、K 信号不发生变化；第二，从 CP 上升沿到达至主触发器状态变化稳定，需要经历三级与非门的延迟时间，即 $3t_{pd}$，因此，要求 CP＝1 的持续期 $t_{CPH} \geqslant 3t_{pd}$。

（2）CP 由 1 下跳至 0 时，主触发器的状态转移到从触发器。从 CP 的下降沿开始到从触发器状态转变完成也需经历三级与非门的延迟时间，即 $3t_{pd}$，要求 CP＝0 的持续期 $t_{CPL} \geqslant 3t_{pd}$。在此期间，主触发器已被封锁，因而 J、K 信号可以变化。

（3）为了使触发器能够可靠地进行状态转换，允许时钟的最高频率为

$$f_{CP\,max} \leqslant \frac{1}{t_{CPH} + t_{CPL}} = \frac{1}{6t_{pd}}$$

主从 JK 触发器在 CP＝1 时为准备阶段（主触发器接受控制信号作用），CP 由 1 跳变至 0 时触发器发生状态转移（从触发器接受主触发器状态），因此它是一种脉冲触发方式，而状态转换输出发生在 CP 的下降沿时刻。

5.3.2　边沿触发器

采用主从触发方式可以克服电平触发方式的多次翻转现象。但主从 JK 触发器在 CP＝1 期间对输入控制信号敏感，这就降低了触发器的抗干扰能力。边沿触发器仅在约定的动作边沿（上升沿或下降沿）才对输入控制信号响应。同时满足以下条件的触发器称为边沿触发方式触发器（简称边沿触发器）：① 触发器仅在 CP 某约定跳变到来时，才接收输入控制信号发生状态转换；② 在 CP＝0 或 CP＝1 期间，输入信号的变化不会引起触发器状态的变化。因此，边沿触发器不仅可以克服电位触发方式的多次翻转现象，还大大提高了抗干扰能力。

目前常用的集成边沿触发器有维持-阻塞触发器、CMOS 传输门边沿触发器和利用门电路传输延迟时间的边沿触发器等。下面以维持-阻塞 D 触发器为例说明其工作特点。

1. 维持-阻塞 D 触发器的电路结构和工作原理

维持-阻塞 D 触发器由钟控 RS 触发器、引导门和 4 条反馈线组成，其电路结构及国标符号如图 5.3.5 所示。其中，虚线所示的 R_D、S_D 输入为直接置 0、置 1 端。

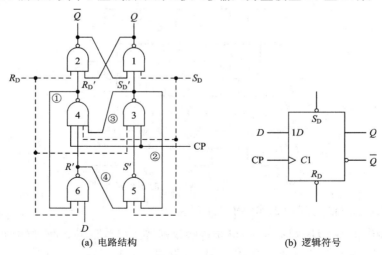

(a) 电路结构　　　　　　　　　　(b) 逻辑符号

图 5.3.5　维持-阻塞 D 触发器的电路结构和逻辑符号

设 CP 上升沿到达前 $D=0$。由于 CP$=0$，因此 $R_D'S_D'=11$，触发器保持原状态不变，门 5、门 6 开启（对 D 信号）。由于 $D=0$，因此门 6、门 5 输出 $R'S'=10$，门 4 开，门 3 关。当 CP 上升沿到达后，使 $R_D'S_D'=01$，反馈线①将维持门 6 输出 $R'=1$，再经连线④保持门 5 输出 $S'=0$，即使此时 D 信号发生变化也不会改变门 6、门 5 的输出（$R'S'=10$），因此，反馈线①称为置 0 维持线，使触发器 $\overline{Q}^{n+1}=1$，$Q^{n+1}=0$，即 $Q^{n+1}=D$。

同理，设 CP 上升沿到达前 $D=1$。由于 CP$=0$，因此 $R_D'S_D'=11$，触发器保持原状态不变，门 5、门 6 开启（对 D 信号）。由于 $D=1$，因此门 6、门 5 输出 $R'S'=01$，门 4 关，门 3 开。当 CP 上升沿到达后，使 $R_D'S_D'=10$，反馈线②将维持门 5 输出 $S'=1$，连线③将门 4 关，阻塞门 4 可能出现置 0 操作（当 D 由 1 变为 0 时，$R'=1$ 也不能将门 4 打开，使输出 $R_D'=0$），因此连线③称为置 0 阻塞线，反馈线②称为置 1 维持线，使触发器 $Q^{n+1}=1$，$\overline{Q}^{n+1}=0$，即 $Q^{n+1}=D$。

综上所述，维持–阻塞 D 触发器是在 CP 上升沿到达时接收输入信号，触发器发生状态转换；上升沿以后输入信号被封锁。因此，维持–阻塞 D 触发器具有边沿触发功能。

2. 维持–阻塞 D 触发器的脉冲工作特性

由图 5.3.5 可知，维持–阻塞 D 触发器的工作分为两个阶段：CP$=0$ 期间为准备阶段，CP 由 0 变至 1 为触发器的状态变化阶段。为了使触发器可靠工作，必须要求：

（1）CP$=0$ 期间，必须把输入信号送至门 5、门 6 的输出端。在 CP 上升沿到达之前建立稳定状态需要经历 2 个与非门的延迟时间，称为建立时间，即 $t_{\mathrm{set}}=2t_{\mathrm{pd}}$。在 t_{set} 内要求 D 信号保持不变，则 CP$=0$ 的持续时间 $t_{\mathrm{CPL}} \geqslant 2t_{\mathrm{pd}}$。

（2）在 CP 上升沿到达后，要达到维持–阻塞作用，必须使 R_D' 或 S_D' 由 1 变为 0，需要经历 1 个与非门的延迟时间，在这段时间内 D 信号不应变化，这段时间称为保持时间 t_{h}，$t_{\mathrm{h}}=t_{\mathrm{pd}}$。

（3）在 CP 上升沿到达后直至触发器状态稳定建立，需要经历 3 个与非门的延迟时间，因此要求 CP$=1$ 的持续时间 $t_{\mathrm{CPH}} \geqslant 3t_{\mathrm{pd}}$。

（4）为使维持–阻塞 D 触发器可靠工作，CP 的最高工作频率为

$$f_{\mathrm{CP\,max}} = \frac{1}{t_{\mathrm{CPL}}+t_{\mathrm{CPH}}} = \frac{1}{5t_{\mathrm{pd}}}$$

由于维持–阻塞 D 触发器只要求输入信号 D 在 CP 上升沿前后很短时间（$t_{\mathrm{set}}+t_{\mathrm{h}}=3t_{\mathrm{pd}}$）内保持不变，而在 CP$=0$ 及 CP$=1$ 的其余时间内，无论输入信号如何变化，都不会影响输出状态，因此，它对数据输入端具有较强的抗干扰能力，且工作速度快，故得到了广泛的应用。

3. 维持–阻塞 D 触发器的直接置 0、置 1 端（R_D、S_D）

在图 5.3.5 中，R_D、S_D 为直接置 0、置 1 端，其操作不受 CP 控制，因此也称异步置 0、置 1 端。

当 R_D 有效（$R_D S_D=01$）时，门 3、门 6 被封锁，经门 2 触发器输出端 Q 被强迫置 0。如果此时 CP$=1$，则仅在门 4 输出 $R_D'=0$，可获得触发器置 0 操作信号，直到 CP$=1$ 结束。

当 S_D 有效（$R_D S_D=10$）时，门 4、门 5 被封锁（$S'=1$），经门 1 触发器被强迫置 1。如果此时 CP$=1$，则仅在门 3 输出 $S_D'=0$，可获得触发器置 1 操作信号，直到 CP$=1$ 结束。

因此，无论触发器处于何种状态，只要 R_D 或 S_D 有效(不能同时有效)，触发器都被可靠地置 0 或置 1。

图 5.3.6 为维持-阻塞 D 触发器的工作波形图。

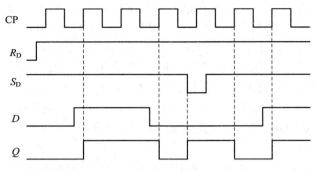

图 5.3.6 维持-阻塞 D 触发器的工作波形图

5.4 触发器的逻辑符号及时序图

5.4.1 触发器的逻辑符号

前面介绍过的各种触发器由于电路结构、逻辑功能及触发方式都不相同，因此，逻辑符号的表示方式也有所不同。下面分类加以说明。

图 5.4.1 为电平触发方式触发器的逻辑符号。其中，图(a)为基本 RS 触发器的逻辑符号，它没有时钟输入端，R_D、S_D 为非同步(或称异步)输入，触发器的状态直接受 R_D、S_D 电平控制；图(b)、图(c)分别为钟控 RS 触发器和钟控 D 触发器的逻辑符号，触发器的输出状态受时钟 CP 的电平控制。当 CP=1 时，触发器接受输入信号作用，输出状态 Q、$\bar{Q}$ 按其功能发生变化；当 CP=0 时，触发器不接受输入信号作用，输出状态 Q、$\bar{Q}$ 保持不变。

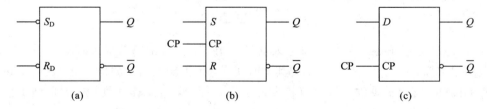

图 5.4.1 电平触发方式触发器的逻辑符号

集成触发器的逻辑符号有以下两种：

(1) 传统的逻辑符号常在计算机应用软件中出现，因此本书以下均采用这种符号，如图 5.4.2 所示，触发器的时钟输入端均有动态符号">"。当 CP 输入端加有小圈时，如图 5.4.2(b)、(d)所示，表示在 CP 下降沿到来时触发器状态发生变化；当 CP 输入端没有小圈时，如图 5.4.2(a)、(c)所示，表示在 CP 上升沿到来时触发器状态发生变化。各符号中的 R_D、S_D 均为异步直接置 0、置 1 输入端，R_D 或 S_D 加低电平有效时即可将触发器置 0 或置 1，而不受时钟信号控制。触发器在时钟信号的控制下正常工作时，应使 R_D、S_D 均为高

（无效）。输入控制端可由多个输入信号相与而成，如图 5.4.2（a）中 $J=J_1J_2J_2$，$K=K_1K_2K_3$，图 5.4.2（b）中 $D=D_1D_2D_3$。

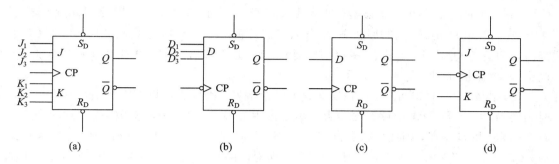

图 5.4.2 集成触发器的常用逻辑符号

（2）国际标准符号如图 5.4.3 所示。图中，$C1$ 为时钟 CP 输入端，$C1$ 中的 C 是控制关联标记，$C1$ 表示受其影响的输入是以数字 1 标记的数据输入，如 $1D$、$1J$、$1K$ 等；R、S 为异步直接置 0、置 1 端。图 5.4.3（a）、（b）为边沿触发型触发器的逻辑符号，$C1$ 端加动态符号"＞"表示边沿触发。其中，图（a）为上升沿触发的 D 触发器，图（b）为下降沿触发的 JK 触发器。图 5.4.3（c）为主从 JK 触发器的国标符号，$C1$ 输入端没有"○"，表示触发器在时钟上升沿到来时开始接收数据，符号"￢"表示延迟输出，即 CP 回到 0 以后输出状态才改变，所以该电路输出状态变化发生在 CP 信号的下降沿。若 $C1$ 输入端有"○"，则输出状态变化发生在 CP 信号的上升沿。

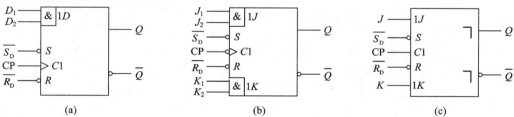

图 5.4.3 国际标准规定的集成触发器的逻辑符号

5.4.2 时序图

从前面的分析可以看出，由于电路结构不同，触发器的触发方式也不相同，则其输出对输入信号的响应是不同的，因此画时序波形时，首先要注意触发器的触发方式。对于电位触发方式的触发器，其输出状态直接受输入信号的电位或时钟 CP 的电位控制；对于边沿触发器，目前使用广泛，其时序图的画法一般按以下步骤进行：

（1）以 CP 的有效沿为基准划分时间间隔，CP 有效沿来到前为现态，有效沿来到后为次态。

（2）每个时钟脉冲有效沿来到后，根据触发器的状态方程或状态表确定其次态。

（3）异步直接置 0、置 1（R_D、S_D）端的操作不受时钟 CP 的控制，画波形时要特别注意。

【例 5.4.1】 边沿 JK 触发器和维持-阻塞 D 触发器分别如图 5.4.4（a）、（b）所示，其输入波形见图 5.4.4（c），试分别画出 Q_1、Q_2 端的波形，设电路初始状态均为 0。

解：（1）由图 5.4.4(a)可见，JK 触发器为下降沿触发，因此首先以 CP 下降沿为基准划分时间间隔，然后根据 JK 触发器的状态方程 $Q_1^{n+1} = J\bar{Q}_1 + \bar{K}Q_1 = A\bar{Q}_1 + \bar{B}Q_1$ 且每个 CP 来到之前的 A、B 和原状态 Q_1 决定其次态 Q_1^{n+1}。例如，第一个 CP 下降沿来到前因 $AB=10$，$Q_1=0$，将 A、B 和原状态 Q_1 代入状态方程得 $Q_1^{n+1}=1$，故在画波形时应在 CP 下降沿来到后使 Q_1 为 1，该状态一直维持到第二个 CP 下降沿来到后才变化。依次类推，可画出 Q_1 的波形如图 5.4.4(c)所示。

（2）由图 5.4.4(b)可见，D 触发器为上升沿触发，因此首先以 CP 上升沿为基准划分时间间隔。由于 $D=A$，因此 D 触发器的状态方程为 $Q_2^{n+1}=D=A$，这里需要注意的是异步置 0 端 R_D 和 B 相连，因此该状态方程仅当 $B=1$ 时才适用。当 $B=0$ 时，无论 A、CP 如何，$Q_2^{n+1}=0$，即在图 5.4.4(c)中 B 为 0 期间所对应的 Q_2 均为 0。只有当 $B=1$，Q_2^{n+1} 才在 CP 的上升沿来到后和 A 有关。例如，在第二个 CP 的上升沿来到前，$B=1$，$A=1$，故 CP 的上升沿来到后 $Q_2^{n+1}=1$。该状态本应维持到第三个 CP 上升沿来到前，但在第二个 CP=0 期间 B 已变为 0，因此也强制 $Q_2=0$。Q_2 的波形如图 5.4.4(c)所示。

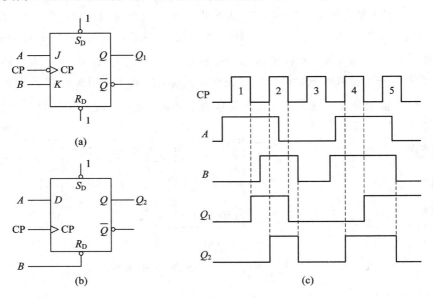

图 5.4.4 例 5.4.1 波形图

【例 5.4.2】 边沿触发器组成的电路分别如图 5.4.5(a)、(b)所示，其输入波形见图 5.4.5(c)，试分别画出 Q_1、Q_2 端的波形，设电路初始状态均为 0。

解：由图 5.4.5(a)可见，FF_1、FF_2 均为上升沿触发，故以 CP 上升沿为基准划分时间间隔。

对于 FF_1，$Q_1^{n+1} = \overline{AQ_1}$。由每个 CP 上升沿来到时外输入 A 和原态 Q_1 决定 Q_1^{n+1}，其波形如图 5.4.5(c)所示。

对于 FF_2，由于 $J = A \oplus B$，$K = \bar{A} \oplus B = A \odot B$，因此状态方程为 $Q_2^{n+1} = J\bar{Q}_2 + \bar{K}Q_2 = (A \oplus B)\bar{Q}_2 + (A \oplus B)Q_2 = A \oplus B$，说明该触发器的输出仅与 A、B 有关，与触发器的原状态无关。但需要注意，该状态方程只有在 $C=1$ 时才适用，其波形如图 5.4.5(c)所示。

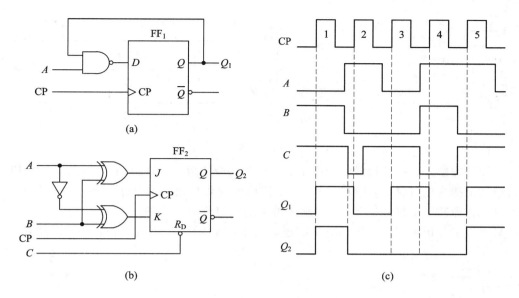

图 5.4.5　例 5.4.2 波形图

本　章　小　结

（1）触发器具有两个稳定状态，即逻辑 0 和逻辑 1。在输入信号的作用下，触发器可以发生状态转移。触发器的状态转移不仅与输入信号有关，而且与触发器的原状态有关。触发器具有记忆功能。触发器是构成时序逻辑电路的基本单元电路。

（2）触发器按逻辑功能不同可分为 RS 触发器、D 触发器、JK 触发器、T 触发器四种。它们的逻辑功能可以用状态表、特征方程、状态图、波形图等方法描述。

触发器按电路结构、触发方式不同可分为电平触发方式、脉冲触发方式（主从型）、边沿触发方式几种类型。同一逻辑功能的触发器可以用不同的电路结构实现，如数据锁存器和维持-阻塞 D 触发器的逻辑功能相同，其特征方程均为 $Q^{n+1} = D$，但数据锁存器是电平触发型结构，而维持-阻塞 D 触发器是边沿触发型结构，所以触发器状态翻转的动作特点是不相同的。因此，分析触发器时序波形时，首先要注意触发器的触发方式。

（3）在时序逻辑电路设计中，应根据电路的实际要求来选择所需的触发器，要注意触发器的作用沿（触发器状态发生变化的时钟脉冲边沿）及时序电路中各信号的时间关系（时序）。

习　题　5

5-1　由或非门构成的触发器电路如图 P5-1(a)、(b)所示，试分别写出触发器输出 Q 的下一状态方程。图中也给出了输入信号 a、b、c 的波形，设触发器的初始状态为 1，试画出图(b)输出 Q 的波形。

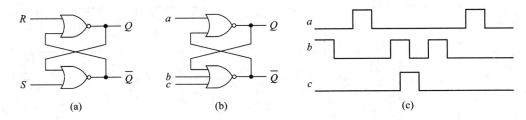

图 P5-1

5-2 按钮开关在转换的时候由于簧片的颤动会使信号出现抖动，因此实际使用时往往需要加上防抖动电路。运用基本 RS 触发器构成的防抖动输出电路如图 P5-2 所示。试说明其工作原理，并画出对应于图中输入波形的输出波形。

5-3 试分析图 P5-3 所示电路的逻辑功能，列真值表，并写出逻辑函数表达式。

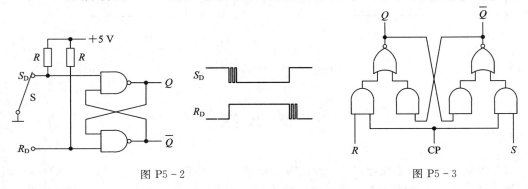

图 P5-2   图 P5-3

5-4 设图 P5-4 中各触发器的初始状态皆为 0，试画出在 CP 的作用下各触发器 Q 端的波形图。

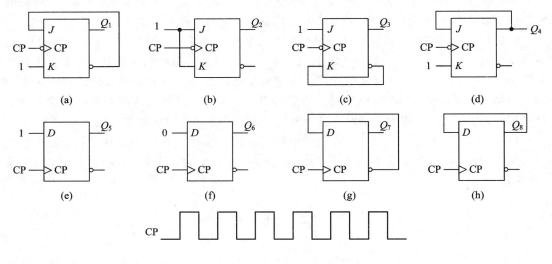

图 P5-4

5-5 在图 P5-5 所示的触发器电路中，A 和 B 的波形已知，对应画出 Q_0、Q_1、Q_2 和 Q_3 的波形，设各触发器的初始状态为 0。

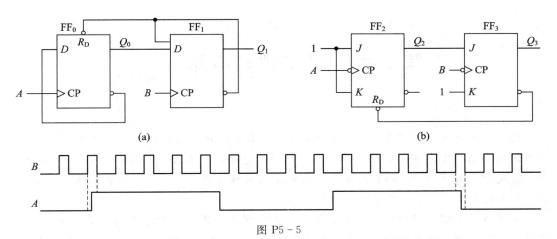

图 P5 - 5

5 - 6 在图 P5 - 6 所示的电路中，FF_1 为 JK 触发器，FF_2 为 D 触发器，初始状态均为 0，试画出在 CP 的作用下 Q_1、Q_2 的波形。

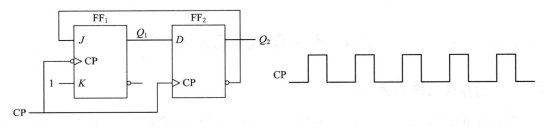

图 P5 - 6

5 - 7 试用主从 JK 触发器构成 D 触发器。

5 - 8 试用维持-阻塞 D 触发器构成 JK 触发器。

5 - 9 试设计一个单脉冲产生电路。该电路输入为时钟脉冲 CP，有一按钮开关(开关的结构可自选)，人工每按一次按钮开关，该电路输出一个时钟脉冲。画出电路，说明其工作原理，注意要考虑人工按键时可能产生的抖动。

第 6 章　时序逻辑电路

　　时序逻辑电路是数字系统的基本组成部分，本章所讲述的分析、设计方法和集成时序器件的典型应用都适用于系统中子模块的设计；所讲述的原始状态图的建立、时序图的分析、集成时序器件的逻辑功能描述等内容也是硬件描述语言初学者所必备的基础知识，因此，本章内容是后续章节及系统设计的基础。

　　本章首先介绍时序逻辑电路基本概念、然后重点讲述同步时序逻辑电路的分析方法、设计方法及步骤，最后介绍计数器、寄存器、移位寄存器、序列信号产生器等常用典型时序电路的特点和应用。

6.1　时序逻辑电路概述

6.1.1　时序逻辑电路的特点

　　逻辑电路分为两类：一类是组合逻辑电路，另一类是时序逻辑电路。在组合逻辑电路中，任一时刻的输出仅与该时刻输入变量的取值有关，而与输入变量的历史情况无关；在时序逻辑电路中，任一时刻的输出不仅与该时刻输入变量的取值有关，而且与电路原来的状态，即过去的输入情况有关。前面介绍的触发器就是最简单的时序逻辑电路。

　　图 6.1.1 为时序逻辑电路的结构框图，其中 $X(x_1, x_2, \cdots, x_n)$ 为外部输入信号；$Q(q_1, q_2, \cdots, q_j)$ 为存储电路的状态输出，也是组合逻辑电路的内部输入，$Z(z_1, z_2, \cdots, z_m)$ 为外部输出信号；$Y(y_1, y_2, \cdots, y_k)$ 为存储电路的激励信号，也是组合逻辑电路的内部输出。

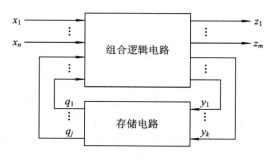

图 6.1.1　时序逻辑电路的结构框图

　　时序逻辑电路有两个特点：① 它包含组合逻辑电路和存储电路两部分，存储电路具有记忆功能，通常由触发器组成；② 存储电路的输出状态 Q 反馈到组合逻辑电路的输入端，与外部输入信号 X 共同决定组合逻辑电路的输出 Z，组合逻辑电路的输出除了包含外部输

出 Z 外，还包含连接到存储电路激励端的内部输出 Y，它将控制存储电路的状态变化。

在存储电路中，触发器的每一位输出 $q_i(i=1,2,\cdots,j)$ 称为一个状态变量，j 个状态变量可以组成 2^j 个不同的内部状态。时序电路对于输入变量历史情况的记忆就反映在状态变量的不同取值上，即不同的内部状态代表着输入变量变化的历史情况。由于通常用有限数量的状态来表示时序电路的功能行为，所以时序电路也称为有限状态机（FSM，Finite State Machine）。

图 6.1.1 中 4 组信号之间的逻辑关系可用下面 3 个向量函数形式的方程来描述：

$$Z^n = F(X^n,\ Q^n)$$
$$Y^n = G(X^n,\ Q^n)$$
$$Q^{n+1} = H(Y^n,\ Q^n)$$

其中，第一个方程称为输出方程，第二个方程称为激励方程（或驱动方程），第三个方程称为状态方程；方程中的上标 n 和 $n+1$ 表示相邻的两个时间节拍；Q^n 称为存储电路的现态（也称原状态或当前状态），Q^{n+1} 称为存储电路的次态（也称下一状态）。从 3 个方程可以看出：时序电路某一时刻的输出 Z^n 和存储电路的激励 Y^n 仅仅与该时刻的外部输入 X^n 和内部状态 Q^n 有关，它们都是组合电路的输出；而存储电路的次态 Q^{n+1} 是激励 Y^n 和存储电路的原态 Q^n 的函数，也就是说，Q^{n+1} 由 Y^n 和 Q^n 决定，Q^n 又由 Y^{n-1} 和 Q^{n-1} 决定，这样沿着时间轴要不断研究上一个时刻电路的状态，所以时序电路任一时刻的状态不仅与当前的输入有关，还与电路以前的状态即过去输入情况有关。时序电路的工作过程实质上就是在不同的输入条件下，内部状态不断更新的过程。

为了书写方便，常略去符号右上角的 n，因此以上 3 个方程可写成：

$$Z = F(X,\ Q)$$
$$Y = G(X,\ Q)$$
$$Q^{n+1} = H(Y,\ Q)$$

6.1.2　时序逻辑电路的分类

时序电路按状态变化的特点，可分为同步时序电路和异步时序电路。在同步时序电路中，电路状态的变化在同一时钟脉冲作用下发生，即各触发器状态的转换同步完成；而在异步时序电路中，不使用同一个时序脉冲信号源，即各触发器状态的转换是异步完成的。

时序电路按输出信号的特点，又可以分为米里（Mealy）型时序电路、摩尔（Moore）型时序电路。Mealy 型时序电路又称为 Mealy 型状态机，其输出函数为 $Z=F(X,Q)$，即某时刻的输出取决于该时刻的外部输入 X 和内部状态 Q；Moore 型时序电路又称为 Moore 型状态机，其输出函数为 $Z=F(Q)$，即某时刻的输出只取决于该时刻的内部状态 Q，它不受当时输入的影响或没有输入变量，但当输入变化后，它必须等待时钟的到来状态变化时才能导致输出变化，所以 Moore 型的输出要比 Mealy 型的晚一个时钟周期。

图 6.1.2 和图 6.1.3 分别为 Mealy 型和 Moore 型串行加法器的电路图。图 6.1.2 中，a_i、b_i 均为串行数据输入，S_i 为串行数据输出，$S_i=a_i+b_i+C_{i-1}$ 或 $S_i=a_i+b_i+Q$，但图

6.1.3 的串行数据输出 $S_i' = Q_1$，要比图 6.1.2 Mealy 型电路中的输出 S_i 晚一个时钟周期。

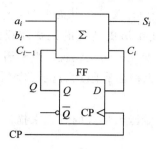
图 6.1.2 Mealy 型串行加法器电路

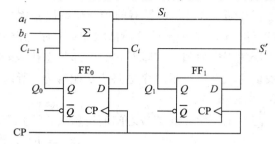
图 6.1.3 Moore 型串行加法器电路

6.1.3 时序逻辑电路的功能描述

时序逻辑电路的功能描述与触发器的功能描述相似，描述的方法有以下几种。

1. 逻辑方程式

逻辑方程式即前面叙述的 3 个方程：

$$Z = F(X, Q) \qquad \text{（输出方程）}$$
$$Y = G(X, Q) \qquad \text{（激励方程或驱动方程）}$$
$$Q^{n+1} = H(Y, Q) \qquad \text{（状态方程）}$$

2. 状态转移表

状态转移表也称状态迁移表或状态表，是用列表的形式来描述时序逻辑电路的外输出 Z、次态 Q^{n+1} 与外输入 X、现态 Q 之间的逻辑关系。

状态表的形式较多，Mealy 型时序电路的状态表如表 6.1.1 所示。表中所填的是以外部输入 $X_1 X_0$、现态 $Q_1 Q_0$ 的各种不同取值所对应的次态和输出值，即 $Q_1^{n+1} Q_0^{n+1}/Z$ 的值。Moore 型时序电路的状态表如表 6.1.2 所示。由于输出 Z 与外部输入 X 的取值无关，而仅取决于电路的当前状态 $Q_1 Q_0$，所以 Z 可以单独列出。还有一些时序电路只有时钟输入，而没有外部输入，也没有输出信号（通常以它的内部状态作为该电路的输出），此类时序电路的状态表可用表 6.1.3 来表示。

表 6.1.1 Mealy 型时序电路状态表

$Q_1 Q_0$ \ $X_1 X_0$	$Q_1^{n+1} Q_0^{n+1}/Z$			
	00	01	11	10
00	00/0	01/1	00/0	10/1
01	01/1	01/1	00/0	11/1
11	00/0	11/1	00/0	11/1
10	10/1	11/1	00/0	10/1

表 6.1.2 Moore 型时序电路状态表

$Q_1 Q_0$ \ X	$Q_1^{n+1} Q_0^{n+1}$		Z
	0	1	
00	01	11	0
01	10	00	0
11	00	10	1
10	11	01	0

表 6.1.3　没有外输入的 Moore 型时序电路状态表

Q_2	Q_1	Q_0	Q_2^{n+1}	Q_1^{n+1}	Q_0^{n+1}
0	0	0	0	0	1
0	0	1	0	1	0
0	1	0	0	1	1
0	1	1	1	0	0
1	0	0	1	0	1
1	0	1	1	1	0
1	1	0	1	1	1
1	1	1	0	0	0

3. 状态图

状态图是用图形方式来描述时序电路的状态转移规律以及输出与输入关系。n 个状态变量可以组成 2^n 个不同的状态，每个状态用一个圆圈表示，用带箭头的指向线（称转移线）表示状态转移的方向，转移线上标明发生该转移的条件。在 Mealy 型时序电路中，外部输出在转移条件中给出；在 Moore 型时序电路中，外部输出在圆圈内指明。根据表 6.1.1～表 6.1.3 可以分别画出相应的状态图，如图 6.1.4(a)、(b)、(c)所示。图(c)中，转移线上没有注明转移条件，可理解为时钟脉冲到达，即发生状态转移。

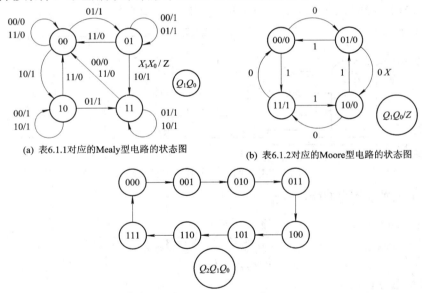

(a) 表6.1.1对应的Mealy型电路的状态图

(b) 表6.1.2对应的Moore型电路的状态图

(c) 表6.1.3对应的Moore型电路的状态图

图 6.1.4　时序逻辑电路的状态图

状态图可以直观、形象地描述时序电路的状态转移过程。例如在图 6.1.4(a)中，如果当前状态 Q_1Q_0 为 00，当外部输入 X_1X_0 为 01 时，输出 Z 为 1，下一状态 $Q_1^{n+1}Q_0^{n+1}$ 为 01；当外部输入 X_1X_0 为 10 时，输出 Z 为 1，转移方向改变，其下一状态 $Q_1^{n+1}Q_0^{n+1}$ 为 10。

4. 时序图

时序图即为时序电路的工作波形图，它以波形的形式描述时序电路内部状态 Q、外部

输出 Z 随输入信号 X 和时钟脉冲序列变化的规律，其具体画法将在下面讨论。

以上几种同步时序电路功能描述的方法各有特点，但实质相同，且可以相互转换，它们都是同步时序电路分析和设计的主要工具。

6.2 同步时序逻辑电路的分析

分析一个同步时序电路就是根据给定的同步时序电路，找出其状态和输出信号在输入变量及时钟作用下的变化规律，从而理解电路的逻辑功能。

6.2.1 同步时序逻辑电路的一般分析步骤

同步时序电路的分析过程一般按以下步骤进行：

(1) 根据给定的逻辑电路图求出时序电路的输出方程和各触发器的激励方程。

(2) 根据已求出的激励方程和所用触发器的特征方程，求出时序电路的状态方程。

(3) 根据时序电路的状态方程和输出方程，建立状态转移表，进而画出状态图和波形图。

(4) 分析电路的逻辑功能。

6.2.2 同步时序逻辑电路分析举例

【例 6.2.1】 分析图 6.2.1 所示同步时序电路的逻辑功能。

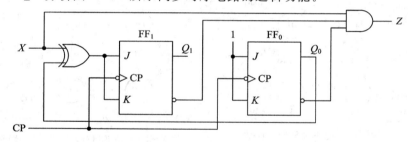

图 6.2.1 例 6.2.1 时序逻辑电路

解：(1) 求激励方程和输出方程：
$$J_0 = K_0 = 1$$
$$J_1 = K_1 = X \oplus Q_0$$
$$Z = X \overline{Q}_1 \overline{Q}_0$$

(2) 求状态方程：
$$Q_1^{n+1} = J_1 \overline{Q}_1 + \overline{K}_1 Q_1 = (X \oplus Q_0) \overline{Q}_1 + \overline{X \oplus Q_0} Q_1 = X \oplus Q_0 \oplus Q_1$$
$$Q_0^{n+1} = J_0 \overline{Q}_0 + \overline{K}_0 Q_0 = \overline{Q}_0$$

(3) 列状态表，画状态图。

该时序电路为 Mealy 型时序电路，其状态表是以外部输入 X 和内部状态 $Q_1 Q_0$ 为输入变量，以次态 $Q_1^{n+1} Q_0^{n+1}$ 和输出 Z 为输出（即 $Q_1^{n+1} Q_0^{n+1}/Z$）的一种表格，因此，可以先根据状态方程填写 Q_1^{n+1}、Q_0^{n+1} 和 Z 的卡诺图，如图 6.2.2(a)、(b)、(c) 所示，然后将其合并便得表 6.2.1 所示的状态表。

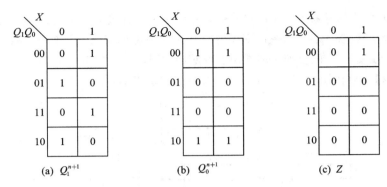

图 6.2.2　例 6.2.1 次态与输出卡诺图

　　由状态表可直接作出状态图，如图 6.2.3 所示。图中，每个圆圈表示电路的一个状态，转移线上标注 X/Z 表示状态转移的外部输入条件和相应的输出值。

表 6.2.1　例 6.2.1 时序电路状态表

$Q_1 Q_0$ ＼ X	$Q_1^{n+1} Q_0^{n+1}/Z$	
	0	1
00	01/0	11/1
01	10/0	00/0
11	00/0	10/0
10	11/0	01/0

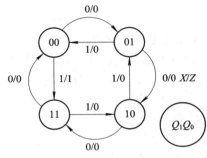

图 6.2.3　例 6.2.1 状态图

　　（4）画时序图。

　　已知外输入 X 的波形如图 6.2.4 第二行所示。设 $Q_1 Q_0$ 的初始状态为 00，根据表 6.2.1 状态表或图 6.2.3 状态图可画出在时钟作用下的时序图如图 6.2.4 所示。例如第一个 CP 下降沿来到前 $X=0$，$Q_1 Q_0 = 00$，从表中查出 $Q_1^{n+1} Q_0^{n+1} = 01$，因此画时序图时应在第 1 个 CP 下降沿来到后使 $Q_1 Q_0$ 进入 01，以此类推即可画出 $Q_1 Q_0$ 的整体波形如图 6.2.4 第三、四行所示。外输出 $Z = X \bar{Q}_1 \bar{Q}_0$，它是组合电路的输出，只要 $X=1$，$Q_1 Q_0 = 00$ 时就有 $Z=1$。从本例看出，由于该电路是 Mealy 型时序电路，外输出 Z 会随着 X 的变化而变化，而 X 的变化是随机的，与 CP 不同步，所以外输出 Z 也与 CP 不同步。

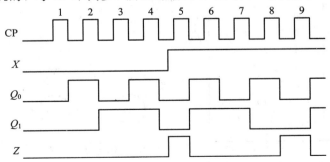

图 6.2.4　例 6.2.1 时序图

　　（5）逻辑功能分析。

　　从以上分析可以看出，该电路每经过 4 个 CP 作用，其状态就循环一次。当外部输入

$X=0$ 时，Q_1Q_0 状态转移按 $00\rightarrow01\rightarrow10\rightarrow11\rightarrow00\rightarrow\cdots$ 规律变化，实现模 4 加法计数器的功能；当 $X=1$ 时，状态转移按 $00\rightarrow11\rightarrow10\rightarrow01\rightarrow00\rightarrow\cdots$ 规律变化，实现模 4 减法计数器的功能。所以，该电路是一个**同步模 4 加减控制可逆计数器**，X 为加/减控制信号，Z 为借位输出。

【例 6.2.2】 分析图 6.2.5 所示同步时序电路的逻辑功能。

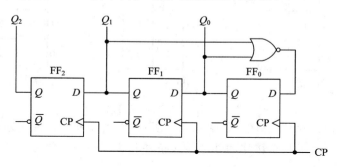

图 6.2.5 例 6.2.2 时序逻辑电路

解：(1) 求激励方程和输出方程：

该电路没有外部输入和外部输出，是 Moore 型时序电路。

激励方程：$D_2=Q_1$，$D_1=Q_0$，$D_0=\overline{Q_1+Q_0}=\bar{Q}_1\bar{Q}_0$。

输出函数：Q_2、Q_1 和 Q_0。

(2) 求状态方程：

$$Q_2^{n+1}=D_2=Q_1,\quad Q_1^{n+1}=D_1=Q_0,\quad Q_0^{n+1}=D_0=\bar{Q}_1\bar{Q}_0$$

(3) 列状态表，画状态图。

由状态方程列出该电路的状态表，如表 6.2.2 所示。

由状态表作出该电路的状态图，如图 6.2.6 所示。由状态图可见，001、010、100 这三个状态构成了闭合回路。电路正常工作时，状态总是按这个序列循环变化，通常将处于序列循环的状态称为**有效状态**，该循环称有效循环或主循环，将没有在序列循环内的状态称为**无效状态**或**多余状态**。如果在一个时序电路中所有的无效状态都能通向有效序列，则称该时序电路具有**自启动能力**。

表 6.2.2 例 6.2.2 时序电路状态表

Q_2	Q_1	Q_0	Q_2^{n+1}	Q_1^{n+1}	Q_0^{n+1}
0	0	0	0	0	1
0	0	1	0	1	0
0	1	0	1	0	0
0	1	1	1	1	0
1	0	0	0	0	1
1	0	1	0	1	0
1	1	0	1	0	0
1	1	1	1	1	0

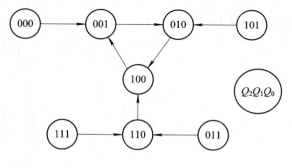

图 6.2.6 例 6.2.2 状态图

(4) 画时序图。

根据状态图中的有效序列画出时序图如图 6.2.7 所示。由时序图可以看出，当电路正常工作时，各输出端依次出现脉冲，其脉冲宽度等于 CP 周期 T，循环周期为 $3T$。

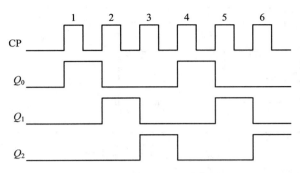

图 6.2.7　例 6.2.2 时序图

（5）逻辑功能分析。

从以上分析可以看出，该电路在 CP 脉冲的作用下，把宽度为 T 的脉冲以三次分配给 Q_0、Q_1 和 Q_2 各端输出，因此，该电路是一个脉冲分配器。由状态图和时序图可以看出，该电路每经过三个时钟周期循环一次，且具有自启动能力。

从以上例子看出，同步时序电路分析的关键是从状态表、状态图或时序图中找出状态转移的规律，从而确定时序电路的逻辑功能。用文字描述时序电路的逻辑功能还需要对常用时序电路的基本特点有所了解。目前常用的时序电路有计数器、寄存器、移位寄存器、序列信号发生器等，有关这些电路的结构特点、逻辑功能及应用将在 6.5、6.6、6.7 节详细介绍。

6.3　异步时序逻辑电路的分析方法

时序电路分同步时序电路和异步时序电路两大类。异步时序电路习惯上又分为脉冲型异步时序电路和电位型异步时序电路。本节讨论脉冲型异步时序电路。

在同步时序电路中，所有触发器共同连到同一时钟脉冲输入端，各触发器的状态转换同步完成，因此在状态方程中时钟脉冲信号被省略。但在脉冲异步时序电路中，各触发器没有使用相同的时钟信号，每次电路状态发生转换时，并不是所有触发器的状态都会发生变化，只有那些有时钟信号到达的触发器才会发生状态变化。因此，在分析脉冲异步时序电路时，需要找出每次电路状态转换时哪些触发器有时钟信号到达，哪些触发器没有时钟信号到达，可见，分析异步时序电路比分析同步时序电路要复杂。

图 6.3.1 给出了脉冲异步十进制加法计数器的逻辑电路图。在该电路中，4 个 JK 触发器没有统一的时钟，CP_0 为计数器的外部时钟脉冲输入（计数器对 CP_0 计数），FF_0 的输出 Q_0 作为 FF_1 和 FF_3 的输入时钟，FF_1 的输出 Q_1 作为 FF_2 的输入时钟。由电路可写出其输出函数和激励函数为

$$C = Q_3 Q_0$$
$$J_0 = K_0 = 1$$
$$J_1 = \bar{Q}_3 , K_1 = 1$$
$$J_2 = K_2 = 1$$
$$J_3 = Q_2 Q_1 , \quad K_3 = 1$$

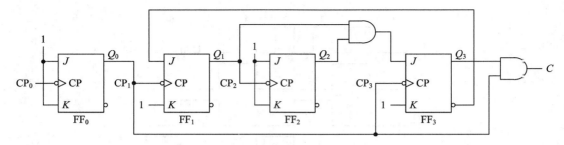

图 6.3.1　异步十进制加法计数器

结合 JK 触发器的特征方程 $Q^{n+1} = J\bar{Q} + \bar{K}Q$，可得新状态方程为

$$Q_0^{n+1} = \bar{Q}_0\,\mathrm{CP}_0$$

$$Q_1^{n+1} = \bar{Q}_3\bar{Q}_1\mathrm{CP}_1 \qquad\qquad \mathrm{CP}_1 = Q_0$$

$$Q_2^{n+1} = \bar{Q}_2\mathrm{CP}_2 \qquad\qquad \mathrm{CP}_2 = Q_1$$

$$Q_3^{n+1} = Q_1Q_2\bar{Q}_3\mathrm{CP}_3 \qquad\qquad \mathrm{CP}_3 = Q_0$$

式中的 CP_i 表示时钟信号，它不是一个逻辑变量。对下降沿动作的触发器而言，$\mathrm{CP}_i=1$ 仅表示输入端有下降沿到达；对上升沿动作的触发器而言，$\mathrm{CP}_i=1$ 仅表示输入端有上升沿到达。$\mathrm{CP}_i=0$ 表示没有时钟信号有效沿到达，触发器保持原状态不变。该电路的状态表（见表 6.3.1）需逐步完成，因为该状态表是针对外输入时钟 CP_0 列出的，而 CP_0 仅加到 FF_0，因此应首先求出 FF_0 的状态转换关系，从而就获得了 $\mathrm{CP}_1=\mathrm{CP}_3=Q_0$ 的变化情况；然后求出 FF_1 和 FF_3 的状态转换关系，就获得了 $\mathrm{CP}_2=Q_1$ 的变化情况；最后求出 FF_2 的状态转换关系。例如，当 $Q_3Q_2Q_1Q_0=0111$ 时，CP_0 下降沿到达后，$Q_0^{n+1}=0$，$Q_0 \to Q_0^{n+1}$ 是从 $1 \to 0$。此时 CP_1 和 CP_3 产生了下降沿，根据状态方程可求得 $Q_1^{n+1}=0$，$Q_3^{n+1}=1$。此时，由于 $Q_1 \to Q_1^{n+1}$ 从 $1 \to 0$，即 CP_2 也产生了下降沿，因而可求得 $Q_2^{n+1}=0$。这样，当 $Q_3Q_2Q_1Q_0=0111$，CP_0 到达后，状态为 $Q_3^{n+1}Q_2^{n+1}Q_1^{n+1}Q_0^{n+1}=1000$。

表 6.3.1　脉冲异步十进制加法计数器的状态表

Q_3	Q_2	Q_1	Q_0	Q_3^{n+1}	Q_2^{n+1}	Q_1^{n+1}	Q_0^{n+1}	CP_3	CP_2	CP_1	CP_0	C
0	0	0	0	0	0	0	1	0	0	0	1	0
0	0	0	1	0	0	1	0	1	0	1	1	0
0	0	1	0	0	0	1	1	0	0	0	1	0
0	0	1	1	0	1	0	0	1	1	1	1	0
0	1	0	0	0	1	0	1	0	0	0	1	0
0	1	0	1	0	1	1	0	1	0	1	1	0
0	1	1	0	0	1	1	1	0	0	0	1	0
0	1	1	1	1	0	0	0	1	1	1	1	0
1	0	0	0	1	0	0	1	0	0	0	1	0
1	0	0	1	0	0	0	0	1	0	1	1	1
1	0	1	0	1	0	1	1	0	0	0	1	0
1	0	1	1	0	1	0	0	1	1	1	1	1
1	1	0	0	1	1	0	1	0	0	0	1	0
1	1	0	1	0	1	1	0	1	0	1	1	1
1	1	1	0	1	1	1	1	0	0	0	1	0
1	1	1	1	0	0	0	0	1	1	1	1	1

由状态表 6.3.1 可画出脉冲异步十进制加法计数器的状态图如图 6.3.2 所示。由状态图可以看出，该电路是一个十进制加法计数器，并具有自启动能力。图 6.3.3 为该电路的工作波形图，图中标出了第八个时钟脉冲到达后各触发器的状态转换过程。

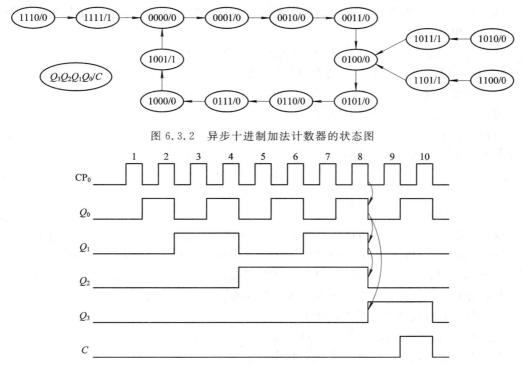

图 6.3.2　异步十进制加法计数器的状态图

图 6.3.3　脉冲异步十进制加法计数器的工作波形图

6.4　同步时序逻辑电路的设计方法

时序电路的设计就是根据逻辑设计命题的要求，选择适当的器件，设计出合理的逻辑电路。

6.4.1　同步时序逻辑电路的一般设计步骤

同步时序电路的一般设计过程可以按图 6.4.1 所示的步骤进行。

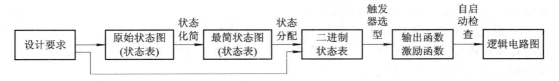

图 6.4.1　同步时序电路的一般设计过程

某些典型的同步时序电路，在设计中可直接由命题要求列出二进制状态表，不需要经过前面几步，称为给定状态设计。

1. 建立原始状态图和状态表

根据设计命题要求初步画出状态图和状态表，它们可能包含多余状态，所以被称为原始状态图和原始状态表。从文字描述命题到原始状态图、表的建立是时序电路设计中关键的一步。其步骤如下：

（1）分析题意，确定输入、输出变量的数目和符号。

（2）设置状态。首先确定有多少种信息需要记忆，然后对每一种需要记忆的信息设置一个状态并用字母表示。

（3）确定状态之间的转换关系，画出原始状态图，列出原始状态表。

【例 6.4.1】 建立"111"序列检测器的原始状态图和原始状态表。

该电路的功能是当连续输入三个或三个以上"1"时，电路输出为 1，否则输出为 0。

解：（1）确定输入变量和输出变量。

设该电路的输入变量为 X，代表输入串行序列，输出变量为 Z，表示检测结果。根据设计命题的要求，可列出输入变量 X 和输出变量 Z 之间的关系：

$$X \quad 011011111011$$
$$Z \quad 000000111000$$

（2）设置状态。

状态是指需要记忆的信息或事件。由于状态编码还没有确定，所以它用字母或符号来表示。分析题意可知，该电路必须记住以下几件事：收到了一个 1，连续收到了两个 1，连续收到了三个 1。因此，按照需要记忆的事件和初始状态，共需设置 4 个状态，并规定如下：

S_0：初始状态，表示电路还没有收到一个有效的 1。

S_1：表示电路收到了一个 1 的状态。

S_2：表示电路收到了连续两个 1 的状态。

S_3：表示电路收到了连续三个 1 的状态。

（3）画状态图，列状态表。

以每一个状态作为现态，分析在各种输入条件下电路应转向的新状态和输出。该电路有一个输入变量 X，因此，每个状态都有两条转移线，画状态图时应先从初始状态 S_0 出发。当电路处于 S_0 状态时，若输入 $X=0$，则输出 $Z=0$，电路保持 S_0 状态不变，表示还未收到过 1；若输入 $X=1$，则电路应记住输入了一个 1，因此，电路应转向新状态 S_1，输出 $Z=0$。当电路处于 S_1 状态时，若输入 $X=0$，则输出 $Z=0$，电路回到 S_0 状态重新开始；若输入 $X=1$，则电路应记住连续输入了两个 1，因此，电

表 6.4.1　例 6.4.1 Mealy 型原始状态表

S ＼ X	S^{n+1}/Z	
	0	1
S_0	$S_0/0$	$S_1/0$
S_1	$S_0/0$	$S_2/0$
S_2	$S_0/0$	$S_3/1$
S_3	$S_0/0$	$S_3/1$

路应转向新状态 S_2，输出 $Z=0$。以此类推，可以画出完整的状态图，如图 6.4.2 所示，并可作状态表，如表 6.4.1 所示。

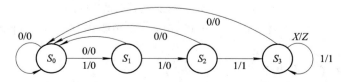

图 6.4.2　例 6.4.1 Mealy 型原始状态图

由图 6.4.2 和表 6.4.1 可以看出，该电路的设计为 Mealy 型时序电路。如果将电路设计为 Moore 型时序电路，则该电路的状态图如图 6.4.3 所示，状态表如表 6.4.2 所示。由于 Moore 型时序电路的外输出 Z 与外输入 X 无关，它只是现态 S 的逻辑函数，所以在 Moore 型电路的状态图中，Z 放到了表示状态的圆圈中，而在状态表中 Z 单独列出。

表 6.4.2　例 6.4.1 Moore 型原始状态表

S	X　0	1	Z
S_0	S_0	S_1	0
S_1	S_0	S_2	0
S_2	S_0	S_3	0
S_3	S_0	S_3	1

（表头：S^{n+1}）

比较两种电路的状态图和状态表可以看出，当电路处于 S_2 状态表示电路连续收到两个 1 时，若输入 $X=1$，电路应记住连续输入了三个 1 并转向新状态 S_3。对于 Mealy 型电路来说，一旦 X 输入第三个 1 时就有 $Z=1$，而对于 Moore 型电路，只有当电路处于 S_3 状态表示电路连续收到了三个 1 时才有输出 $Z=1$。因此 Moore 型电路比 Mealy 型电路晚一拍，状态数要比 Mealy 型电路多。但 Moore 型电路中输出信号 Z 的所有变化是与时钟同步的，外输入信号 X 的变化不会立即反映到输出信号 Z 的波形中，即不会出现我们不希望看到的"毛刺"现象。在实际应用中，究竟采用哪种结构，应视命题（或命题所属系统）要求而定。

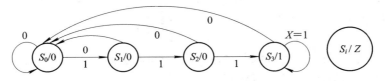

图 6.4.3　例 6.4.1 Moore 型原始状态图

【例 6.4.2】　建立一个余 3 BCD 码误码检测器的原始状态图和原始状态表。

余 3 BCD 码高位在前、低位在后串行地加到检测器的输入端。电路每当接收到一组代码的第四位时进行判断，若是错误代码则输出为 1，否则输出为 0，然后电路又回到初始状态并开始接收下一组代码。

解：（1）确定输入变量和输出变量。

输入变量 X 为串行输入余 3 BCD 码，高位在前，低位在后；输出变量 Z 为误码检测输出。

（2）设置状态。

该电路属于串行码组检测器，对输入序列每 4 位一组进行检测后才复位，以表示前一组代码已检测结束并准备下一组代码的检测，因此，初始状态表示电路准备开始检测一组代码。本命题的状态图采用树形结构，从初始状态开始，每接收一位代码便设置一个状态。例如，电路处于初始状态 S_0，收到余 3 BCD 码的第一位（最高位），代码可能是 1，也可能是 0。若为 0，则状态转到 S_1 分支；若为 1，则状态转到 S_2 分支。当电路分别处于 S_1 或 S_2 状态时，表示电路将接收第二位代码。当第二位代码到达时，由 S_1 派生出 S_3 和 S_4 分支，由 S_2 派生出 S_9 和 S_{10} 分支。若电路处于 S_5，则表示已收到的输入序列的高三位（余 3 BCD 码的高三位）为 000。因而，不论收到第四位数码是 0 还是 1，均应回到 S_0 状态（一组代码检测结束），且输出 $Z=1$，表示收到的是错误代码。以此类推，可画出完整的状态图，如图 6.4.4 所示。

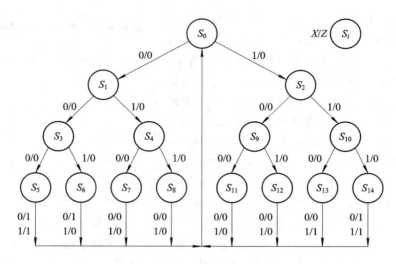

图 6.4.4 例 6.4.2 原始状态图

2. 状态化简

在建立原始状态图和原始状态表时,将重点放在正确反映设计要求上,因而往往可能会多设置一些状态,但状态数目的多少将直接影响到所需触发器的个数。对于具有 M 个状态的时序电路来说,所需触发器的个数 n 由下式决定:

$$2^{n-1} < M \leqslant 2^n$$

可见,状态数目减少会使触发器的数目减少并简化电路。因此,状态简化的目的就是要消去多余状态,以得到最简状态图和最简状态表。

完全描述状态表的化简过程是要找出状态表中的等价状态,并将它们合并,形成最简状态表。

1) 状态的等价

设 S_i 和 S_j 是原始状态表中的两个状态,若分别以 S_i 和 S_j 为初始状态,加入任意的输入序列,电路均产生相同的输出序列,即两个状态的转移效果相同,则称 S_i 和 S_j 是等价状态或等价状态对,记做 $[S_i S_j]$。凡是相互等价的状态都可以合并成一个状态。

在状态表中判断两个状态是否等价的具体条件如下:

第一,在相同的输入条件下都有相同的输出。

第二,相同的输入条件下次态也等价。这可能有三种情况:

① 次态相同。

② 次态交错。

③ 次态互为隐含条件。

例如,在表 6.4.3 所示的原始状态表中,对于状态 S_2 和 S_5,当输入 $X=0$ 时,输出相同(都为 1),次态也相同(次态都为 S_5);当输入 $X=1$ 时,输出相同(都为 0),次态也相同(都为 S_3)。因此,状态 S_2 和 S_5 为等价状态,记做 $[S_2 S_5]$。

再看 S_6 和 S_7 两个状态。当输入 $X=1$ 时,输出相同,次态也相同;当输入 $X=0$ 时,次态交错。这说明无论以 S_6 还是以 S_7 为初始状态,在接收到输入 1 以前将不断地在 S_6 和 S_7 之间相互转换,且保持输出为 1;一旦收到了输入 1,则都转向 S_5。因此,从转移效果来看，它们是相同的，这两个状态等价，记做$[S_6S_7]$。

对于 S_1 和 S_3 这两个状态，当输入 $X=1$ 时，输出相同，次态交错；当输入 $X=0$ 时，输出相同，次态分别是 S_2 和 S_4。S_2 和 S_4 是否等价的隐含条件是 S_1 和 S_3 等价，这就是互为隐含条件的情况，其转移效果也是相同的，所以 S_1 和 S_3 等价，S_2 和 S_4 也等价，记做$[S_1S_3]$、$[S_2S_4]$。

由以上分析可见，等价状态的基本条件是输出必须相同，然后比较次态是否相同或等价。

等价状态具有传递性：若 S_i 和 S_j 等价，S_i 和 S_k 等价，则 S_j 和 S_k 也等价，记做$[S_jS_k]$。

相互等价状态的集合称为等价类，凡不被其他等价类所包含的等价类称为最大等价类。例如，根据等价状态的传递性可知，若$[S_iS_j]$和$[S_iS_k]$，则$[S_jS_k]$，它们都称为等价类，而只有$[S_iS_jS_k]$才是最大等价类。另外，在状态表中，若某一状态和其他状态都不等价，则其本身就是一个最大等价类。状态表的化简实际就是寻找所有最大等价类，并将最大等价类合并，最后得到最简状态表。所以，表 6.4.3 中所有最大等价类为$[S_1S_3]$$[S_2S_4S_5]$$[S_6S_7]$，化简后的状态表如表 6.4.4 所示。

2）隐含表化简

对于简单的状态表，可以采用上述观测法化简，但对较复杂的状态表则必须采用隐含表法进行化简。下面以表 6.4.5 所示的原始状态表为例说明其化简步骤。

（1）作隐含表。

隐含表是一种两项比较的直角三角形表格。表 6.4.5 所示的原始状态表的隐含表如图 6.4.5（a）所示。隐含表的纵坐标为 B、C、D、E、F、G 6 个状态（缺头），横坐标为 A、B、C、D、E、F 6 个状态（少尾），表中的每一个小格用来表示一个状态对的等价比较情况。这种表格能保证每两个状态进行比较，而且可以逐步确定所有的等价状态，使用方便。

（2）顺序比较。

顺序比较是指对原始状态表中的每一对状态逐一进行比较，结果有以下三种情况：

① 状态对肯定不等价，在小格内填 ×。

② 状态对肯定等价，在小格内填√。

③ 状态是否等价取决于隐含条件是否满足，把隐含状态对填入，需进一步比较。

表 6.4.3　原始状态表

S	\\ X	S^{n+1}/Z	
		0	1
S_1		$S_2/0$	$S_3/0$
S_2		$S_5/1$	$S_3/0$
S_3		$S_4/0$	$S_1/0$
S_4		$S_5/1$	$S_1/0$
S_5		$S_5/1$	$S_3/0$
S_6		$S_7/1$	$S_5/0$
S_7		$S_6/1$	$S_5/0$

表 6.4.4　最简状态表

S	\\ X	S^{n+1}/Z	
		0	1
S_1		$S_2/0$	$S_1/0$
S_2		$S_2/1$	$S_1/0$
S_6		$S_6/1$	$S_2/0$

表 6.4.5　原始状态表

S	\\ X	S^{n+1}/Z	
		0	1
A		$C/0$	$B/1$
B		$F/0$	$A/1$
C		$D/0$	$G/0$
D		$D/1$	$E/0$
E		$C/0$	$E/1$
F		$D/0$	$G/0$
G		$C/1$	$D/0$

按上述规则将表 6.4.5 顺序比较后，所得的隐含表如图 6.4.5(b)所示。

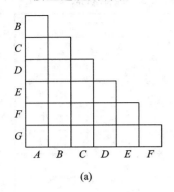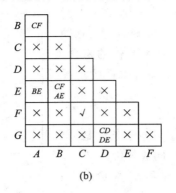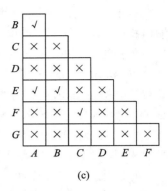

图 6.4.5 隐含表的简化状态

（3）关联比较。

关联比较是指对顺序比较中需要进一步比较的状态对进行比较。由图 6.4.5(b)可见，顺序比较后只有 C 和 F 已确定是等价状态对，记为[CF]。但 AB、AE、BE、DG 是否为等价状态对还需要检查其隐含状态对，其余状态均不等价。

状态 A 和 B 是否等价取决于隐含状态对 C、F，因为 C、F 等价，所以状态 A 和 B 为等价状态对，记为[AB]。

状态 A 和 E 是否等价取决于隐含状态对 B、E，状态 B 和 E 是否等价取决于隐含状态对 C、F 和 A、E，而已有[CF]，故又回到了自身，所以有[AE]和[BE]。

状态 D 和 G 是否等价取决于隐含状态对 C、D 和 D、E，而状态对 C、D 和 D、E 不等价，所以状态 D 和 G 不等价。

将以上比较填入图 6.4.5(c)并求得全部等价状态对为[AB]、[AE]、[BE]和 [CF]。

（4）找出最大等价类。

根据以上求得的全部等价状态对，可求得该状态表的最大等价类为 [ABE]、[CF]、[D]、[G]。

（5）列出最简状态表。

从每一个最大等价类中选出一个为代表，现分别从最大等价类[ABE]、[CF]、[D]和[G]中选出 A、

表 6.4.6 最简状态表

S	S^{n+1}/Z	
	X	
	0	1
A	$C/0$	$A/1$
C	$D/0$	$G/0$
D	$D/1$	$A/0$
G	$C/1$	$D/0$

C、D 和 G，作为简化后的 4 个状态，最后可作出最简状态表如表 6.4.6 所示。

3. 状态分配

状态分配是指将状态表中每一个字符表示的状态赋以适当的二进制代码，得到代码形式的状态表（二进制状态表），以便求出激励函数和输出函数，最后完成时序电路的设计。状态分配合适与否虽然不影响触发器的级数，但对所设计的时序电路的复杂程度有一定的影响。然而，要得到最佳分配方案是很困难的。这首先是因为编码的方案太多，如果触发器的个数为 n，实际状态数为 M，则一共有 2^n 种不同代码，若要将 2^n 种代码分配到 M 个状态中去，并考虑到一些实际情况，则有效的分配方案数为

$$N = \frac{(2^n - 1)!}{(2^n - M)!\, n!}$$

可见，当 M 增大时，N 值将急剧增加，要寻找一个最佳方案很困难。此外，虽然人们已提出了许多算法，但还不成熟，因此在理论上这个问题还没有得到很好的解决。

在众多算法中，相邻法比较直观、简单，便于采用。它有三条原则，即符合下列条件的状态应尽可能分配相邻的二进制代码：

（1）具有相同次态的现态。

（2）同一现态下的次态。

（3）具有相同输出的现态。

三条原则以第一条为主，兼顾第二、三条。

【例 6.4.3】　试对表 6.4.7 所示的状态表进行状态分配。

解：由表 6.4.7 所示的状态表可见，它有 4 个状态 S_1、S_2、S_3、S_4，故电路使用两个触发器，即需要两个状态变量 Q_1、Q_0 进行编码。为方便起见，通常用卡诺图来表示分配结果。

按原则一：S_1S_2、S_2S_3 应分配相邻代码。

按原则二：S_1S_3、S_1S_4、S_2S_3 应分配相邻代码。

按原则三：S_2S_3 应分配相邻代码。

表 6.4.7　例 6.4.3 状态表

S ＼ X	S^{n+1}/Z	
	0	1
S_1	$S_3/0$	$S_1/0$
S_2	$S_1/0$	$S_1/1$
S_3	$S_1/0$	$S_4/1$
S_4	$S_2/1$	$S_3/0$

根据三条原则，将状态分配方案填入图 6.4.6 所示的卡诺图中，它仅未满足 S_1S_3 相邻。所以，分配结果为：$S_1 = 00$，$S_2 = 01$，$S_3 = 11$，$S_4 = 10$。最后可得到二进制状态表如表 6.4.8 所示。

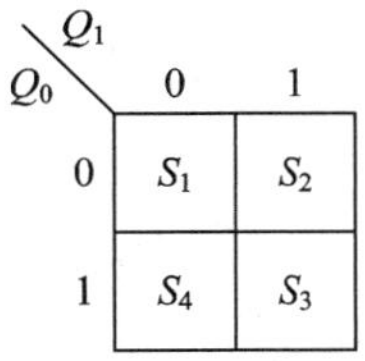

表 6.4.8　例 6.4.3 二进制状态表

Q_1Q_0 ＼ X	$Q_1^{n+1}Q_0^{n+1}/Z$	
	0	1
00	11/0	00/0
01	00/0	00/1
11	00/0	10/1
10	01/1	11/0

Q_1 ＼ Q_0	0	1
0	S_1	S_2
1	S_4	S_3

图 6.4.6　例 6.4.3 分配表

4. 确定激励方程和输出方程

根据状态分配后的二进制状态表，填写次态卡诺图和输出函数卡诺图，从而求得次态方程组和输出方程组，然后将各状态方程与所选用触发器的特征方程对比，便可求出激励函数。这种方法称为状态方程法。

当选用 JK 触发器时，为了使状态方程与触发器的特征方程 $Q_i^{n+1} = J_i\overline{Q}_i + \overline{K}_iQ_i$ 便于比较，可将状态方程写成 $Q_i^{n+1} = \alpha_i\overline{Q}_i + \overline{\beta_i}Q_i$ 的形式，同时必须将次态卡诺图按现态 $Q_i = 1$ 和 $Q_i = 0$ 分成两个子卡诺图，然后分别在子卡诺图中画圈简化，这样就可方便地求得 Q_i 和 $\overline{Q}_i$ 的系数 J_i 和 $\overline{K}_i$。

5. 检查自启动能力

在非完全描述时序电路中，由于存在多余状态(无效状态)，会在次态卡诺图中出现任意项。求次态方程时，如果某任意项被圈入，则该任意项被确认为 1，否则被确认为 0。由于圈法的随意性，多余状态的转移可能出现死循环而使电路不能自启动。如果电路不能自启动，则需要修改设计，修改的方法主要有两种。

(1) 将原来的非完全描述时序电路中没有描述的状态的转移情况加以定义，使其成为完全描述时序电路。这种方法由于失去了任意项，会增加电路的复杂程度。

(2) 修改原来对任意项的圈法，使多余状态进入主循环。

6.4.2 同步时序逻辑电路设计举例

【例 6.4.4】 用 JK 触发器设计一个五进制同步计数器，要求状态转换关系为

$$000 \longrightarrow 001 \longrightarrow 011 \longrightarrow 101 \longrightarrow 110$$

解：本例属于给定状态时序电路的设计问题，可直接按命题要求列出二进制状态表，省略前面的步骤。

(1) 列状态表。

根据题意，该时序电路有三个状态变量，设状态变量为 Q_2、Q_1、Q_0，可作出二进制状态表如表 6.4.9 所示，它是一个非完全描述时序电路的设计。

表 6.4.9 例 6.4.4 状态表

Q_2	Q_1	Q_0	Q_2^{n+1}	Q_1^{n+1}	Q_0^{n+1}
0	0	0	0	0	1
0	0	1	0	1	1
0	1	0	$\times$	$\times$	$\times$
0	1	1	1	0	1
1	0	0	$\times$	$\times$	$\times$
1	0	1	1	1	0
1	1	0	0	0	0
1	1	1	$\times$	$\times$	$\times$

(2) 确定激励函数和输出函数。

由表 6.4.9 所示的状态表分别画出 Q_2、Q_1、Q_0 的次态卡诺图，如图 6.4.7(a)、(b)、(c)所示。

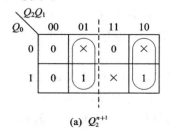
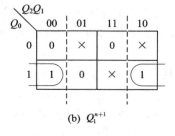
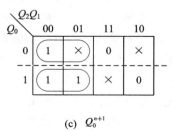

(a) Q_2^{n+1} (b) Q_1^{n+1} (c) Q_0^{n+1}

图 6.4.7 表 6.4.9 次态卡诺图

将图 6.4.7 中每个次态卡诺图按现态 $Q_i = 1$ 和 $Q_i = 0$ 分成两个子卡诺图，然后分别在子卡诺图中画圈化简，求出各触发器的状态方程为

$$Q_2^{n+1} = Q_1 \bar{Q}_2 + \bar{Q}_1 Q_2, \quad Q_1^{n+1} = Q_0 \bar{Q}_1, \quad Q_0^{n+1} = \bar{Q}_2 \bar{Q}_0 + \bar{Q}_2 Q_0$$

将各状态方程与 JK 触发器的特征方程 $Q_i^{n+1} = J_i \bar{Q}_i + \bar{K}_i Q_i$ 比较，求出各触发器的激励方程为

$$J_2 = Q_1, \ K_2 = Q_1; \quad J_1 = Q_0, \ K_1 = 1; \quad J_0 = \bar{Q}_2, \ K_0 = Q_2$$

（3）自启动检查。

根据以上状态方程，检查多余状态的转移情况如表 6.4.10 所示，其完整的状态图如图 6.4.8 所示。从图中看出，该电路一旦进入状态 100，就不能进入计数主循环，因而该电路不能实现自启动，需要修改设计。

表 6.4.10　多余状态转移表

Q_2	Q_1	Q_0	Q_2^{n+1}	Q_1^{n+1}	Q_0^{n+1}
0	1	0	1	0	1
1	0	0	1	0	0
1	1	1	0	0	0

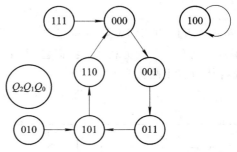

图 6.4.8　例 6.4.4 的状态图

观察图 6.4.7 各次态卡诺图看出，利用任意项可以对图（a）和图（c）的圈法作修改。现对图（c）的圈法作修改，它仅改变 Q_0 的转移，Q_0 次态卡诺图新的圈法如图 6.4.9 所示。改圈后状态 010 将转移到 100（原转移到 101，现在最后一位 Q_0 转为 0），状态 100 将转移到 101（原转移到 100，现最后一位 Q_0 转为 1）。

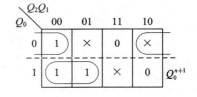

图 6.4.9　对图 6.4.7(c)的修正圈法

由分析可以看出，新圈法将克服死循环，也不增加激励函数的复杂程度。

根据图 6.4.9 修正后的次态卡诺图求得 FF_0 的状态方程和激励方程为

$$Q_0^{n+1} = \bar{Q}_1 \bar{Q}_0 + \bar{Q}_2 Q_0, \quad J_0 = \bar{Q}_1, \ K_0 = Q_2$$

修正后的状态转移情况如表 6.4.11 所示，其状态图如图 6.4.10 所示，可见该电路已具有自启动能力。若修改图 6.4.7(a)的圈法，也可以克服死循环，读者可自行分析。

表 6.4.11　修正后的多余状态转移表

Q_2	Q_1	Q_0	Q_2^{n+1}	Q_1^{n+1}	Q_0^{n+1}
0	1	0	1	0	0
1	0	0	1	0	1
1	1	1	0	0	0

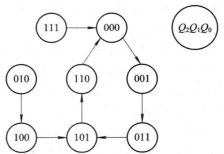

图 6.4.10　例 6.4.4 修正后的状态图

（4）画逻辑图。

根据上面求出的激励函数和输出函数可画出由 JK 触发器构成的五进制同步计数器电路图，如图 6.4.11 所示。

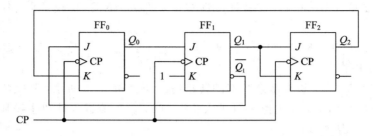

图 6.4.11　例 6.4.4 逻辑图

【例 6.4.5】　试用 JK 触发器完成"111"序列检测器的设计。

解：在例 6.4.1 的分析中，我们已得到了"111"序列检测器的原始状态图和原始状态表，现将状态表重画为表 6.4.12(a)。

表 6.4.12　例 6.4.5 状态表

(a)

S ＼ X	S^{n+1}/Z	
	0	1
S_0	$S_0/0$	$S_1/0$
S_1	$S_0/0$	$S_2/0$
S_2	$S_0/0$	$S_3/1$
S_3	$S_0/0$	$S_3/1$

(b)

S ＼ X	S^{n+1}/Z	
	0	1
S_0	$S_0/0$	$S_1/0$
S_1	$S_0/0$	$S_2/0$
S_2	$S_0/0$	$S_2/1$

(c)

$Q_1 Q_0$ ＼ X	$Q_1^{n+1} Q_0^{n+1}/Z$	
	0	1
00	00/0	10/0
10	00/0	11/0
11	00/0	11/1

（1）状态化简。

由原始状态表 6.4.12(a)并用直接观测法可知 S_2、S_3 为等价状态对，简化后可得最简状态表如表 6.4.12(b)所示。

（2）状态分配。

该时序电路共有三个状态，需要两个 JK 触发器，状态变量为 Q_1、Q_0。

按原则一，$S_1 S_2$ 相邻；按原则二，$S_0 S_1$ 和 $S_0 S_2$ 相邻；按原则三，$S_0 S_1$ 相邻。综合考虑后分配 $S_0 S_1$ 和 $S_1 S_2$ 相邻，这样就不能兼顾 $S_0 S_2$ 相邻。状态分配编码表如图 6.4.12 所示。最后状态分配为：$S_0 = 00$，$S_1 = 10$，$S_2 = 11$。状态分配后得到二进制状态表如表 6.4.12(c)所示，它是一个非完全描述时序电路的设计。

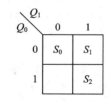

图 6.4.12　例 6.4.5 编码

（3）确定激励函数和输出函数。

用状态方程比较法求激励方程。由表 6.4.12(c)画出次态和输出函数卡诺图，如图 6.4.13(a)、(b)、(c)所示。因在状态分配时没有使用状态 $Q_1 Q_0 = 01$，故可当作无关项(任意项)处理，在卡诺图中填×。

在图 6.4.13(a)、(b)中，用虚线将卡诺图按 $Q_i=1$ 和 $Q_i=0$ 划分为两个子卡诺图，化简后得状态方程为

$$Q_1^{n+1} = X\bar{Q}_1 + XQ_1, \quad Q_0^{n+1} = XQ_1\bar{Q}_0 + XQ_0$$

与 JK 触发器的特征方程比较后求得激励函数为

$$J_1 = X, \quad K_1 = \bar{X}, \quad J_0 = XQ_1, \quad K_0 = \bar{X}$$

化简图 6.4.13(c)求得输出函数为

$$Z = XQ_0$$

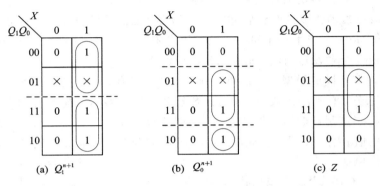

图 6.4.13　例 6.4.5 次态与输出卡诺图

（4）自启动检查。

根据以上状态方程和输出方程可得到完全状态表，如表 6.4.13 所示，状态图如图 6.4.14 所示。可见，该时序电路具有自启动特性。

表 6.4.13　完全状态表

Q_1Q_0 \ X	$Q_1^{n+1}Q_0^{n+1}/Z$	
	0	1
00	00/0	10/0
01	00/0	11/1
11	00/0	11/1
10	00/0	11/0

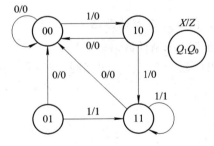

图 6.4.14　例 6.4.5 状态图

（5）根据以上方程画出"111"序列检测器的逻辑图如图 6.4.15 所示。

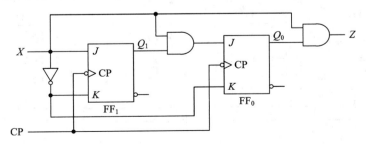

图 6.4.15　"111"序列检测器的逻辑图

6.5　计　数　器

6.5.1　计数器的基本概念

计数器是应用最广泛的时序电路之一，它不仅可用于对输入脉冲进行计数、分频，还可以用作定时、顺序控制及产生其他时序信号。

计数器是一个周期性的时序电路，在时钟信号不断作用下，电路的状态按一定的顺序循环变化。循环一次所需要的时钟脉冲的个数称为计数器的模值 M。计数器在计数值达到其最大容量（模 M）时会产生一个进位信号，因此有时也将模 M 计数器称为 M 进制计数器。若计数器由 n 个触发器构成，则它的最大模值 M 为 2^n。

计数器有许多不同的类型，按时钟控制方式来分，有异步、同步两大类；按计数过程中数值的增减来分，有加法计数器、减法计数器和可逆计数器；按计数器状态的数制和编码方式来分，有二进制计数器、非二进制计数器、移位型计数器等。二进制计数器由 n 位触发器构成，模值 $M=2^n$，没有多余状态，实现 2^n 进制计数。非二进制计数器又称任意进制计数器，其模值 $M<2^n$，有（2^n-M）个多余状态。非二进制计数器中最常用的是十进制计数器，它有 10 个有效状态，根据状态编码方式不同，可分为 8421BCD 码十进制计数器、余 3BCD 码计数器等。移位型计数器将在 6.6 节介绍，下面主要介绍常用的同步二进制计数器和同步十进制计数器。

6.5.2　同步二进制计数器和同步十进制计数器

1. 同步二进制计数器

同步二进制计数器通常用 n 位 T 触发器构成，模值 $M=2^n$。图 6.5.1 为同步 4 位二进制加法计数器逻辑图。根据同步时序电路的分析方法可写出输出方程和激励方程为

$$Z = Q_3 Q_2 Q_1 Q_0$$
$$T_0 = J_0 = K_0 = 1$$
$$T_1 = J_1 = K_1 = Q_0$$
$$T_2 = J_2 = K_2 = Q_1 Q_0$$
$$T_3 = J_3 = K_3 = Q_2 Q_1 Q_0$$

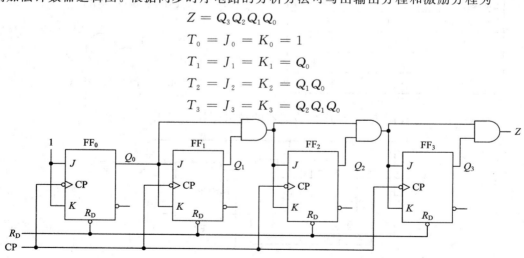

图 6.5.1　4 位同步二进制加法计数器

将各级激励函数代入 T 触发器的特征方程 $Q^{n+1}=T \oplus Q$，得到各级状态方程为

$$Q_0^{n+1} = \bar{Q}_0$$

$$Q_1^{n+1} = Q_0 \oplus Q_1$$

$$Q_2^{n+1} = (Q_1 Q_0) \oplus Q_2$$

$$Q_3^{n+1} = (Q_2 Q_1 Q_0) \oplus Q_3$$

由输出函数和状态转移函数可求得该电路的状态表和状态图，如表 6.5.1 和图 6.5.2 所示，电路的时序图如图 6.5.3 所示。从状态图可以看出，该计数器每来一个 CP 脉冲，其状态以二进制码累计加 1 计数，每输入 16 个 CP 脉冲计数器的状态工作一个循环，并在 Z 端输出一个进位信号，因此该二进制加法计数器又称为十六进制（模 16）计数器。

表 6.5.1　4 位同步二进制加法计数器的状态表

CP	Q_3	Q_2	Q_1	Q_0	Q_3^{n+1}	Q_2^{n+1}	Q_1^{n+1}	Q_0^{n+1}	Z
0	0	0	0	0	0	0	0	1	0
1	0	0	0	1	0	0	1	0	0
2	0	0	1	0	0	0	1	1	0
3	0	0	1	1	0	1	0	0	0
4	0	1	0	0	0	1	0	1	0
5	0	1	0	1	0	1	1	0	0
6	0	1	1	0	0	1	1	1	0
7	0	1	1	1	1	0	0	0	0
8	1	0	0	0	1	0	0	1	0
9	1	0	0	1	1	0	1	0	0
10	1	0	1	0	1	0	1	1	0
11	1	0	1	1	1	1	0	0	0
12	1	1	0	0	1	1	0	1	0
13	1	1	0	1	1	1	1	0	0
14	1	1	1	0	1	1	1	1	0
15	1	1	1	1	0	0	0	0	1

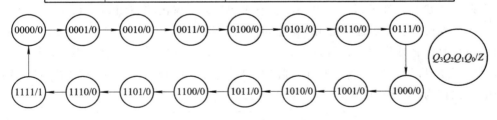

图 6.5.2　4 位同步二进制加法计数器的状态图

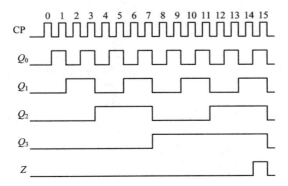

图 6.5.3　4 位同步二进制加法计数器的时序图

从图 6.5.3 时序图还可以看出，如果 CP 输入脉冲的频率为 f_{cp}，则 Q_0、Q_1、Q_2、Q_3 的频率分别为 f_{cp} 的 $1/2$、$1/4$、$1/8$、$1/16$，因此有时也将计数器称为分频器。

2. 同步十进制计数器

十进制计数器由 4 位触发器构成，用 10 个状态组成计数循环。10 个状态分别代表十进制数的 0、1、…、9，有多种编码方式。8421 BCD 码方式最常用，它被广泛应用在以十进制数字形式显示的场合，简称 BCD 计数器。图 6.5.4 为同步十进制（BCD）计数器逻辑电路图。用同步时序电路的分析方法可以写出输出方程和激励方程为

$$Z = Q_0 Q_3$$
$$T_0 = 1$$
$$T_1 = Q_0 \bar{Q}_3$$
$$T_2 = Q_0 Q_1$$
$$T_3 = Q_0 Q_1 Q_2 + Q_0 Q_3$$

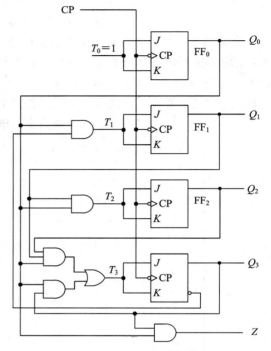

将激励方程代入 T 触发器的特征方程 $Q^{n+1} = T \oplus Q$，得到状态方程为

$$Q_0^{n+1} = \bar{Q}_0$$
$$Q_1^{n+1} = Q_0 \bar{Q}_3 \bar{Q}_1 + \overline{Q_0 \bar{Q}_3} Q_1$$
$$Q_2^{n+1} = Q_0 Q_1 \bar{Q}_2 + \overline{Q_0 Q_1} Q_2$$
$$Q_3^{n+1} = (Q_0 Q_1 Q_2 + Q_0 Q_3) \bar{Q}_3 + (\overline{Q_0 Q_1 Q_2 + Q_0 Q_3}) Q_3$$

图 6.5.4　同步十进制加法计数器

根据上述状态方程可得出该电路的状态表（略），并得出状态图如图 6.5.5 所示，时序图如图 6.5.6 所示。从状态图看出，该电路的有效状态从 0000～1001 循环工作，其余 6 个无效状态在时钟脉冲作用下都可以进入主循环，因此该电路具有自启动能力。从图 6.5.5 所示时序图还可以看出，如果 CP 输入脉冲的频率 f_{cp}，则输出 Z 的频率为 f_{cp} 的 $1/10$，因此该电路也称为 10 分频电路。

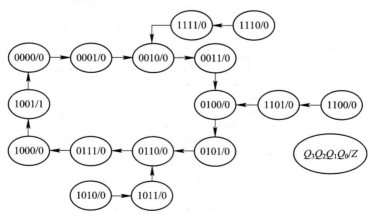

图 6.5.5　同步十进制加法计数器的状态图

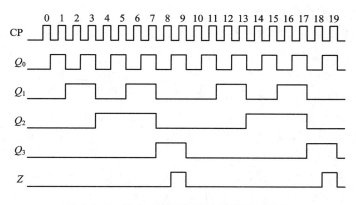

图 6.5.6　同步十进制加法计数器的时序图

6.5.3　集成计数器

集成计数器具有功能较完善、通用性强、功耗低、工作速率高且可以方便地进行扩展等许多优点，因而得到广泛应用。目前中规模计数器有许多品种，表 6.5.2 列出了一些常用 TTL 型 MSI 计数器的型号及工作特点。

表 6.5.2　常用 TTL 型 MSI 计数器

类　型	名　　称	型　号	预　置		清 0		工作频率 /MHz
异步 计数器	二-五-十进制计数器	74LS90	异步置 9	高	异步	高	32
		74LS290	异步置 9	高	异步	高	32
		74LS196	异步	低	异步	低	30
	二-八-十六进制计数器	74LS293	无		异步	高	32
		74LS197	异步	低	异步	低	30
	双四位二进制计数器	74LS393	无		异步	高	35
同步 计数器	十进制计数器	74LS160	同步	低	异步	低	25
		74LS162	同步	低	同步	低	25
	十进制加/减计数器	74LS190	异步	低	无		20
		74LS168	同步	低	无		25
	十进制加/减计数器 （双时钟）	774LS192	异步	低	异步	高	25
	四位二进制计数器	74LS161	同步	低	异步	低	25
		74LS163	同步	低	同步	低	25
	四位二进制加/减计数器	74LS169	同步	低	无		25
		74LS191	异步	低	无		20
	四位二进制加/减计数器 （双时钟）	74LS193	异步	低	异步	高	25

1. 常用集成计数器的逻辑功能描述

标准化的中规模集成计数器是在基本计数器的基础上增设一些附加电路和控制端构成的，这样可以扩展电路的功能，提高应用的灵活性。集成计数器的一般框图如图 6.5.7 所示。

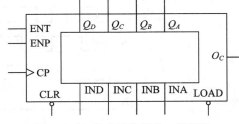

图 6.5.7 集成计数器的一般框图

大多数集成计数器由 4 个触发器组成，并有以下输入、输出端：

计数脉冲输入：CP(或双时钟 CP_+、CP_-)。

常见控制输入：

① 同步或异步清 0：Cr(CLR)。

② 同步或异步预置：LD(LOAD)和并行预置数输入 D、C、B、A(或 D_3、D_2、D_1、D_0)。当预置有效时，可将预置输入数送至计数器输出端。

③ 计数使能(或允许)：P、T(ENP，ENT)。计数使能有效时计数，无效时停止计数。

④ 加减控制端 U/D。

状态输出：$Q_D Q_C Q_B Q_A$(Q_D 为高位，Q_A 为低位)。

进位输出、借位输出：O_C(或 RCO)，O_B。

集成计数器的逻辑功能主要采用外部逻辑框图(逻辑符号)、功能表、时序图、状态图等方式描述。

1) 4 位二进制计数器 74LS161、74LS163

(1) 74LS161。74LS161 是模 2^4(4 位二进制)同步集成计数器，具有计数、保持、预置和清 0 功能，其逻辑电路及逻辑符号分别如图 6.5.8(a)、(b)所示。74LS161 由 4 个 JK 触发器和一些控制门组成，Q_D、Q_C、Q_B、Q_A 是计数输出，Q_D 为最高位。

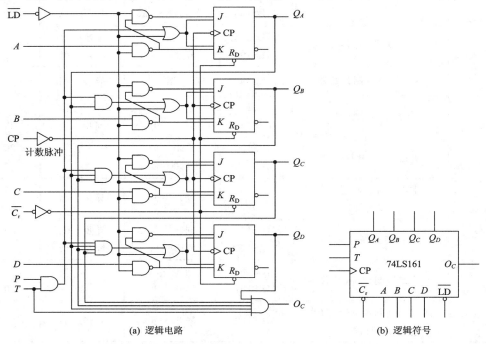

(a) 逻辑电路　　　　　　　　　(b) 逻辑符号

图 6.5.8　74LS161 计数器

O_C 为进位输出端，$O_C=Q_DQ_CQ_BQ_AT$，仅当 $T=1$ 且计数状态为 1111 时，O_C 才为高，并产生进位信号。

CP 为计数脉冲输入端，上升沿有效。

$\overline{C_r}$ 为异步清 0 端，低电平有效，只要 $\overline{C_r}=0$，就有 $Q_DQ_CQ_BQ_A=0000$，与 CP 信号无关。

$\overline{LD}$ 为同步预置端，低电平有效。当 $\overline{C_r}=1$、$\overline{LD}=0$，在 CP 上升沿来到时，才能将数据输入端 D、C、B、A 的数据置入并在输出端输出，即 $Q_DQ_CQ_BQ_A=DCBA$。

P、T 为计数器允许控制端，高电平有效，只有当 $\overline{C_r}=\overline{LD}=1$、$P \cdot T=1$ 时，在 CP 信号的作用下计数器才能正常计数。当 $\overline{C_r}=\overline{LD}=1$，而 P、T 中有一个为低时，各触发器的 J、K 端均为 0，从而使计数器处于保持状态。P 和 T 的区别是 T 影响进位输出 O_C，而 P 不影响进位输出 O_C。

74LS161 的上述功能可以用表 6.5.3 所示的功能表及图 6.5.9 所示的时序图来描述。查手册时必须理解器件的功能表、时序图，才能正确使用器件。

表 6.5.3 74LS161 的功能表

| 输　入 | | | | | | 输　出 | | | |
CP	$\overline{C_r}$	$\overline{LD}$	P	T	D C B A	Q_D	Q_C	Q_B	Q_A
×	0	×	×	×	× × × ×	0	0	0	0
↑	1	0	×	×	d c b a	d	c	b	a
↑	1	1	1	1	× × × ×	计　数			
×	1	1	0	1	× × × ×	保　持			
×	1	1	×	0	× × × ×	保持($O_C=0$)			

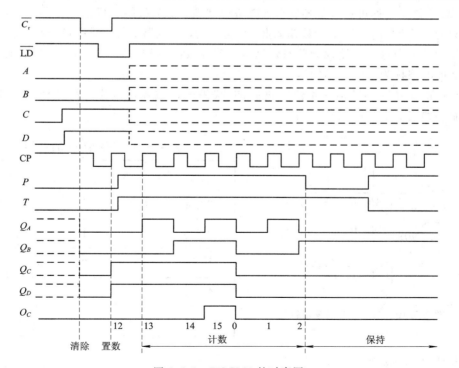

图 6.5.9 74LS161 的时序图

（2）74LS163。74LS163 也是同步集成二进制计数器，其逻辑符号、引脚图与 74LS161 完全相同，唯一的区别是 74LS163 为同步清 0，即 $\overline{C}_r = 0$，当 CP 上升沿来到时，才有 $Q_D Q_C Q_B Q_A = 0000$。74LS163 的功能表如表 6.5.4 所示。

表 6.5.4 74LS163 的功能表

CP	$\overline{C}_r$	$\overline{LD}$	P	T	D	C	B	A	Q_D	Q_C	Q_B	Q_A
↑	0	×	×	×	×	×	×	×	0	0	0	0
↑	1	0	×	×	d	c	b	a	d	c	b	a
↑	1	1	1	1	×	×	×	×	计　　数			
×	1	1	0	1	×	×	×	×	保　　持			
×	1	1	×	0	×	×	×	×	保持($O_C=0$)			

2）同步集成十进制计数器 74LS160、74LS162

74LS160 和 74LS162 是同步集成十进制计数器，计数状态从 0000 到 1001 循环变化，因此也称为 8421BCD 码计数器。它们的逻辑符号、引脚图与 74LS161 也完全相同，不同的是 $O_C = Q_D \overline{Q}_C \overline{Q}_B Q_A T$，仅当 $T=1$ 且计数状态为 1001 时，O_C 才为高，并产生进位信号。74LS160 为异步清 0，其功能表与 74LS161 相同；74LS162 为同步清 0，其功能表与 74LS163 相同。

3）4 位二进制同步加/减计数器 74LS169

加/减计数器也称可逆计数器，它既能进行递增计数，又能进行递减计数。如果集成计数器中只有一个时钟信号（即计数输入脉冲）输入端，计数器的加、减由控制端（如 $U/\overline{D}$）的输入电平决定，则这种电路称为单时钟结构；若计数器的加、减分别由两个时钟信号源控制，则这种电路称为双时钟结构。

74LS169 是单时钟结构的 4 位二进制加/减集成计数器，其逻辑符号如图 6.5.10 所示，功能表如表 6.5.5 所示。

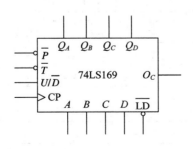

图 6.5.10 74LS169 的逻辑符号

表 6.5.5 74LS169 的功能表

CP	$\overline{P}+\overline{T}$	$U/\overline{D}$	$\overline{LD}$	Q_D	Q_C	Q_B	Q_A
×	1	×	1	保　　持			
↑	0	×	0	D	C	B	A
↑	0	1	1	二进制加法计数			
↑	0	0	1	二进制减法计算			

74LS169 的特点如下：

（1）$U/\overline{D}$ 为加、减控制端，当 $U/\overline{D}=1$ 时进行加法计数，当 $U/\overline{D}=0$ 时进行减法计数，

模为 16，时钟上升沿触发。

（2）$\overline{LD}$ 为同步预置控制端，低电平有效。

（3）没有清 0 端，清 0 可用预置来实现。

（4）进位和借位输出都从同一输出端 O_C 输出。在加法计数进入 1111 状态后，O_C 端有负脉冲输出；在减法计数进入 0000 状态后，O_C 端有负脉冲输出。输出的负脉冲与时钟上升沿同步，宽度为一个时钟周期。

（5）$\overline{P}$、$\overline{T}$ 为计数允许控制端，低电平有效。只有当 $\overline{LD}=1$ 且 $\overline{P}=\overline{T}=0$ 时，在 CP 的作用下计数器才能正常计数，当 $\overline{P}$ 和 $\overline{T}$ 有一个为高电平时，计数器处于保持状态。

图 6.5.11 为 74LS169 的时序图（工作波形图）。

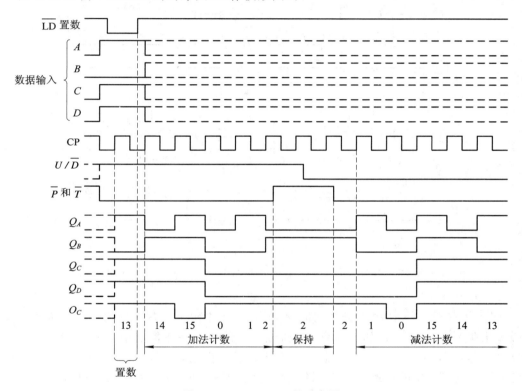

图 6.5.11 74LS169 的时序图

4）十进制同步加/减计数器 74LS168

74LS168 是单时钟结构的十进制加/减计数器，其逻辑符号、功能表与 74LS169 相同。它与 74LS169 的区别是：它是十进制计数器，当加法计数进入 1001 状态后，进位输出端 O_C 有负脉冲输出，宽度为一个时钟周期。借位输出与 74LS169 相同。

2. 集成计数器的级联

将多片（或称多级）集成计数器进行级联可以扩大计数范围。片间级联的基本方式有两种：异步级联和同步级联。

1）异步级联

异步级联是用前一级计数器的输出作为后一级计数器的时钟信号。实际上后级计数器的时钟信号可取自前一级的进位（或借位）输出，也可取自前一级计数器的高位触发器的输出。此时若后级计数器具有计数允许端，则应使其处于允许计数状态。图 6.5.12 是由两片 74LS161 按异步级联方式构成的 8 位二进制计数器（最大模值为 $16 \times 16 = 256$）。该电路的每片 74LS161 内部都以同步方式工作，但两片 74LS161 之间则以异步方式工作。因为只有每当前一片计满 16 个状态之后，后一片时钟的上升沿到达时，后片才计一次数，所以图 6.5.12(a)中前片的 O_C 需经非门连接到后片的 CP 端，图 6.5.12(b)中前片的 Q_D 也需经非门连接到后片的 CP 端。

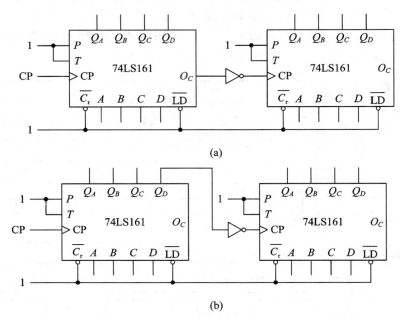

图 6.5.12　由两片 74LS161 按异步级联方式构成的 8 位二进制计数器

2）同步级联

同步级联时，外加时钟信号同时接到各片的时钟输入端，用前一片的进位（或借位）输出信号作为下一片的工作状态控制信号（计数允许或使能信号）。只有当进位（或借位）信号有效时，时钟输入才能对后级计数器起作用。在同步级联中，计数器的计数允许端（使能端）和进位端（或借位端）的连接有不同的方法，常见的有以下两种。

（1）利用 T 端串行级联，各片的 T 端与相邻低位片的 O_C 相连，级联电路如图 6.5.13(a) 所示。从图中可以看出：

$$T_2 = O_{C1} = Q_3 Q_2 Q_1 Q_0 \quad T_1 = Q_3 Q_2 Q_1 Q_0$$

$$T_3 = O_{C2} = Q_7 Q_6 Q_5 Q_4 \quad T_2 = Q_7 Q_6 Q_5 Q_4 Q_3 Q_2 Q_1 Q_0$$

当片 1 开始计数，但未计满时，由于 $T_2 = 0$，所以片 2、片 3 均处于保持状态。只有当片 1 计满需要进位时，即 $T_2 = O_{C1} = 1$ 时，片 2 才在下一个时钟的作用下加 1 计数。同理，只有当低位片各位输出全为 1，即 $T_3 = O_{C2} = 1$ 时，片 3 才可能计数。这种级联方式的工作速度较低，因为片间进位信号 O_C 是逐级传递的。例如，当 $Q_7 \sim Q_0 = 11111110$ 时，$T_3 = 0$，此时若 CP 有效，使 Q_0 由 0→1，则经片 1 延迟建立 O_{C1}，再经 T_2 到 O_{C2} 的传递延迟，T_3 才由 0→1，待片 3 内部稳定后，才在下一个 CP 的作用下使片 3 开始计数。因此，计数的最高频率将受到片数的限制，片数越多，计数频率越低。

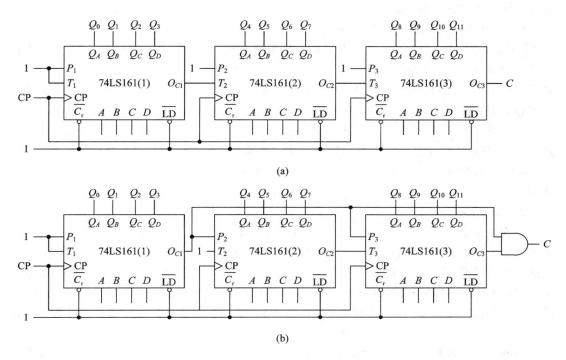

图 6.5.13　74LS161 的两种同步级联方式

（2）利用 P、T 双重控制，最低位片的 O_{C1} 并行接到其他各片的 P 端，只有 T_2 不与 O_{C1} 相连，其他高位片的 T 端均与相邻低位片的 O_C 相连。级联电路如图 6.5.6(b) 所示。

从图 6.5.6(b) 中可以看出：

$$T_1 = T_2 = 1$$
$$P_3 = P_2 = O_{C1} = Q_3 Q_2 Q_1 Q_0 T_1 = Q_3 Q_2 Q_1 Q_0$$
$$T_3 = O_{C2} = Q_7 Q_6 Q_5 Q_4 T_2 = Q_7 Q_6 Q_5 Q_4$$

显然，只有 $P_3 = 1$，$T_3 = 1$，即低片各位输出全为 1 时，片 3 才可能计数，但 O_C 传递比第一种方法快多了。例如，$Q_7 \sim Q_0 = 11111110$ 时 T_3 已经为 1，虽然 $P_3 = 0$，但只要有 CP 作用，Q_0 由 0→1，只需经片 1 延迟，就可以使 $P_3 = O_{C1} = 1$，P_3 稳定后，在 CP 作用下便可开始计数。因此这种接法速度较快，而且级数越多，优越性越明显。但这种接法其最高位片的进位 $O_{C3} = 1$ 时并不表示计数器已计到最大值，只有将最高位片的 O_{C3} 和片 1 的 O_{C1} 相与，其输出才能作为整个计数器的进位输出。

3. 任意模值计数器

集成计数器可以加适当反馈电路后构成任意模值计数器。

设计数器的最大计数值为 N，若要得到一个模值为 $M(<N)$ 的计数器，则只要在 N 进制计数器的顺序计数过程中，设法使之跳过 $(N-M)$ 个状态，只在 M 个状态中循环就可以了。通常 MSI 计数器都有清 0、置数等多个控制端，因此实现模 M 计数器的基本方法有两种：一种是反馈清 0 法（或称复位法），另一种是反馈置数（或称置数法）。

1）反馈清 0 法

这种方法的基本思想是：计数器从全 0 状态 S_0 开始计数，计满 M 个状态后产生清 0

信号，使计数器恢复到初态 S_0，然后重复上述过程。具体做法又分以下两种情况：

（1）异步清 0。计数器在 $S_0 \sim S_{M-1}$ 共 M 个状态中工作，当计数器进入 S_M 状态时，利用 S_M 状态进行译码产生清 0 信号并反馈到异步清 0 端，使计数器立即返回 S_0 状态。其示意图如图 6.5.14(a) 中虚线所示。由于是异步清 0，只要 S_M 状态一出现便立即被置成 S_0 状态，因此 S_M 状态只在极短的瞬间出现，通常称它为"过渡态"。在计数器的稳定状态循环中不包含 S_M 状态。

（2）同步清 0。计数器在 $S_0 \sim S_{M-1}$ 共 M 个状态中工作，当计数器进入 S_{M-1} 状态时，利用 S_{M-1} 状态译码产生清 0 信号并反馈到同步清 0 端，要等下一拍时钟来到时，才完成清 0 动作，使计数器返回 S_0。可见，同步清 0 没有过渡状态，其示意图如图 6.5.14(a) 中实线所示。

2）反馈置数法

置数法和清 0 法不同，由于置数操作可以置入任意状态，因此计数器不一定从全 0 状态 S_0 开始计数。它可以通过预置功能使计数器从某个预置状态 S_i 开始计数，计满 M 个状态后产生置数信号，使计数器又进入预置状态 S_i，然后重复上述过程。其示意图如图 6.5.14(b) 所示。这种方法适用于有预置功能的计数器。对于同步预置的计数器，使置数端 ($\overline{\text{LD}}$) 有效的信号应从 S_{i+M-1} 状态译出，等下一个 CP 到来时才将预置数值置入计数器，计数器在 S_i、S_{i+1}、$\cdots$、S_{i+M-1} 共 M 个状态中循环，如图 6.5.14(b) 中实线所示；对于异步预置的计数器，使置数端 ($\overline{\text{LD}}$) 有效的信号应从 S_{i+M} 状态译出，S_{i+M} 状态一出现，即置数信号一旦有效，立即将预置数置入计数器，它不受 CP 控制，所以 S_{i+M} 状态只在极短的瞬间出现，稳定状态循环中不包含 S_{i+M}，如图 6.5.14(b) 中虚线所示。

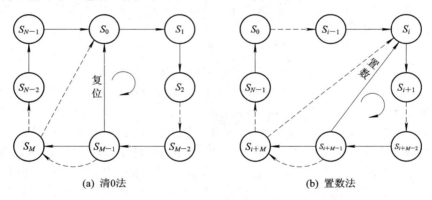

(a) 清0法　　　　　　　　　(b) 置数法

图 6.5.14　实现任意模值计数器的示意图

综上所述，采用反馈清 0 法或反馈置数法设计任意模值计数器都需要经过以下三个步骤：

（1）选择模 M 计数器的计数范围，确定初态和末态。

（2）确定产生清 0 或置数信号的译码状态，然后根据译码状态设计译码反馈电路。

（3）画出模 M 计数器的逻辑电路。

【例 6.5.1】　用 74LS161 实现模 7 计数器。

解：74LS161 具有异步清 0 和同步置数功能，因此可以采用异步清 0 法和同步置数法实现任意模值计数器。

（1）采用异步清 0 法。由于 74LS161 的异步清 0 端 $\overline{C_r}$ 是低电平有效，因此译码门采用与非门，过渡态为 0111，模 7 计数器的态序表见表 6.5.6(a)，反馈函数 $\overline{C_r}=\overline{O_CO_BO_A}$，逻辑图见图 6.5.15(a)，时序图如图 6.5.16(a) 所示。从时序图中可见，过渡态 0111 只在极短瞬间出现。

表 6.5.6　例 6.5.1 态序表

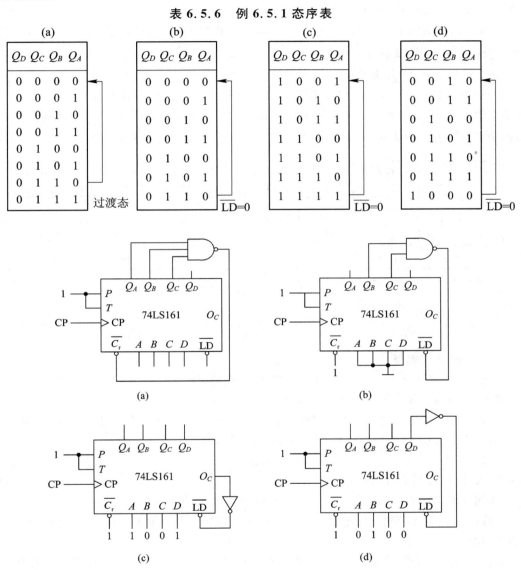

图 6.5.15　例 6.5.1 模 7 计数器的 4 种实现方法

（2）采用同步置数法。通过控制同步置数端 $\overline{LD}$ 和预置输入端 $DCBA$ 来实现模 M 计数。由于置数状态可在 N 个状态中任选，因此实现的方案很多，常用方法有以下三种。

① 同步置 0 法（使用前 M 个状态计数）。

选用 $S_0 \sim S_{M-1}$ 共 M 个状态计数，计到 S_{M-1} 状态时使 $\overline{LD}=0$，等下一个 CP 来到时置 0，即返回 S_0 状态。这种方法和同步清 0 法相似，但必须设置预置输入 $DCBA=0000$。本

例中 $M=7$，故选用 $0000\sim0110$ 共 7 个状态，计到 0110 时同步置 0，$\overline{LD}=\overline{Q_C Q_B}$，其态序表见表 6.5.6(b)，逻辑图见图 6.5.15(b)，时序图见图 6.5.16(b)。

② O_C 置数法（使用后 M 个状态计数）。

选用 $S_i\sim S_{N-1}$ 共 M 个状态，当计到 S_{N-1} 状态时产生进位信号，利用进位信号置数，使计数器返回初态 S_i。同步置数时预置输入数的设置为 $N-M$。本例要求 $M=7$，预置数为 $16-7=9$，即 $DCBA=1001$，故选用 $1001\sim1111$ 共 7 个状态，计到 1111 时利用 O_C 同步置数，所以 $\overline{LD}=\overline{O_C}$，其态序表见表 6.5.6(c)，逻辑图见图 6.5.15(c)。

③ 中间任意 M 个状态计数。

随意选用 $S_i\sim S_{i+M-1}$ 共 M 个状态，当计数到 S_{i+M-1} 状态时译码使 $\overline{LD}=0$，等下一个 CP 来到时返回 S_i 状态。本例选用 $0010\sim1000$ 共 7 个状态，计数到 1000 时同步置数端有效，故 $\overline{LD}=\overline{Q_D}$，$DCBA=0010$，态序表见表 6.5.6(d)，逻辑图见图 6.5.15(d)。

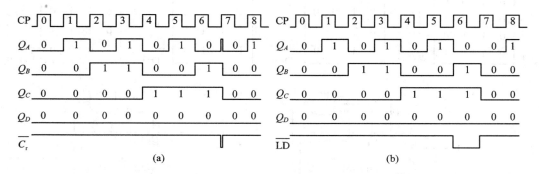

图 6.5.16　例 6.5.1 异步清 0 法、同步置 0 法时序图

4. 大模值计数器

当要求实现的模值 M 超过单片计数器的计数范围时，必须将多片计数器级联，才能实现模 M 计数器。常用的方法有以下两种。

（1）将模 M 分解为 $M=M_1\times M_2\times\cdots\times M_n$，用 n 片计数器分别组成模值为 M_1、M_2、$\cdots$、M_n 的计数器，然后将它们异步级联组成模 M 计数器。

（2）先将 n 片计数器级联组成最大计数值 $N>M$ 的计数器，然后采用整体清 0 或整体置数的方法实现模 M 计数器。

【例 6.5.2】 试分别用 74LS161、74LS160 实现模 60 计数器。

解：（1）用 74LS161 实现。因一片 74LS161 的最大计数值为 16，故实现模 60 计数器必须用两片 74LS161。

① 大模分解法。将模 60 分解为 $60=6\times10$，用两片 74LS161 分别构成模 6 和模 10 计数器，然后级联组成模 60 计数器，其逻辑电路如图 6.5.17(a)所示。

② 整体置数法。先将两片 74LS161 同步级联组成 $N=16\times16=256$ 的计数器，然后用整体置数法构成模 60 计数器。图 6.5.17(b)为整体置 0 逻辑图，计数范围为 $0\sim59$，当计到 59(00111011)时同步置 0。其时序图可参阅第 10 章图 10.6.16。图 6.5.17(c)为 O_C 整体置数法逻辑图，计数范围为 $196\sim255$，计到 255($O_C=1$)时使两片 $\overline{LD}$ 均为 0，下一个 CP 来到时置数，预置输入 $=256-M=196$，故 $D'C'B'A'DCBA=(196)_{10}=(11000100)_2$。

（2）用 74LS160 实现。74LS160 是十进制计数器，将两片 74LS160 同步级联后最大计数值为 100。图 6.5.17(d)是用两片 74LS160 用整体置 0 法构成的模 60 计数器电路图，其计数范围是 0000 0000～0101 1001。其时序图可参阅第 10 章图 10.6.18。

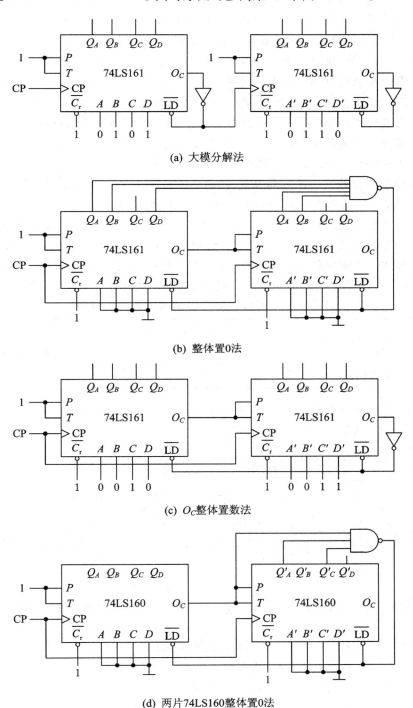

(a) 大模分解法

(b) 整体置0法

(c) O_C整体置数法

(d) 两片74LS160整体置0法

图 6.5.17 例 6.5.2 模 60 计数器逻辑图

5. 可编程分频器

分频器的主要功能是降低信号的频率，其工作过程与计数器相似，都是在输入脉冲信号的作用下完成若干个状态的循环运行，因此分频器也是计数器，其分频系数与计数器的模值相同。与计数器不同的是，分频器对状态的编码没有要求，其电路为串行输出。而计数器通常对状态的编码是有要求的，其电路为并行输出。

分频系数可控制的分频器称为可编程分频器。从例 6.5.1 可以看出，O_C 置数法具有通用性，对于同步置数的模 M 加法计数器，若令 $\overline{LD}=\overline{O_C}$，则预置输入数为 $N-M$，那么改变预置输入数就可以改变模值 M，因此用这种方法可以实现可编程分频器。

凡是具有预置功能的加（减）计数器都可以实现可编程分频器，对于同步置数的计数器，只要用进位（或借位）输出去控制置数控制端，令加计数器计到 S_{N-1}（或减计数计到 S_0）状态时置数控制端有效，使计数器又进入 S_{N-M}（或 S_{M-1}）预置状态，这样计数器总是在 $S_{N-M} \sim S_{N-1}$（或 $S_{M-1} \sim S_0$）共 M 个状态中循环，从而构成模 M 计数器。表 6.5.7 列出了在不同工作条件下预置输入数的设置方式。表中 N 为最大计数值，M 为要求实现的模值。对于同步置数加法计数器，预置值为 $N-M=[M]_{补}$，$M=N-$ 预 $=[预]_{补}$。因此，如果已知 M，只要求出 $[M]_{补}$（M 的各位求反，末位加 1），即可求得预置值；同理，若已知预置值，只要求出 $[预]_{补}$，即可求得模 M 的值。可见，用这种方法设计可编程分频器是很简便的。

表 6.5.7 可编程计数器预置输入数的设置

	异步预置	同步预置
加法计数	预置值 $=N-M-1$	预置值 $=N-M$
减法计数	预置值 $=M$	预置值 $=M-1$

【例 6.5.3】 图 6.5.18 为可编程分频器，试分别求出 $M=100$ 和 $M=200$ 时的预置值 $I_7 \sim I_0$；若 $I_7 \sim I_0 = 01101000$，试求 M 值。

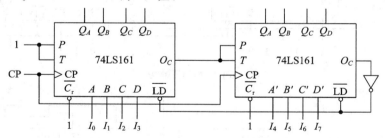

图 6.5.18 例 6.5.3 可编程分频器

解：该电路为同步置数加法计数器，最大计数值 $N=256$。根据预置值 $=N-M=[M]_{补}$，可求得：

（1）当 $M=(100)_{10}=(01100100)_2$ 时，预置值为

$$I_7 I_6 I_5 I_4 I_3 I_2 I_1 I_0 = [M]_{补} = 10011100$$

当 $M=(200)_{10}=(11001000)_2$ 时，预置值为

$$I_7 I_6 I_5 I_4 I_3 I_2 I_1 I_0 = [M]_{补} = 00111000$$

（2）当 $I_7 \sim I_0 = 01101000$ 时，由于 $M=[预]_{补}$，因此

$$M = [01101000]_{补} = (10011000)_2 = 152$$

6.6　集成寄存器和移位寄存器

寄存器用于寄存二进制信息。如果寄存的二进制信息为并行数据，则可使用并行数据寄存器，简称数据寄存器；如果寄存的二进制信息为串行数据，则需使用移位寄存器。

6.6.1　寄存器

寄存器被广泛用于各类数字系统和数字计算机中。因为一个触发器能存储一位二进制代码，所以用 n 个触发器组成的寄存器能存储一组 n 位二进制代码。

1. 单拍接收 4 位数据寄存器

图 6.6.1 是由数据锁存器构成的单拍接收 4 位数据寄存器。当接收端为逻辑 0 时，寄存器保持原状态。当需将 4 位二进制数据存入数据寄存器时，单拍即能完成，即先将要保存的数据 $D_3 D_2 D_1 D_0$ 送至数据输入端（如 $D_3 D_2 D_1 D_0 = 1101$），再送接收信号（一个正向脉冲），要保存的数据将被保存在数据寄存器中（$Q_3 Q_2 Q_1 Q_0 = 1101$）。这样，从数据寄存器的输出端 $Q_3 Q_2 Q_1 Q_0$ 可获得被保存的数据。

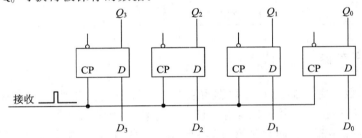

图 6.6.1　单拍接收 4 位数据寄存器

2. 常用集成寄存器（并行数据寄存器）

目前可用于寄存并行二进制信息的集成寄存器（并行数据寄存器）有两类：一类由多个电位型数据锁存器构成，如 74LS373、74LS573（八 D 数据锁存器）等；另一类由多个 D 触发器（边沿触发器）构成，如 74LS374、74LS574（八 D 触发器）等。

图 6.6.2(a) 是 74LS573 的逻辑符号，其功能表如表 6.6.1 所示。74LS573 内含 8 个数据锁存器，LE 为锁存允许控制信号，高有效；输出具有三态控制功能，$\overline{OE}$ 为输出允许控制信号，低有效。仅当 $\overline{OE} = 0$ 时，内部锁存器的内容输出，否则输出端浮空（输出端呈高阻状态）；当 $\overline{OE} = 0$、LE $= 1$ 时，数据输入端（D 端）的信号将直接传送至输出端（Q 端）输出，故称 74LS573 是透明的。74LS373 具有与 74LS573 完全相同的逻辑功能，仅引脚排列不同，它们常在微型计算机中用作地址锁存器。

图 6.6.2(b) 是 74LS574 的逻辑符号，其功能表如表 6.6.2 所示。74LS574 内含 8 个 D 触发器，CP 为时钟脉冲输入端，上升沿有效；输出具有三态控制功能，$\overline{OE}$ 为输出允许控制信号，低有效。仅当 $\overline{OE} = 0$ 时，内部触发器的状态输出，否则输出端浮空。74LS374 具有与 74LS574 完全相同的逻辑功能，仅引脚排列不同，它们可以作为 8 位数据锁存器来使用，在时钟上升沿锁存数据；也可作为 8 个 D 触发器使用，但 8 个 D 触发器是共时钟的，且输出具有三态控制功能。

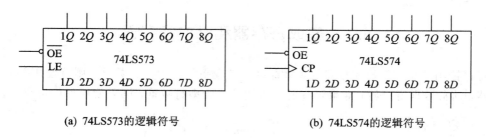

(a) 74LS573的逻辑符号　　　　(b) 74LS574的逻辑符号

图 6.6.2　集成寄存器的逻辑符号

表 6.6.1　74LS573 的功能表

输出允许	锁存允许	数据输入	输　出
$\overline{\text{OE}}$	LE	D	Q^{n+1}
0	0	0	Q
0	0	1	Q
0	1	0	0
0	1	1	1
1	×	×	高阻

表 6.6.2　74LS574 的功能表

输出允许	时钟	数据输入	输　出
$\overline{\text{OE}}$	CP	D	Q^{n+1}
0	0	0	Q
0	0	1	Q
0	↑	0	0
0	↑	1	1
1	×	×	高阻

6.6.2　移位寄存器

以上叙述的数据寄存器为并行数据寄存器，它接收的数据为并行数据。对于串行数据，则需用移位寄存器输入并加以保存。移位寄存器的功能和电路形式较多，按移位方向来分有左向移位寄存器、右向移位寄存器和双向移位寄存器；按接收数据的方式可分为串行输入和并行输入；按输出方式可分为串行输出和并行输出。

1. 单向移位寄存器

图 6.6.3 所示电路是由维持-阻塞 D 触发器组成的 4 位单向移位（右移）寄存器。电路中除 D_3 外，其余各级首尾相连。其中，R_i 为外部串行数据输入（或称右移输入），R_o 为外部输出（或称移位输出），$Q_3 Q_2 Q_1 Q_0$ 为外部并行输出，CP 为时钟脉冲（也称移位脉冲）输入端，清 0 端信号将使寄存器各位清 0。

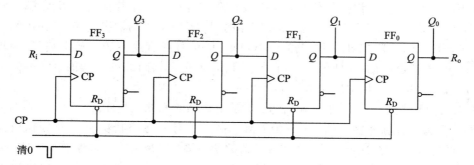

图 6.6.3　4 位单向移位（右移）寄存器

该电路各触发器的激励方程为

$$D_3 = R_i, \quad D_2 = Q_3, \quad D_1 = Q_2, \quad D_0 = Q_1$$

或写成

$$D_3 = R_i, \quad D_n = Q_{n+1} \quad (n=0, 1, 2)$$

设输入 $R_i = 1011$，则清 0 后在 CP 的作用下，移位寄存器中数码移动的情况如表 6.6.3 所示，各触发器输出端 $Q_3 Q_2 Q_1 Q_0$ 的波形如图 6.6.4 所示。

表 6.6.3　移位寄存器中数码移动的情况

CP	R_i	Q_3	Q_2	Q_1	Q_0
0	1	0	0	0	0
1	0	1	0	0	0
2	1	0	1	0	0
3	1	1	0	1	0
4	0	1	1	0	1
5	0	0	1	1	0
6	0	0	0	1	1
7	0	0	0	0	1
8	0	0	0	0	0

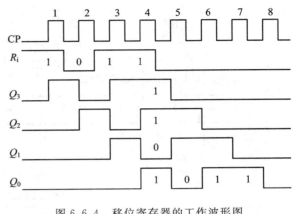

图 6.6.4　移位寄存器的工作波形图

从图 6.6.4 中可以看出，经过 4 个 CP 脉冲后，4 位数码 1011 恰好全部移入寄存器中，数据可从 4 个触发器输出端并行读出，这种工作方式称为串入-并出方式。若继续加入 4 个移位脉冲，4 位数码便依次从 Q_0 串行输出，这种工作方式称为串入-串出方式。

2. 常用集成移位寄存器（串行数据寄存器）

目前常用的 MSI 集成移位寄存器种类很多，如 74LS195 为 4 位单向移位寄存器，74LS164、74LS165、74LS166 均为 8 位单向移位寄存器，74LS194 为 4 位双向移位寄存器，74LS198 为 8 位双向移位寄存器等。下面着重介绍 74LS194 双向移位寄存器的逻辑功能及应用。

1）4 位双向移位寄存器 74LS194

74LS194 是 4 位通用移存器，具有左移、右移、并行置数、保持、清除等多种功能，其内部结构与逻辑符号分别如图 6.6.5(a)、(b)所示，功能表如表 6.6.4 所示。

表 6.6.4　74LS194 功能表

$\overline{C}_r$	S_1	S_0	CP	S_L	S_R	D_0	D_1	D_2	D_3	Q_0^{n+1}	Q_1^{n+1}	Q_2^{n+1}	Q_3^{n+1}
0	×	×	×	×	×	×	×	×	×	0	0	0	0
1	0	0	×	×	×	×	×	×	×	保		持	
1	0	1	↑	×	S_R	×	×	×	×	S_R	Q_0^n	Q_1^n	Q_2^n
1	1	0	↑	S_L	×	×	×	×	×	Q_1^n	Q_2^n	Q_3^n	S_L
1	1	1	↑	×	×	a	b	c	d	a	b	c	d
1	×	×	0	×	×	×	×	×	×	保		持	

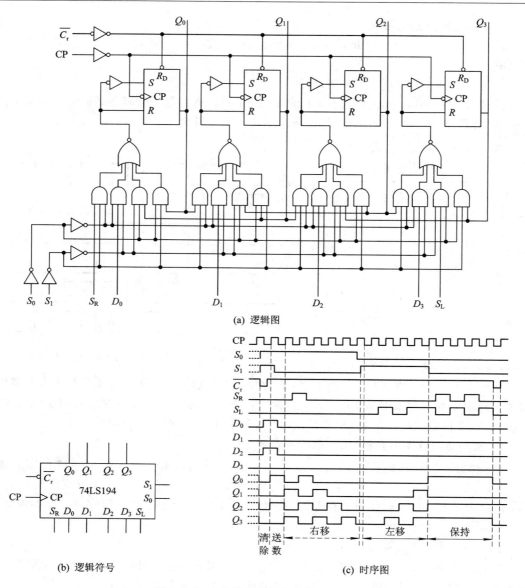

(a) 逻辑图

(b) 逻辑符号

(c) 时序图

图 6.6.5 4 位双向移位寄存器 74LS194

74LS194 各引出端的功能如下：

$D_0 \sim D_3$：并行数码输入端。

$\overline{C}_r$：异步清 0 端，低电平有效。

S_R、S_L：右移、左移串行数据输入端。

S_1、S_0：工作方式控制端。

CP：时钟脉冲输入端。

从其功能表 6.6.4 和图 6.6.5（c）可以看出：只要 $\overline{C}_r = 0$，移存器无条件清 0；只有当 $\overline{C}_r = 1$，CP 上升沿到达时，电路才可能按 S_1、S_0 设定的方式执行移位或置数等操作，$S_1 S_0 = 11$ 为并行置数，$S_1 S_0 = 01$ 为右移，$S_1 S_0 = 10$ 为左移；当 $\overline{C}_r = 1$，$S_1 S_0 = 00$ 或时钟无效时，电路保持原状态。

2）集成移位寄存器的应用

移位寄存器可以用来实现数据的串-并变换，也可以构成移位型计数器进行计数、分频，还可以构成序列码发生器、序列码检测器等，它也是数字系统中应用最广泛的时序逻辑部件之一。下面介绍如何实现数据的串-并变换。

在数字系统中，信息的传送通常是串行的，而处理和加工往往是并行的，因此经常要进行输入、输出的串-并转换。

图 6.6.6 是 7 位串入-并出转换电路，其状态表如表 6.6.5 所示。串行数据 $d_6 \sim d_0$ 从 S_R 端输入（d_0 先输入），并行数据由 $Q_1 \sim Q_7$ 端输出，0 标志码加在 D_0 端，其他并行数据输入端接 1。清 0 启动后，$Q_8 = 0$，因此 $S_1 S_0 = 11$，第 1 个 CP 来到后进行置数操作，$Q_1 \sim Q_8 = 01111111$。此时，因 $Q_8 = 1$，$S_1 S_0 = 01$，故从第 2 个 CP 开始执行右移操作，经过 7 次右移后，7 位串行码全部进入移位寄存器，$Q_1 \sim Q_7 = d_6 \sim d_0$，且 0 标志码进入了 Q_8，使 Q_8 从 1 $\rightarrow$ 0，标志着转换结束，并行数据可以从 $Q_1 \sim Q_7$ 读出。此时 $Q_8 = 0$，$S_1 S_0 = 11$，因此当第 7 个 CP 来到后，移位寄存器又重新置数，并重复上述过程。

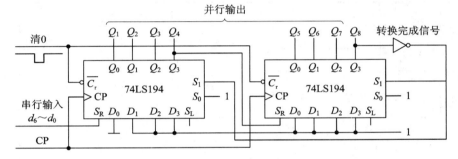

图 6.6.6 7 位串入-并出转换电路

表 6.6.5 7 位串入-并出转换电路的状态表

CP	Q_1	Q_2	Q_3	Q_4	Q_5	Q_6	Q_7	Q_8	操作
0	0	0	0	0	0	0	0	0	清 0
1	0	1	1	1	1	1	1	1	置 数
2	d_0	0	1	1	1	1	1	1	
3	d_1	d_0	0	1	1	1	1	1	
4	d_2	d_1	d_0	0	1	1	1	1	
5	d_3	d_2	d_1	d_0	0	1	1	1	右移 7 次
6	d_4	d_3	d_2	d_1	d_0	0	1	1	
7	d_5	d_4	d_3	d_2	d_1	d_0	0	1	
8	d_6	d_5	d_4	d_3	d_2	d_1	d_0	0	
9	0	1	1	1	1	1	1	1	置 数

图 6.6.7 是 7 位并入-串出转换电路，其状态表如表 6.6.6 所示。工作时首先使启动信号 $S_T = 0$，则两片 74LS194 的 $S_1 S_0 = 11$，第 1 个 CP 来到后进行置数操作，$Q_1 \sim Q_8 = 0d_6 d_5 d_4 d_3 d_2 d_1 d_0$，门 G_2 输出为 1。启动后 $S_T = 1$，门 G_1 输出为 0，$S_1 S_0 = 01$，移位寄存器执行右移操作，经过 7 次右移后，$Q_1 \sim Q_8 = 11111110$，7 位并入代码 $d_6 d_5 d_4 d_3 d_2 d_1 d_0$ 全部

从 Q_8 串行输出。此时，由于 $Q_1 \sim Q_7$ 全为 1，门 G_2 输出为 0（表示转换结束），使 $S_1S_0 = 11$，因此当第 9 个 CP 来到后，移位寄存器又重新置数，并重复上述过程。

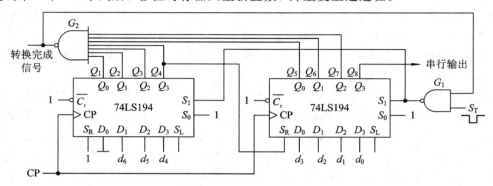

图 6.6.7　7 位并入-串出转换电路

表 6.6.6　7 位并入-串出状态表

CP	Q_1	Q_2	Q_3	Q_4	Q_5	Q_6	Q_7	Q_8	操　作
1	0	d_6	d_5	d_4	d_3	d_2	d_1	d_0	置　数
2	1	0	d_6	d_5	d_4	d_3	d_2	d_1	
3	1	1	0	d_6	d_5	d_4	d_3	d_2	
4	1	1	1	0	d_6	d_5	d_4	d_3	
5	1	1	1	1	0	d_6	d_5	d_4	右移 7 次
6	1	1	1	1	1	0	d_6	d_5	
7	1	1	1	1	1	1	0	d_6	
8	1	1	1	1	1	1	1	0	
9	0	d_6	d_5	d_4	d_3	d_2	d_1	d_0	置　数

6.6.3　移位型计数器

移位型计数器由移位寄存器加反馈网络组成，其框图如图 6.6.8 所示。

移位型计数器的状态变化必须符合移位的特点，在结构上除了第 0 级触发器之外，所有触发器的输入端均接到前一级触发器的输出端上，即

$$Q_i^{n+1} = D_i = Q_{i-1}^n \qquad (i = 1 \sim n)$$

$$Q_0^{n+1} = D_0 = S_R = F(Q_0, Q_1, \cdots, Q_{n-1})$$

因此，移位型计数器的设计很简单，只需要设计第一级，即 D_0 的反馈逻辑方程，其他各级都按移位寄存器方式连接即可。

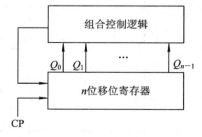

图 6.6.8　移位型计数器一般框图

典型的移位型计数器有以下几种。

1. 环形计数器

n 位环形计数器由 n 位移位寄存器组成，其反馈逻辑方程为 $D_0 = Q_{n-1}$。图 6.6.9(a)、 (b)是由 D 触发器、74LS194 分别构成的 4 位环形计数器，其反馈逻辑方程分别为 $D_0 = Q_3$，$S_R = Q_3$。根据移位寄存器的工作特点，可以直接作出电路的完全状态图如图 6.6.9(c)所示。从图(c)看出，若电路的起始状态为 $Q_0Q_1Q_2Q_3 = 1000$，在时钟作用下每次右移一位，状态中循环移位一个 1，环①为有效循环；若起始状态为 $Q_0Q_1Q_2Q_3 = 1110$，则状态中循环移位一个 0，环②为有效循环。可见，4 位环型计数器实际上是一个模 4 计数器。

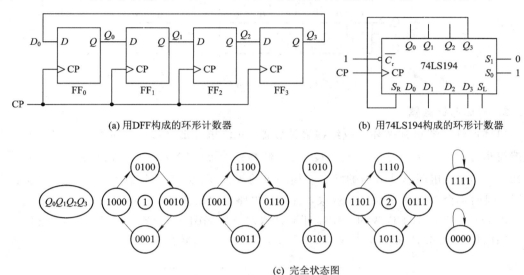

(a) 用DFF构成的环形计数器　　　　　(b) 用74LS194构成的环形计数器

(c) 完全状态图

图 6.6.9　4 位环形计数器

环形计数器结构很简单，其特点是每个时钟周期可以只有一个输出端为 1(或 0)，因此可以直接用环形计数器的输出作为状态输出信号或节拍信号，不需要再加译码电路。但它的状态利用率低，n 个触发器或 n 位移存器只能构成 $M = n$ 的计数器，有($2^n - n$)个无效状态。

为了使环形计数器具有自启动特性，设计时要进行修正。图 6.6.10(a)是修正后的 4 位环形计数器，它利用 74LS194 的预置功能，并进行全 0 序列检测，有效地消除了无效循环，其状态图如图 6.6.10(b)所示，时序如图 6.6.11 所示。

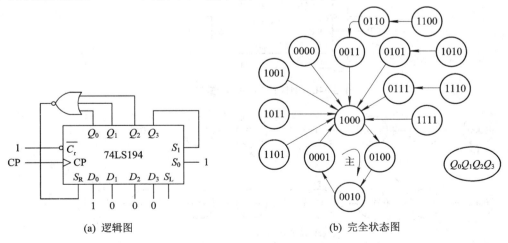

(a) 逻辑图　　　　　　　　　(b) 完全状态图

图 6.6.10　有自启动特性的环形计数器

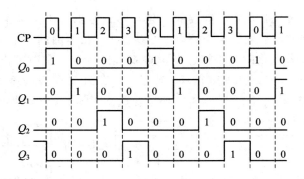

图 6.6.11 环形计数器时序图

2. 扭环形计数器

扭环形计数器也称循环码或约翰逊计数器。n 位扭环形计数器由 n 位移存器组成，其反馈逻辑方程为：$D_0 = \overline{Q}_{n-1}$ 或 $S_R = \overline{Q}_{n-1}$。n 位移存器可以构成 $M = 2n$ 的计数器，无效状态为 $(2^n - 2n)$ 个。扭环形计数器的状态按循环码的规律变化，即相邻状态之间仅有一位代码不同，因而不会产生竞争和冒险现象，且译码电路也比较简单。

由 DFF、74LS194 构成的 4 位扭环形计数器分别如图 6.6.12(a)、(b)所示，它们的完全状态图如图 6.6.12(c)所示。从图(c)看出，它有一个无效循环，不能自启动。

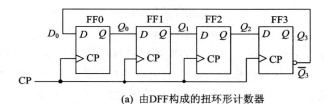

(a) 由DFF构成的扭环形计数器

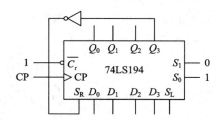

(b) 由74LS194构成的扭环形计数器

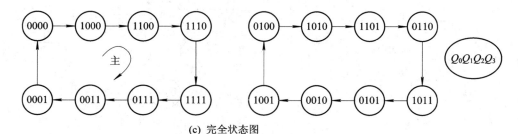

(c) 完全状态图

图 6.6.12 4 位扭环形计数器

图 6.6.13 所示的电路利用 74LS194 的并行置数功能消除无效循环使电路具有自启动功能，其完全状态图如图 6.6.14 所示，时序图如图 6.6.15 所示。

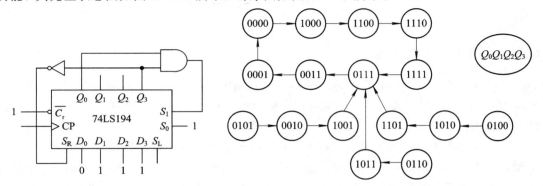

图 6.6.13　有自启特性的扭环形计数器　　　　　图 6.6.14　图 6.6.13 的完全状态图

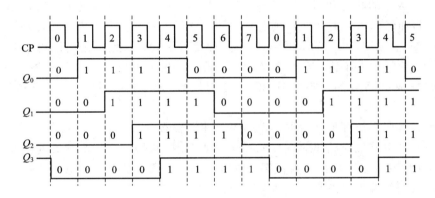

图 6.6.15　4 位扭环形计数器的时序图

扭环形计数器输出波形的频率是时钟频率的 $\dfrac{1}{2n}$，所以它可以用作偶数分频器。如果将反馈输入方程改为 $S_R = \overline{Q_{n-1}Q_{n-2}}$，则可以构成奇数分频器，其模值为 $M = 2n - 1$。图 6.6.16 是用 74LS194 构成的 7 分频电路，态序表如表 6.6.7 所示，其状态变化与扭环形计数器相似，但跳过了全 0 状态。

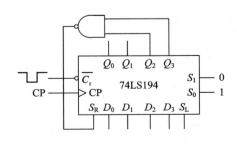

图 6.6.16　用 74LS194 构成的 7 分频电路

表 6.6.7　$M = 7$ 分频器态序表

Q_0	Q_1	Q_2	Q_3
0	0	0	0
1	0	0	0
1	1	0	0
1	1	1	0
1	1	1	1
0	1	1	1
0	0	1	1
0	0	0	1

6.7 序列信号发生器

6.7.1 顺序脉冲发生器

顺序脉冲发生器是一种能将输入脉冲按一定顺序分配到各个输出端的电路,因此也称为脉冲分配器。在数字系统中,通常将顺序脉冲作为控制信号,去控制某些电路进行一定的顺序操作。

顺序脉冲发生器可以用移位寄存器构成。当环形计数器工作在每个状态中只有一个1的循环状态时,它就是一个顺序脉冲发生器。这种方案的优点是不需附加译码电路,结构简单,缺点是环形计数器状态利用率太低,即有几路节拍信号输出,就需要用几个触发器,而且还必须增加使电路能自启动的反馈电路。

扭环形计数器的状态利用率比环形计数器提高了一倍,但其输出不能直接用作顺序脉冲信号,需附加译码电路后才能得到所需要的顺序脉冲信号。由于扭环形计数器的状态按循环码规律变化(见图 6.6.15)每次仅有一位触发器翻转,因此其输出译码电路相对较简单,且输出无毛刺。目前用扭环形计数器加译码电路构成的顺序脉冲发生器应用较广泛,且有现成的集成电路产品,如 CD4022 八进制计数/分配器、CD4017 十进制计数/分配器等。

用环形计数器和扭环形计数器实现顺序脉冲发生器主要的缺点是状态利用率低。若采用二进制编码计数器加译码器的方案来实现,则可以最大限度地提高状态利用率。图 6.7.1 是计数型顺序脉冲发生器的一般框图。使用这种方案需要注意,译码器的输出端数应大于或等于计数器的输出状态数。

图 6.7.2 是用 74LS161 和 74LS138 构成的 8 路顺序脉冲发生器电路,其中 74LS161 采用 O_C 置数法构成模 8 计数器,其输出状态 $Q_D Q_C Q_B Q_A$ 从 $1000 \sim 1111$ 循环变化。74LS138 的地址输入与 $Q_C Q_B Q_A$ 相连,当 CP 脉冲到达,74LS138 使能端有效时,译码器输出相应的顺序脉冲,其时序图如图 6.7.3 所示。

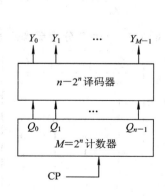

图 6.7.1　计数形顺序脉冲发生器一般框图

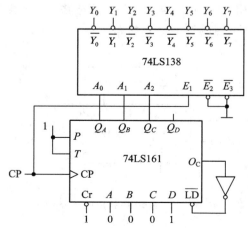

图 6.7.2　8 路顺序脉冲发生器

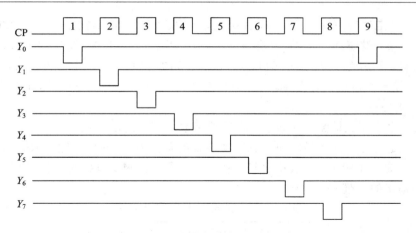

图 6.7.3　8 路顺序脉冲发生器时序图

将 CP 加到 74LS138 的使能输入端，主要是为避免译码器输出端的毛刺出现。

6.7.2　序列信号发生器

序列信号是一组串行周期性的二进制码。能够产生一组或多组序列信号的电路称为序列信号发生器，它在数字通信、雷达、遥控与遥测以及电子仪表等领域有着广泛的应用。序列信号发生器通常由移位寄存器或计数器构成，其种类按照序列循环长度 M 和触发器数目 n 的关系一般可分为以下三种：

（1）最大循环长度序列码，$M=2^n$。

（2）最长线性序列码（m 序列码），$M=2^n-1$。

（3）任意循环长度序列码，$M<2^n$。

1. 反馈移位型序列信号发生器

反馈移位型序列信号发生器实际上就是前面所讲述的移位型计数器，其模值 M 等于序列长度，结构框图如图 6.7.4 所示，它由移位寄存器和组合反馈网络组成。因为从移存器各位触发器所输出的序列信号相同，仅起始相位不同，因此只从移存器某一位输出端作为序列信号的输出。

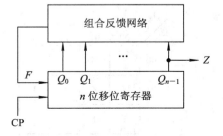

图 6.7.4　反馈移位型序列信号发生器的框图

设计按以下步骤进行：

（1）根据给定的序列码，设计模 M 移位型计数器。首先确定移位寄存器位数 n，并确定移位寄存器的 M 个独立状态。

将给定的序列码按照移位规律每 n 位一组，划分为 M 个状态。若 M 个状态中出现重复现象，则应增加移位寄存器的位数。用 $n+1$ 位再重复上述过程，直到划分为 M 个独立状态为止。

（2）设计组合反馈网络。根据 M 个不同状态列出移存器的态序表和反馈函数表，求出反馈函数 F 的表达式。

（3）检查自启动性能。

【例 6.7.1】　设计一个产生 100111 序列的反馈移位型序列信号发生器。

解：(1) 确定移位寄存器位数 n，并确定移位寄存器的 M 个独立状态。因序列码长度为 6，故取 $n=3$，设序列码从 Q_0 左移输出，将序列码 100111 按照左移规律每三位一组，划分 6 个状态，分别为 100、001、011、111、111、110。其中，状态 111 重复出现，故取 $n=4$，并重新划分 6 个独立状态为 1001、0011、0111、1111、1110、1100。因此确定 $n=4$，用一片 74LS194 即可。

(2) 列态序表和反馈激励函数表，求反馈函数 $F(S_L)$ 的表达式。

首先列出态序表，然后填写每一状态所需要的移位输入（即反馈输入）S_L，列出反馈激励函数表如表 6.7.1 所示。从表中可见，移存器只需进行 6 个节拍的左移操作，便可在 Q_0 端得到所需输出的序列码。

表 6.7.1　例 6.7.1 反馈函数表

Q_0	Q_1	Q_2	Q_3	$F(S_L)$
1	0	0	1	1
0	0	1	1	1
0	1	1	1	1
1	1	1	1	0
1	1	1	0	0
1	1	0	0	1

表 6.7.1 也表明了组合反馈网络的输出 $F(S_L)$ 和输入 $(Q_0 Q_1 Q_2 Q_3)$ 之间的函数关系，因此可填出 F 的卡诺图如图 6.7.5(a) 所示，并求得：$F(S_L)=\overline{Q}_0+\overline{Q}_2=\overline{Q_0 Q_2}$。

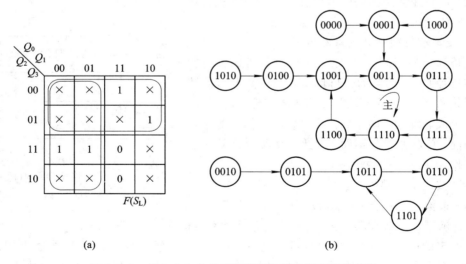

(a)　　　　　　　　　　(b)

图 6.7.5　例 6.7.1 中 F 的卡诺图和移位寄存器状态图

(3) 检查自启动性能。

根据以上结果作出完全状态图，如图 6.7.5(b) 所示。可见，它有一个无效循环。为了使电路具有自启动性能，应重新修改设计。可以利用 S_L 的无关项将图 6.7.5(a) 的卡诺图改圈，如图 6.7.6(a) 所示。因而有 0110→1100，0010→0100，并求得 $F=\overline{Q}_2+\overline{Q}_0 Q_3$，其完全状态图如图 6.7.6(b) 所示。可见，该电路具有自启动性能。

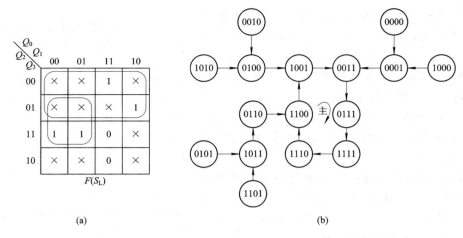

图 6.7.6 修正后 F 的卡诺图和移位寄存器的状态图

（4）画逻辑电路。

移位寄存器用一片 74LS194，组合反馈网络可以用 SSI 门电路或 MSI 组合器件实现。图 6.7.7(a)所示电路中 $S_L = \overline{Q_2 \overline{\overline{Q_0 Q_3}}}$，采用了门电路实现反馈函数。图 6.7.7(b)采用了 4 选 1 MUX 实现反馈函数。令 $A_1 A_0 = Q_0 Q_2$，按照 4.3.3 节所述的卡诺图逻辑对照法，确定 4 选 1 MUX 数据输入，可求得 $D_0 = 1$，$D_1 = Q_3$，$D_2 = 1$，$D_3 = 0$，S_L 的表达式为

$$S_L = (Q_0 Q_2)_m (1, Q_3, 1, 0)^T$$

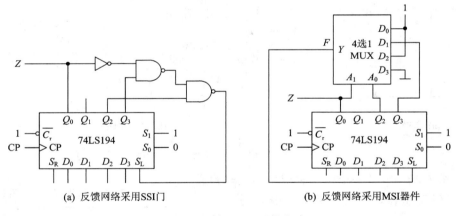

图 6.7.7 例 6.7.1 逻辑电路

2. 计数型序列信号发生器

计数型序列信号发生器的结构框图如图 6.7.8 所示。它由计数器和组合输出网络两部分组成，序列码从组合输出网络输出。

设计过程分为以下两步：

（1）根据序列码的长度 M 设计模 M 计数器，状态可以自定。

（2）按计数器的状态转移关系和序列码的要求设计组合输出网络。由于计数器的状态设置和

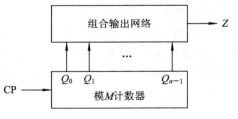

图 6.7.8 计数型序列信号发生器的结构框图

输出序列没有直接关系，因此这种结构对于输出序列的更改比较方便，而且还能同时产生多组序列码。

【例 6.7.2】 设计一个产生 1101000101 序列码的计数型序列信号发生器。

解：（1）因 $M=10$，故可选用 74LS161 设计一个模 10 计数器，并采用 O_C 置数法来实现，有效状态为 0110～1111。

（2）设计组合输出网络。根据计数状态和输出序列的对应关系，列出真值表，如表 6.7.2 所示。Z 输出的卡诺图如图 6.7.9(a) 所示。若采用 8 选 1 MUX 实现逻辑函数，则可求得

表 6.7.2　例 6.7.2 真值表

Q_D	Q_C	Q_B	Q_A	Z
0	1	1	0	1
0	1	1	1	1
1	0	0	0	0
1	0	0	1	1
1	0	1	0	0
1	0	1	1	0
1	1	0	0	0
1	1	0	1	1
1	1	1	0	0
1	1	1	1	1

$$Z = (Q_D Q_B Q_A)_m (0, 0, 1, 1, 0, 1, 0, Q_C)^{\mathrm{T}}$$

其逻辑电路如图 6.7.9(b) 所示。

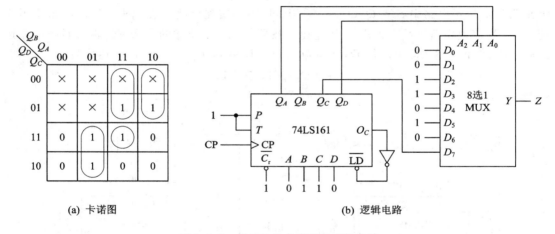

(a) 卡诺图　　　　　　　　　　　　(b) 逻辑电路

图 6.7.9　例 6.7.2 卡诺图及逻辑电路

【例 6.7.3】 设计一个能同时产生两组序列码的双序列码发生器，要求两组代码分别是：$Z_1 = 110101$，$Z_2 = 010110$。

解：首先用 74LS194 设计一个能自启动的模 6 扭环形计数器，如图 6.7.10(a) 所示，并列出组合输出电路的真值表，如表 6.7.3 所示；然后用一片 3-8 译码器和与非门实现组合输出网络；最后画出逻辑电路，如图 6.7.10(b) 所示。组合电路的输出函数式为

$$Z_1 = m_0 + m_4 + m_7 + m_1$$
$$Z_2 = m_4 + m_7 + m_3$$

表 6.7.3　例 6.7.3 真值表

	Q_0	Q_1	Q_2	Z_1	Z_2
m_0	0	0	0	1	0
m_4	1	0	0	1	1
m_6	1	1	0	0	0
m_7	1	1	1	1	1
m_3	0	1	1	0	1
m_1	0	0	1	1	0

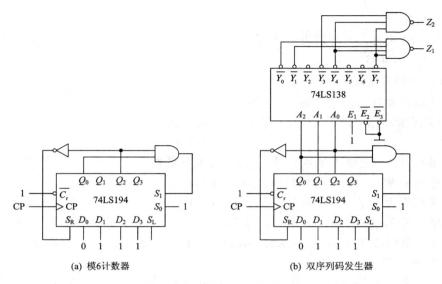

(a) 模6计数器　　　　　　(b) 双序列码发生器

图 6.7.10　例 6.7.3 逻辑电路

【例 6.7.4】 试分析图 6.7.11 所示电路的逻辑功能。

解：该电路是由移存器 74LS194 和 8 选 1 数据选择器组成的 Moore 型同步时序电路，X 为外部输入，Z 为外部输出。

（1）求激励方程和输出方程。

$$S_1 S_0 = 10, \quad D_0 D_1 D_2 D_3 = 1111$$

$$S_L = (Q_1 Q_2 Q_3)_m (1, X, \overline{X}, 1, 1, \overline{X}, X, 0)^T$$

$$Z = Q_3$$

（2）列态序表。

由激励方程可知，$S_1 S_0 = 10$，故 74LS194 进行左移操作。由于状态变化会使 S_L 变化，从而又使状态更新，于是可列出 $X=0$、$X=1$ 的态序表，如表 6.7.4 所示。

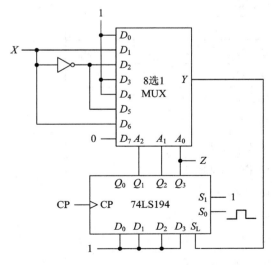

图 6.7.11　例 6.7.4 逻辑电路

表 6.7.4　例 6.7.4 态序表

X	Q_1	Q_2	Q_3	S_L	Z
0	1	1	1	$D_7 = 0$	1
0	1	1	0	$D_6 = X = 0$	0
0	1	0	0	$D_4 = 1$	0
0	0	0	1	$D_1 = X = 0$	1
0	0	1	0	$D_2 = \overline{X} = 1$	0
0	1	0	1	$D_5 = \overline{X} = 1$	1
0	0	1	1	$D_3 = 1$	1
1	1	1	1	$D_7 = 0$	1
1	1	1	0	$D_6 = X = 1$	0
1	1	0	1	$D_5 = \overline{X} = 0$	1
1	0	1	0	$D_2 = \overline{X} = 0$	0
1	1	0	0	$D_4 = 1$	0
1	0	0	1	$D_1 = X = 1$	1
1	0	1	1	$D_3 = 1$	1

（3）分析功能。

由表 6.7.4 可见，该电路为可控序列码发生器，当 $X=0$ 时产生 1001011 序列，当 $X=1$ 时产生 1010011 序列。

3. m 序列码发生器

m 序列码也称伪随机序列码，其主要特点如下：

（1）每个周期中，"1"码出现 2^{n-1} 次，"0"码出现 $2^{n-1}-1$ 次，即 0、1 出现的概率几乎相等。

（2）序列中连续出现 1 的数目是 n，连续出现 0 的数目是 $n-1$。

（3）分布无规律，具有与白噪声相似的伪随机特性。

m 序列码发生器是一种反馈移位型结构的电路，它由 n 位移位寄存器加异或反馈网络组成，其序列长度 $M=2^n-1$，只有一个冗余状态即全 0 状态，所以称为最大线性序列码发生器。由于其结构已定型，且反馈函数和连接形式都有一定规律，因此利用查表的方式就可以设计出 m 序列码。

表 6.7.5 列出了部分 m 序列码的反馈函数 F 和移存器位数 n 的对应关系。如果给定一个序列信号长度 M，则根据 $M=2^n-1$ 求出 n，由 n 查表便可得到相应的反馈函数 F。

例如，要产生 $M=7$ 的 m 序列码，首先根据 $M=2^n-1$，确定 $n=3$，再查表可得反馈函数 $F=Q_1 \oplus Q_3$（即 74LS194 的 $F=Q_0 \oplus Q_2$）。

由于电路处于全 0 状态时 $F=0$，因此采用此方法设计的 m 序列发生器不具有自启动特性。

表 6.7.5 m 序列反馈函数表

n	$M=2^n-1$	反馈函数 F
3	7	$Q_1 \oplus Q_3$，$Q_2 \oplus Q_3$
4	15	$Q_1 \oplus Q_4$，$Q_3 \oplus Q_4$
5	31	$Q_2 \oplus Q_5$，$Q_3 \oplus Q_5$
6	63	$Q_1 \oplus Q_6$
7	127	$Q_1 \oplus Q_7$，$Q_3 \oplus Q_7$
8	255	$Q_1 \oplus Q_2 \oplus Q_3 \oplus Q_8$
9	511	$Q_4 \oplus Q_9$
10	1023	$Q_7 \oplus Q_{10}$
11	2047	$Q_2 \oplus Q_{11}$
12	4095	$Q_1 \oplus Q_4 \oplus Q_6 \oplus Q_{12}$
13	8191	$Q_1 \oplus Q_3 \oplus Q_4 \oplus Q_{13}$
14	16383	$Q_1 \oplus Q_3 \oplus Q_5 \oplus Q_{14}$
15	32767	$Q_1 \oplus Q_{15}$，$Q_{14} \oplus Q_{15}$
21	2097151	$Q_2 \oplus Q_{21}$
23	8388607	$Q_5 \oplus Q_{23}$，$Q_{18} \oplus Q_{23}$

为了使电路具有自启动特性，可以采取以下两种方法：

（1）在反馈方程中加全 0 校正项 $\overline{Q_1}\overline{Q_2}\overline{Q_3}$，即

$$F = (Q_1 \oplus Q_3) + \overline{Q_1}\overline{Q_2}\overline{Q_3} = (Q_1 \oplus Q_3) + \overline{\overline{Q_1} + Q_2 + Q_3}$$

其逻辑电路如图 6.7.12(a)所示。

（2）利用全 0 状态重新置数从而实现自启动，其逻辑电路如图 6.7.12(b)所示。该电路输出的 m 序列码为 0011101。

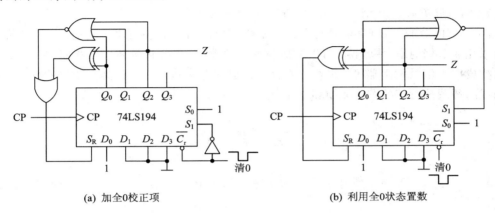

(a) 加全0校正项　　　　　　　　　　(b) 利用全0状态置数

图 6.7.12　$M = 7$ 的 m 序列码发生器电路

本 章 小 结

（1）时序电路是具有记忆功能的逻辑电路，它的输出不仅与当时的输入变量的取值有关，还与电路的原来状态即过去的输入情况有关。因此，时序电路任一时刻的状态和输出都可以表示为输入变量和原来状态的逻辑函数，即表示为 $Q^{n+1}/Z = f(X, Q)$ 的函数关系。

时序电路逻辑功能的描述方法有方程组（包括输出方程、状态转移方程、激励方程）、状态转移表、状态图、时序波形图几种形式，它们都是分析和设计时序逻辑电路的主要工具和手段。

（2）时序电路的分析是根据给出的时序电路，找出其状态和输出在时钟和输入信号作用下的变化规律，从而确定电路的逻辑功能。

（3）时序电路的设计是根据命题的要求，选择合适的器件设计出合理的电路。设计步骤分两种情况：对于未给定状态的设计，首先要根据设计要求建立原始状态图、表，经过状态化简、状态编码后得到二进制状态表，然后根据状态表导出激励方程和输出方程，检查电路自启动性能，最后画出逻辑电路；对于给定状态的设计，则可根据设计要求直接列出二进制状态表进行设计，即不需要再经过建立原始状态图、表，状态化简和状态编码几个过程。

在设计过程中，建立原始状态图、表是关键的一步，也是 HDL 语言初学者必备的基础，应予以充分认识。

（4）典型时序电路有计数器、寄存器、移位寄存器、顺序脉冲发生器、序列信号产生器等。本章介绍了这些电路的结构特点、状态变化规律和信号之间的时序关系，并重点介绍

了常用集成计数器、集成移位寄存器以及它们的应用。利用标准化的 MSI 集成块去设计典型时序电路要比采用 SSI 去设计更加简便、实用，使用时应着重掌握 MSI 集成块的逻辑符号、引脚图、功能表、时序图及芯片的级联方法，同时应注意同步和异步控制的区别。

（5）采用 MSI 计数器构成任意模值计数器时，应在 N（最大计数容量）个状态中选择 M 个状态，使之跳过$(N-M)$个状态去实现模 M 计数。实现的方法通常有反馈清 0 法、反馈置数法两种。设计时应该注意几点：① 所采用的芯片是二进制计数器还是十进制计数器；② 芯片的级联方式；③ 清 0 或置数是同步还是异步控制。

（6）MSI 双向移位寄存器具有左移、右移、并行置数、保持等多种功能。利用移位寄存器可以完成数据的串-并转换，可以构成环形计数器$(M=n)$和扭环形计数器$(M=2n)$，还可以构成序列信号发生器等；用移位寄存器构成的电路其状态变化具有移位的特点，且只有构成闭环系统时其状态才能循环工作。

习 题 6

6-1 已知一 Mealy 型时序电路的状态表如表 P6-1 所示，试画出该时序电路的状态图。

6-2 已知一 Moore 型时序电路的状态表如表 P6-2 所示，试画出该时序电路的状态图。

表 P6-1

$Q_1 Q_0$ ＼ X	$Q_1^{n+1} Q_0^{n+1}/Z$	
	0	1
00	01/0	11/1
01	10/0	00/0
10	11/0	01/0
11	00/1	10/0

表 P6-2

$Q_1 Q_0$ ＼ X	$Q_1^{n+1} Q_0^{n+1}$		Z
	0	1	
00	01	00	0
01	10	00	0
10	11	00	0
11	00	00	1

6-3 已知一 Mealy 型时序电路的状态图如图 P6-3 所示，试列出该时序电路的状态表。

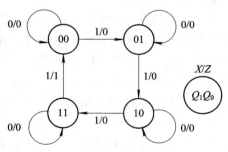

图 P6-3

6-4 已知一 Moore 型时序电路的状态图如图 P6-4 所示，试列出该时序电路的状态表。设初始状态为 000，触发器为上升沿起作用，画出工作波形图（不少于 8 个时钟脉冲）。

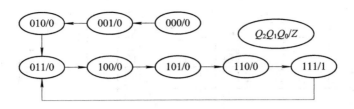

图 P6 - 4

6-5　分析图 P6-5 所示的各环形计数器电路,列出状态表,画出状态图,并说明电路能否自启动。

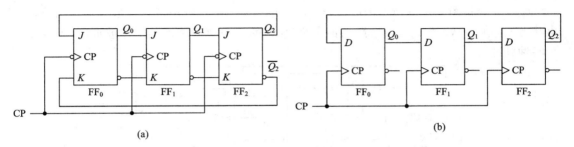

图 P6 - 5

6-6　分析图 P6-6 所示的各扭环形计数器电路,列出状态表,画出状态图,并说明电路能否自启动。

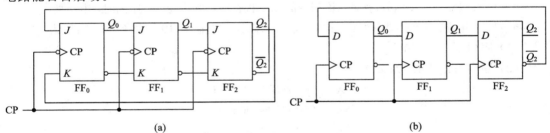

图 P6 - 6

6-7　分析图 P6-7 所示序列检测器电路,求出其状态转移函数和输出函数,列出状态表,画出其状态图,分析电路功能,指出当 X 输入何种序列时,输出 Z 为 1?

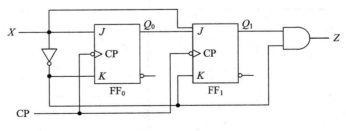

图 P6 - 7

6-8　分析图 P6-8 所示序列码产生电路,求出其状态转移函数和输出函数,列出状态表,画出状态图,分析电路功能。设初始状态为 000,画工作波形图(不少于 8 个时钟脉冲),指出 Z 输出何种序列码?

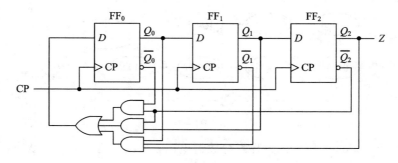

图 P6 − 8

6 − 9 分析图 P6 − 9 所示的脉冲异步时序电路,求出其状态转移函数和输出函数,列出状态表,画出状态图,分析电路功能。设初始状态为 000,画出其工作波形图(不少于 8 个时钟脉冲)。

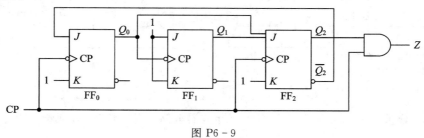

图 P6 − 9

6 − 10 建立一个 Moore 型序列检测器的原始状态图,当输入 011 序列时,电路便输出 1。

6 − 11 建立 Mealy 型序列检测器的原始状态图,当输入 1011 序列时,输出为 1。

(1) 序列不重叠(如 Z_1)。

(2) 序列可以重叠(如 Z_2)。

$$X: \quad 0010110111001011$$
$$Z_1: \quad 0000010000000001$$
$$Z_2: \quad 0000010010000001$$

6 − 12 对表 P6 − 12 所示的原始状态表(a)和(b)进行简化。

表 P6 − 12

(a)

$S \diagdown X$	S^{n+1}/Z	
	0	1
A	$A/0$	$E/0$
B	$E/1$	$C/1$
C	$A/1$	$D/1$
D	$F/0$	$G/0$
E	$B/1$	$C/1$
F	$F/0$	$E/0$
G	$A/1$	$D/1$

(b)

$S \diagdown X$	S^{n+1}/Z	
	0	1
A	$B/0$	$A/0$
B	$C/0$	$A/0$
C	$C/0$	$B/0$
D	$E/0$	$D/1$
E	$C/0$	$D/0$

6-13 对题 6-12 中得到的最简状态表进行状态分配。

6-14 试用 D 触发器设计一个时序电路,该时序电路的状态转移规律由表 P6-14 给出。

表 P6-14

Q_2	Q_1	Q_0	Q_2^{n+1}	Q_1^{n+1}	Q_0^{n+1}
0	0	0	0	0	1
0	0	1	0	1	1
0	1	0	0	0	0
0	1	1	1	0	1
1	0	0	0	0	0
1	0	1	1	1	0
1	1	0	0	0	0
1	1	1	0	0	0

6-15 试用 JK 触发器设计一个时序电路,该时序电路的状态转移规律由图 P6-15 给出。

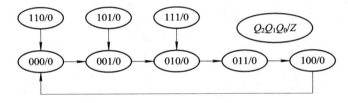

图 P6-15

6-16 设计一个时序逻辑电路,该时序电路的工作波形图由图 P6-16 给出。

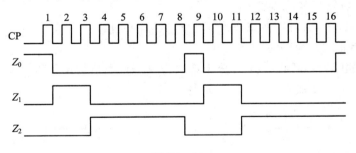

图 P6-16

6-17 试用 D 触发器设计一个余 3 码 BCD 计数器。

6-18 试用 JK 触发器设计一个可控计数器,当控制信号 $M=0$ 时工作在五进制,当 $M=1$ 时工作在六进制。

6-19 设计一个序列信号发生器,该序列信号发生器产生的序列信号为 0100111。

6-20 试用 D 触发器设计一个序列检测器,该检测器有一串行输入 X、一个输出 Z,当检测到 0100111 时输出为 1。输入和输出的关系也可用下式表示:

$$输入\ X: \quad 010001001111000$$

$$输出\ Z: \quad 000000000010000$$

6-21 设计一个时序电路，它有两个输入 X_1 和 X_0、一个输出 Z。只有当 X_1 输入 3 个(或 3 个以上)1 后，X_0 再输入一个 1 时，输出 Z 为 1，而在同一时刻两个输入不同时为 1，一旦 $Z=1$，电路就回到原始状态。这里，X_1 输入 3 个 1 并不要求连续，只要其间没有 $X_0=1$ 插入即可。

6-22 试用 74LS160 分别构成模 8、9 计数器。要求每种模值用两种方案实现，画出相应的逻辑电路及时序图。

6-23 试用 74LS160 设计一个模 35 计数器。画出相应的逻辑电路，指出计数器的状态变化范围。

6-24 试用 74LS161 分别构成模 10、24 计数器。要求每种模值用两种方案实现。画出相应的逻辑电路及时序图。

6-25 试用 74LS161 构成 8421BCD 码模 60 计数器。画出逻辑电路及仿真时序波形图。

6-26 试分析图 P6-26 所示的计数器。

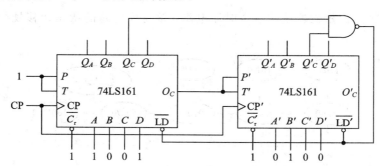

图 P6-26

(1) 求出计数器的模值 M。

(2) 若将 74LS161 换成 74LS160，求出计数器的模值。

6-27 图 P6-27 为可编程分频器。

(1) 求出该电路的分频系数。若分频系数为 55，计数器的预置值应如何确定？

(2) 将 74LS163 换成 74LS162，并重复(1)。

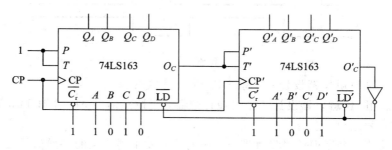

图 P6-27

6-28 集成寄存器 74LS373、74LS374、74LS379 有何区别？试画出仿真波形图，并说明集成寄存器有哪些用途？

6-29　试用 74LS194 分别构成模 6、9、12 移位型计数器。

6-30　试分析图 P6-30 所示的计数器，列出态序表，画出状态图，并说明这是什么类型的计数器，计数器的模值 M 为多少。

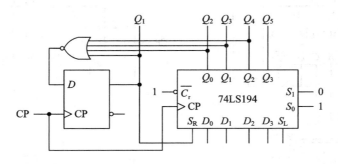

图 P6-30

6-31　给出下列器件：74LS194、74LS169、74LS161、74LS151 及少量门电路，试设计一个输出序列为 01001100010111 的序列信号发生器。

（1）采用反馈移位型结构实现电路。

（2）采用计数型结构实现电路。

6-32　试用 74LS161、74LS138 和少量门电路设计一个受 X 控制的双序列码产生电路。要求：当 $X=0$ 时，$Z_1=0$，$Z_2=0$；当 $X=1$ 时，$Z_1=1100101$，$Z_2=1001101$。

6-33　给出 74LS161、74LS194、3-8 译码器（74LS138）、4 选 1 数据选择器，试设计下列电路：

（1）波形发生器，要求输出波形如图 P6-33(a) 所示。

（2）双序列码发生器，要求其输出波形如图 P6-33(b) 所示。

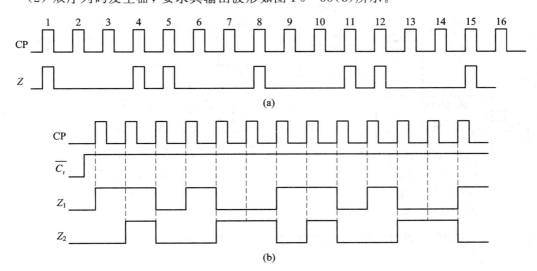

图 P6-33

6-34　试分析图 P6-34 所示的各时序电路，图(c)中的 X 为随机序列码输入。

（1）列出图(a)、(b)、(c)、(d)各电路的状态表，指出电路的逻辑功能。

（2）画出图(d)电路的输出波形，指出电路的逻辑功能。

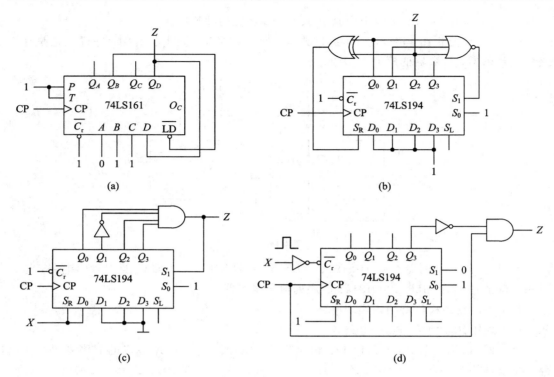

图 P6 - 34

6-35　试分析图 P6-35 所示的同步时序电路，列出状态表（或态序表），指出电路的逻辑功能。

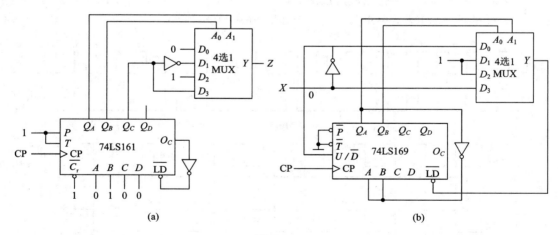

图 P6 - 35

6-36　试用 74LS194 设计一个 0100111 序列信号检测器。

第 7 章　脉冲波形的产生与整形 ◆◆◆

在数字系统中，经常需要各种宽度、幅度且边沿陡峭的脉冲信号，如时钟信号、定时信号等，因此必须考虑脉冲信号的产生与变换问题。本章主要讨论矩形脉冲的产生和整形，首先介绍 555 定时器的基本工作原理及典型应用，然后介绍集成单稳触发器的基本功能和特点，最后介绍用集成门构成的脉冲电路和晶体振荡电路。

7.1　概　　述

7.1.1　脉冲产生电路和整形电路的特点

获得矩形脉冲的方法通常有两种：一种是用脉冲产生电路直接产生；另一种是对已有的信号进行整形，然后将它变换成所需要的脉冲信号。

脉冲产生电路能够直接产生矩形脉冲或方波，它由开关元件和惰性电路组成，开关元件的通断使电路实现不同状态的转换，而惰性电路则用来控制暂态变化过程的快慢。

典型的矩形脉冲产生电路有双稳态触发电路、单稳态触发电路和多谐振荡电路三种类型。

双稳态触发器电路具有两个稳定状态，两个稳定状态的转换都需要在外加触发脉冲的触发下才能完成。前面介绍的基本 RS 触发器就是典型的双稳态触发电路。

单稳态触发电路只有一个稳定状态，另一个是暂时稳定状态，从稳定状态转换到暂稳定状态时必须由外加触发信号触发，从暂稳态转换到稳态是由电路自身完成的，暂稳态的持续时间取决于电路本身的参数。

多谐振荡电路能够自激产生脉冲波形，它的状态转换不需要外加触发信号触发，而完全由电路自身完成，因此它没有稳定状态，只有两个暂稳态。

脉冲整形电路能够将其他形状的信号（如正弦波、三角波和一些不规则的波形）变换成矩形脉冲。施密特触发器就是常用的整形电路，它有两个特点：① 能把变化非常缓慢的输入波形整形成数字电路所需要的矩形脉冲；② 有两个阈值电平，当输入信号达到某一额定阈值时，电路状态就会转换，因此它属于电平触发的双稳态电路。

7.1.2　脉冲电路的基本分析方法

脉冲电路的工作过程通常采用暂态法进行分析。例如，简单的 RC 开关电路如图 7.1.1 所示，其过渡过程可以根据以下原则进行分析。

（1）开关转换的一瞬间，电容器上的电压不能突变，满足开关定理 $U_c(0^+) = U_c(0^-)$。

（2）暂态过程结束后，流过电容器的电流 $i_c(\infty)$ 为 0，即电容器相当于开路。

（3）电路的时常数 $\tau = RC$，τ 决定了暂态时间的长短。根据三要素公式，可以得到电压

（或电流）随时间变化的方程为

$$x(t) = x(\infty) + [x(0^+) - x(\infty)]e^{-t/\tau}$$

如果 $U(t_M) = U_T$，它是起始值 $U(0^+)$ 到趋向值 $U(\infty)$ 之间的某一转换值，那么从暂态过程的起始值 $U(0^+)$ 变化到转换值 U_T 所经历的时间 t_M（见图 7.1.2）可用下式计算：

$$t_M = RC \ln \frac{U(\infty) - U(0^+)}{U(\infty) - U_T}$$

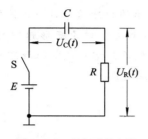

图 7.1.1　RC 开关电路

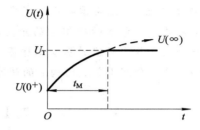

图 7.1.2　从 $U(0^+)$ 到 U_T 所经历的时间 t_M

7.2　555 定时器及其应用

7.2.1　555 定时器的结构与功能

555 定时器是一种单片集成电路，其结构原理和外部引脚分别如图 7.2.1(a)、(b)所示。由图 7.2.1(a)可以看出，555 定时器由电阻分压器、电压比较器、基本 RS 触发器和集电极开路的放电三极管 V_1 几部分电路组成。

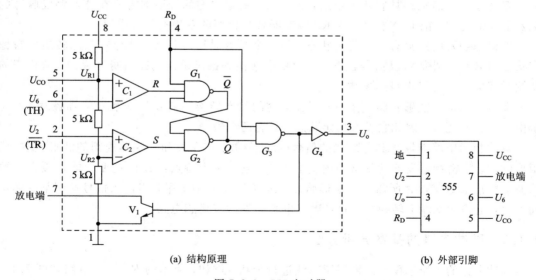

(a) 结构原理　　　　(b) 外部引脚

图 7.2.1　555 定时器

比较器 C_1 的输入端 U_6（接引脚 6）称为阈值输入端，手册上用 TH 标注；比较器 C_2 的输入端 U_2（接引脚 2）称触发输入端，手册上用 $\overline{TR}$ 标注。C_1 和 C_2 的参考电压（电压比较的基准）U_{R1} 和 U_{R2} 由电源 U_{CC} 经 3 个 5 kΩ 的电阻分压给出。当控制电压输入端 U_{CO} 悬空时，

$U_{R1}=\dfrac{2}{3}U_{CC}$，$U_{R2}=\dfrac{1}{3}U_{CC}$，若 U_{CO} 外接固定电压，则 $U_{R1}=U_{CO}$，$U_{R2}=\dfrac{1}{2}U_{CO}$。

R_D 为异步置 0 端，只要在 R_D 端加入低电平，基本 RS 触发器就置 0，非置 0 时 R_D 处于高电平。

定时器的主要功能取决于两个比较器输出对 RS 触发器和放电管 V_1 状态的控制。

当 $U_6>\dfrac{2}{3}U_{CC}$、$U_2>\dfrac{1}{3}U_{CC}$ 时，比较器 C_1 输出为 0，比较器 C_2 输出为 1，基本 RS 触发器被置 0，V_1 导通，U_o 输出为低电平。

当 $U_6<\dfrac{2}{3}U_{CC}$、$U_2<\dfrac{1}{3}U_{CC}$ 时，C_1 输出为 1，C_2 输出为 0，基本 RS 触发器被置 1，V_1 截止，U_o 输出为高电平。

当 $U_6<\dfrac{2}{3}U_{CC}$、$U_2>\dfrac{1}{3}U_{CC}$ 时，C_1 和 C_2 输出均为 1，基本 RS 触发器的状态保持不变，因而 V_1 和 U_o 输出状态也维持不变。

因此，可以归纳出 555 定时器的功能表如表 7.2.1 所示。

表 7.2.1　555 定时器的功能表

R_D	U_6（TH）	U_2（$\overline{\text{TR}}$）	U_o	V_1
0	$\times$	$\times$	0	导通
1	$<\dfrac{2}{3}U_{CC}$	$<\dfrac{1}{3}U_{CC}$	1	截止
1	$>\dfrac{2}{3}U_{CC}$	$>\dfrac{1}{3}U_{CC}$	0	导通
1	$<\dfrac{2}{3}U_{CC}$	$>\dfrac{1}{3}U_{CC}$	不变	不变

7.2.2　555 定时器的典型应用

555 定时器的应用十分广泛，它可以构成单稳、双稳、多谐振荡器和施密特触发器，还可以构成各种定时器、报警器、信号发生器等，这里仅介绍它的几种基本应用。

1. 单稳态触发器

用 555 定时器构成的单稳态触发器如图 7.2.2(a)所示。图中，R、C 为外接定时元件，触发信号 U_i 加在低端触发端(引脚 2)，U_{CO} 控制端(引脚 5)平时不用，通过 $0.01\ \mu F$ 滤波电容接地。该电路是负脉冲触发。

1）工作原理

（1）静止期：触发信号没有来到，U_i 为高电平。电源刚接通时，电路有一个暂态过程，即电源通过电阻 R 向电容 C 充电，当 U_C 上升到 $\dfrac{2}{3}U_{CC}$ 时，RS 触发器置 0，$U_o=0$，V_1 导通，因此电容 C 又通过导电管 V_1 迅速放电，直到 $U_C=0$，电路进入稳态。这时如果 U_i 一直没有触发信号来到，则电路就一直处于 $U_o=0$ 的稳定状态。

（2）暂稳态：外加触发器信号 U_i 的下降沿到达时，由于 $U_2<\dfrac{1}{3}U_{CC}$，$U_6(U_C)=0$，RS 触发器 Q 端置 1，因此 $U_o=1$，V_1 截止，U_{CC} 开始通过电阻 R 向电容充电。随着电容 C 充电的进行，U_C 不断上升，趋向值 $U_C(\infty)=U_{CC}$。

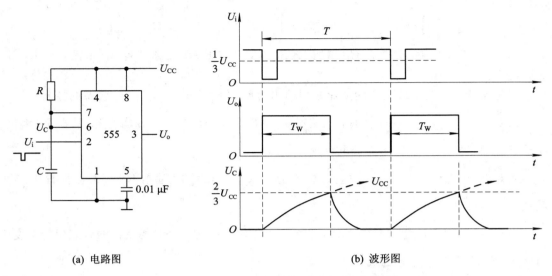

(a) 电路图　　　　　　　　　　　(b) 波形图

图 7.2.2　用 555 定时器构成的单稳态触发器

U_i 的触发负脉冲消失后，U_2 回到高电平，在 $U_2 > \frac{1}{3}U_{CC}$、$U_6 < \frac{2}{3}U_{CC}$ 期间，RS 触发器的状态保持不变，因此，U_o 一直保持高电平不变，电路维持在暂稳态。但当电容 C 上的电压上升到 $U_6 \geqslant \frac{2}{3}U_{CC}$ 时，RS 触发器置 0，电路输出 $U_o = 0$，V_1 导通，此时暂稳态便结束，电路返回到初始的稳态。

(3) 恢复期：V_1 导通后，电容 C 通过 V_1 迅速放电，使 $U_C \approx 0$，电路又恢复到稳态，第二个触发信号到来时，又重复上述过程。

输出电压 U_o 和电容 C 上的电压 U_C 的工作波形如图 7.2.2(b) 所示。

2) 输出脉冲宽度 T_W

输出脉冲宽度 T_W 是暂稳态的停留时间，根据电容 C 的充电过程可知：

$$U_C(0^+) = 0, \quad U_C(\infty) = U_{CC}, \quad U_T = U_C(T_W) = \frac{2}{3}U_{CC}, \quad \tau = RC$$

因而代入式 $t_M = RC \ln \dfrac{U(\infty) - U(0^+)}{U(\infty) - U_T}$ 可得

$$T_W = RC \ln \frac{U_C(\infty) - U_C(0^+)}{U_C(\infty) - U_T} = RC \ln 3 \approx 1.1RC$$

必须指出，图 7.2.2(a) 所示的电路对输入触发脉冲低电平的宽度有一定要求，它必须小于 T_W。若输入触发脉冲宽度大于 T_W，则应在 U_2 输入端加 $R_i C_i$ 微分电路。

3) 单稳触发电路的用途

(1) 延时，将输入信号延迟一定时间（一般为脉宽 T_W）后输出。

(2) 定时，产生一定宽度的脉冲信号。

2. 多谐振荡器

用 555 定时器构成的多谐振荡器如图 7.2.3(a) 所示。其中，R_1、R_2、C 为外接定时元件，0.01 μF 为滤波电容。该电路不需要外加触发信号，加电后就能产生周期性的矩形脉冲或方波。

1) 工作原理

多谐振荡器只有两个暂稳态。假设当电源接通后，电路处于某一暂稳态，电容 C 上电压 U_C 略低于 $\frac{1}{3}U_{CC}$，U_o 输出为高电平，V_1 截止，电源 U_{CC} 通过 R_1、R_2 给电容 C 充电。随着充电的进行 U_C 逐渐增高，但只要 $\frac{1}{3}U_{CC} < U_C < \frac{2}{3}U_{CC}$，输出电压 U_o 就一直保持高电平不变，这就是第一个暂稳态。

当电容 C 上的电压 U_C 略微超过 $\frac{2}{3}U_{CC}$（即 U_6 和 U_2 均大于等于 $\frac{2}{3}U_{CC}$）时，RS 触发器置 0，使输出电压 U_o 从原来的高电平翻转到低电平，即 $U_o = 0$，V_1 导通饱和，此时电容 C 通过 R_2 和 V_1 放电。随着电容 C 放电，U_C 下降，但只要 $\frac{2}{3}U_{CC} > U_C > \frac{1}{3}U_{CC}$，$U_o$ 就一直保持低电平不变，这就是第二个暂稳态。

当 U_C 下降到略微低于 $\frac{1}{3}U_{CC}$ 时，RS 触发器置 1，电路输出又变为 $U_o = 1$，V_1 截止，电容 C 再次充电，又重复上述过程，电路输出便得到周期性的矩形脉冲。其工作波形如图 7.2.3(b) 所示。

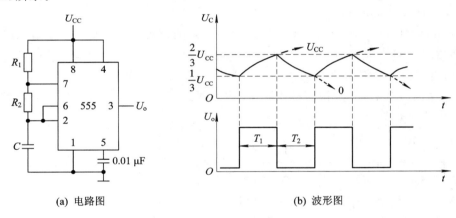

(a) 电路图　　　　　　　　　　　　　(b) 波形图

图 7.2.3　用 555 定时器构成的多谐振荡器

2) 振荡周期 T 的计算

多谐振荡器的振荡周期为两个暂稳态的持续时间，即 $T = T_1 + T_2$。由图 7.2.3(b) 中 U_C 的波形求得电容 C 的充电时间 T_1 和放电时间 T_2 各为

$$T_1 = (R_1 + R_2)C \ln \frac{U_{CC} - \frac{1}{3}U_{CC}}{U_{CC} - \frac{2}{3}U_{CC}} = (R_1 + R_2)C \ln 2 = 0.7(R_1 + R_2)C$$

$$T_2 = R_2 C \ln \frac{0 - \frac{2}{3}U_{CC}}{0 - \frac{1}{3}U_{CC}} = R_2 C \ln 2 = 0.7 R_2 C$$

因而振荡周期为

$$T = T_1 + T_2 = 0.7(R_1 + 2R_2)C$$

3）占空比可调的多谐振荡器

图 7.2.3(a)所示多谐振荡器的 $T_1 \neq T_2$，而占空
比(即脉冲宽度与周期之比 T_1/T)是固定不变的。实际
应用中常常需要频率固定而占空比可调，图 7.2.4 所
示的电路就是占空比可调的多谐振荡器。电容 C 的充
放电通路分别用二极管 V_1 和 V_2 隔离。R_P 为可调电
位器。

电容 C 的充电路径为 $U_{CC} \rightarrow R_1 \rightarrow V_1 \rightarrow C \rightarrow$ 地，因
而 $T_1 = 0.7 R_1 C$。

电容 C 的放电路径为 $C \rightarrow V_2 \rightarrow R_2 \rightarrow 7$ 端放电管 $\rightarrow$
地，因而 $T_2 = 0.7 R_2 C$。

振荡周期为

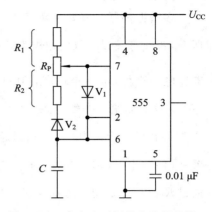

图 7.2.4　占空比可调的多谐振荡器

$$T = T_1 + T_2 = 0.7(R_1 + R_2)C$$

占空比为

$$D = \frac{T_1}{T} = \frac{R_1}{R_1 + R_2}$$

4）多谐振荡器应用举例

用两个多谐振荡器可以组成如图 7.2.5(a)所示的模拟声响发生器。适当选择定时元
件，使振荡器 A 的振荡频率 $f_A = 1$ Hz，振荡器 B 的振荡频率 $f_B = 1$ kHz。由于低频振荡
器 A 的输出接至高频振荡器 B 的复位端(4 脚)，当 U_{o1} 输出为高电平时，B 振荡器才能振
荡，当 U_{o1} 输出低电平时，B 振荡器被复位，停止振荡，因此使扬声器发出 1 kHz 的间歇声
响。其工作波形如图 7.2.5(b)所示。

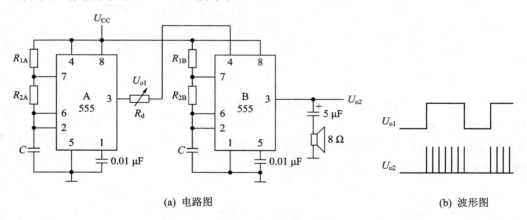

(a) 电路图　　　　　　　　　　　　　　　　　　　(b) 波形图

图 7.2.5　用 555 定时器构成的模拟声响发生器

3. 施密特触发器

1）施密特触发器的构成与工作原理

用 555 定时器构成的施密特触发器如图 7.2.6(a)所示，图中，U_6(TH) 和 U_2($\overline{TR}$) 直
接连接在一起作为触发电平输入端。若在输入端 U_i 加三角波，则可在输出端得到如图
7.2.6(b)所示的矩形脉冲。其工作过程如下：

U_i 从 0 开始升高，当 $U_i < \frac{1}{3}U_{CC}$ 时，RS 触发器置 1，故 $U_o = U_{oH}$；当 $\frac{1}{3}U_{CC} < U_i < \frac{2}{3}U_{CC}$ 时，$U_o = U_{oH}$ 保持不变；当 $U_i \geqslant \frac{2}{3}U_{CC}$ 时，电路发生翻转，RS 触发器置 0，U_o 从 U_{oH} 变为 U_{oL}，此时相应的 U_i 幅值 $\left(\frac{2}{3}U_{CC}\right)$ 称为上触发电平 U_+。

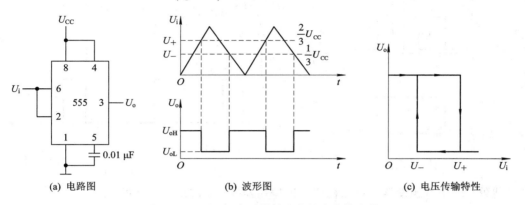

(a) 电路图　　　　　**(b) 波形图**　　　　　**(c) 电压传输特性**

图 7.2.6　用 555 定时器构成的施密特触发器

下面再讨论 U_i 大于 $\frac{2}{3}U_{CC}$ 继续上升、然后下降的过程。

当 $U_i > \frac{2}{3}U_{CC}$ 时，$U_o = U_{oL}$ 不变；当 U_i 下降，且 $\frac{1}{3}U_{CC} < U_i < \frac{2}{3}U_{CC}$ 时，由于 RS 触发器的 $RS = 11$，因此 $U_o = U_{oL}$ 保持不变。只有当 U_i 下降到小于等于 $\frac{1}{3}U_{CC}$ 时，RS 触发器置 1，电路发生翻转，U_o 从 U_{oL} 变为 U_{oH}，此时相应的 U_i 幅值 $\left(\frac{1}{3}U_{CC}\right)$ 称为下触发电平 U_-。

从以上分析可以看出，电路 U_i 在上升和下降过程中，输出端电压 U_o 翻转时所对应的输入电压值是不同的，一个为 U_+，另一个为 U_-。这是施密特电路所具有的滞后特性，用回差电压表示。回差电压 $\Delta U = U_+ - U_- = \frac{1}{3}U_{CC}$。电路的电压传输特性如图 7.2.6(c) 所示。当电压控制端(5 脚)外加电压时，调节外加的电压值便可改变回差电压，一般 U_{CO} 越高，ΔU 越大，抗干扰能力越强，但灵敏度相应越低。

2）施密特触发器的应用

施密特触发器的应用主要有以下几个方面：

（1）脉冲整形。可以将边沿变化缓慢的周期性信号或不规则的电压波形变换成矩形脉冲。

（2）提高电路的抗干扰能力。若适当增大回差电压，则电路的抗干扰能力将提高。图 7.2.7(a) 为顶部有干扰的输入信号，图 7.2.7(b) 为回差电压较小的输出波形，图 7.2.7(c) 为回差电压大于顶部干扰时的输出波形。

（3）脉冲鉴幅。图 7.2.8 是将一系列幅度不同的脉冲信号加到施密特触发器输入端的波形，只有那些幅度大于上触发电平 U_+ 的脉冲才在输出端产生输出信号。因此，通过这一方法可以选出幅度大于 U_+ 脉冲，即对幅度可以进行鉴别。

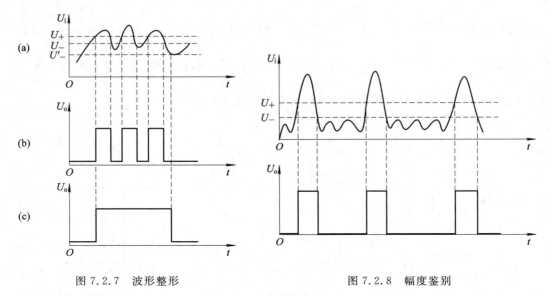

图 7.2.7　波形整形　　　　　　　　　　图 7.2.8　幅度鉴别

此外，施密特触发器还可以构成多谐振荡器等，是应用较广泛的脉冲电路。

7.3　集成单稳态触发器

由于脉冲延迟、定时的需要，目前已生产了便于使用的集成单稳态触发器。这种集成器件除了定时电阻和定时电容外接之外，整个单稳电路都集成在一个芯片中。它具有定时范围宽、稳定性好、使用方便等优点，因此得到了广泛应用。

1. 74LS121 非重触发单稳态触发器

74LS121 单稳态触发器的引脚图和逻辑符号如图 7.3.1(a)、(b)所示，其功能表如表 7.3.1 所示。该集成电路内部采用了施密特触发器的输入结构，因此，对于边沿较差的输入信号也能输出一个宽度和幅度恒定的矩形脉冲。输出脉宽为

$$T_W \approx 0.7 R_T C_T$$

式中，R_T 和 C_T 是外接定时元件，$R_T (R_{ext})$ 的范围为 $2\sim40$ kΩ，$C_T (C_{ext})$为 10 pF$\sim$1000 μF。C_T 接在 10、11 脚之间，R_T 接在 11、14 脚之间。如果不外接 R_T，则也可以直接使用阻值为 2 kΩ 的内部定时电阻 R_{int}，将 R_{int} 接 U_{CC}，即 9、14 脚相接。外接 R_T 时，9 脚开路。

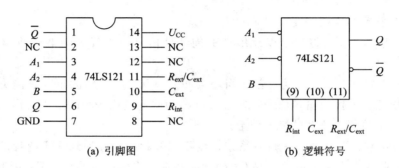

(a) 引脚图　　　　　　　　　　(b) 逻辑符号

图 7.3.1　集成触发器 74LS121

表 7.3.1　集成单稳态触发器 74LS121 的功能表

A_1	A_2	B	Q	$\bar{Q}$
L	×	H	L	H
×	L	H	L	H
×	×	L	L	H
H	H	×	L	H
H	↓	H	⊓	⊔
↓	H	H	⊓	⊔
↓	↓	H	⊓	⊔
L	×	↑	⊓	⊔
×	L	↑	⊓	⊔

74LS121 的主要性能如下：

(1) 电路在输入信号 A_1、A_2、B 的所有静态组合下均处于稳态 $Q=0$，$\bar{Q}=1$。

(2) 有两种边沿触发方式。输入 A_1 或 A_2 是下降沿触发，输入 B 是上升沿触发。由功能表可见，当 A_1、A_2 或 B 中任一端输入相应触发脉冲时，在 Q 端输出一个正向定时脉冲，$\bar{Q}$ 端输出一个负向脉冲。例如，当 A_1 或 A_2 为低，B 端有上升沿触发时，其输出波形如图 7.3.2(a)所示。

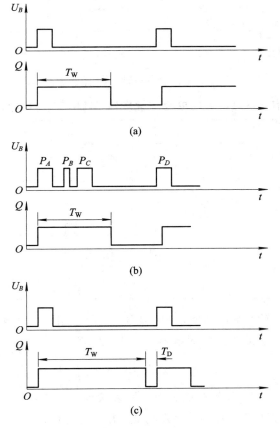

图 7.3.2　74LS121 的工作波形

（3）具有非重触发性。所谓非重触发性，是指在定时时间 T_W 内若有新的触发脉冲输入，则电路将不会产生任何响应，如图 7.3.2(b)所示（图中 P_B、P_C 不会引起电路重新触发）。

（4）电路工作中存在死区时间。在定时时间 T_W 结束之后，定时电容 C_T 有一段充电恢复时间，C_T 的恢复时间就是死区时间，记做 T_D。如果在此恢复时间内有输入触发脉冲，则输出脉冲宽度就会小于规定的定时时间 T_W。因此，若要得到精确的定时，则两个触发脉冲之间的最小间隔应大于 $T_W + T_D$，如图 7.3.2(c)所示。死区时间 T_D 的存在限制了这种单稳的应用场合。

2. 74LS123 可重触发单稳态触发器

74LS123 是具有复位、可重触发的集成单稳态触发器，而且在同一芯片上集成了两个相同的单稳电路。其引脚图和逻辑符号如图 7.3.3(a)、(b)所示，功能表如表 7.3.2 所示。

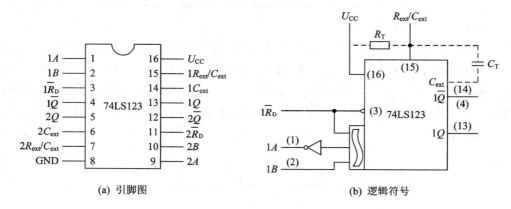

(a) 引脚图　　　　　　　　　(b) 逻辑符号

图 7.3.3　集成触发器 74LS123

表 7.3.2　集成单稳态触发器 74LS123 的功能表

$\bar{R}_D$	A	B	Q	$\bar{Q}$
L	×	×	L	H
×	H	×	L	H
×	×	L	L	H
H	L	↑	⊓	⊔
H	↓	H	⊓	⊔
↑	L	H	⊓	⊔

74LS123 对于输入触发脉冲的要求和 74LS121 基本相同。其外接定时电阻 R_T（即 R_{ext}）的取值范围为 5～50 kΩ，对外接定时电容 C_T（即 C_{ext}）通常没有限制。输出脉宽为

$$T_W = 0.28 R_T C_T \left(1 + \frac{0.7}{R}\right)$$

当 $C_T \leqslant 1000$ pF 时，T_W 可通过查找有关图表求得。

单稳态触发器 74LS123 具有可重触发功能，并带有复位输入端 $\bar{R}_D$。所谓可重触发，是指该电路在输出定时时间 T_W 内可被输入脉冲重新触发。图 7.3.4(a)是重触发的示意图。

不难看出，采用可重触发可以方便地产生持续时间很长的输出脉冲，只要在输出脉冲宽度 T_W 结束之前再输入触发脉冲，就可以延长输出脉冲宽度。直接复位功能可以使输出脉冲在预定的任何时期结束，而不由定时电阻 R_T 和电容 C_T 取值的大小来决定。在预定的时刻加入复位脉冲就可以实现复位，提前结束定时，其复位关系如图 7.3.4(b)所示。

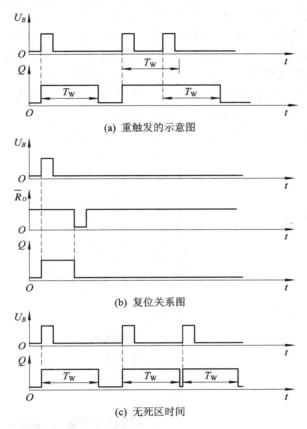

(a) 重触发的示意图

(b) 复位关系图

(c) 无死区时间

图 7.3.4　74LS123 的工作波形

还需指出，这种单稳态触发器不存在死区时间。因此，在 T_W 结束之后立即输入新的触发脉冲，电路可以立即响应，不会使新的输出脉冲的宽度小于给定的 T_W，这一特性如图 7.3.4(c)所示。

由于这种触发器可重触发且没有死区时间，因此它的用途十分广泛。

7.4　石英晶体振荡器

石英晶体振荡器由石英晶体和振荡电路组成，它所产生的振荡频率精度和稳定度都很高，通常用于对振荡频率稳定度有严格要求的场合。

7.4.1　石英晶体

石英晶体是利用石英晶体(二氧化硅的结晶体)的压电效应制成的一种谐振器件，因此也称石英晶体谐振器。石英晶体的固有谐振频率十分稳定，在外加电压的作用下，它会产生压电效应，并产生机械振动。当外加电压的频率与晶体固有振荡频率相同时，晶体的机械振幅最大，产生的交变电场也最大，形成压电谐振。石英晶体的符号及电抗频率特性分别如图 7.4.1(a)、(b)所示。从图(b)所示的电抗频率特性可以看出，它有两个相当接近的谐振频率，一个为串联谐振频率 f_s，另一个为并联谐振频率 f_p，当处于这两个频率范围之间时，石英晶体呈电感性，当游离这两个频率之外时，石英晶体呈容性。当频率为串联谐振频率 f_s 时，石英晶体的等效阻抗最小，信号最容易通过；当频率偏离串联谐振频率 f_s 时，石英晶体的等效阻抗接近无穷大，其他频率信号均被衰减掉。因此振荡电路的工作频率仅取决于石英晶体的谐振频率 f_s，而与电路中的 R、C 数值无关。它的频率稳定度（$\Delta f_s / f_s$）可达 $10^{-10} \sim 10^{-11}$，足以满足大多数数字系统对频率稳定度的要求。现已有标准化和系列化的各种谐振频率的石英晶体产品出售。图 7.4.2(a)、(b)是石英晶体的两种封装实物图片。

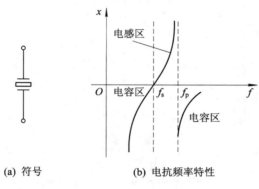

(a) 符号　　　　　　(b) 电抗频率特性

图 7.4.1　石英晶体

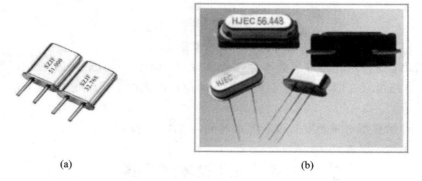

(a)　　　　　　　　　　　　　(b)

图 7.4.2　石英晶体的两种封装实物图片

7.4.2　石英晶体多谐振荡器

1. 晶体串联振荡电路

工作于晶体串联谐振状态的门电路振荡器如图 7.4.3(a)所示。当电路频率为串联谐振频率时，晶体的等效电抗接近零（发生串联谐振），串联谐振频率信号最容易通过反相器

G_1、G_2 组成的闭环回路,其等效电路如图 7.4.3(b)所示,信号通过两级反相后形成正反馈振荡,晶体同时也起着选频作用,串联振荡电路的频率取决于晶体本身的参数。为了改善输出波形和增强带负载能力,实际应用中通常在 U_o' 输出端再加一级反相器 G_3。

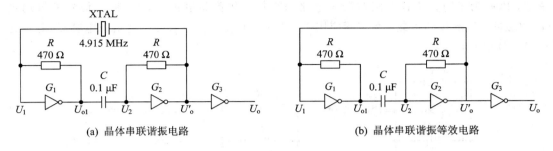

(a) 晶体串联谐振电路　　　　　　　(b) 晶体串联谐振等效电路

图 7.4.3　晶体串联振荡电路

晶体串联谐振电路的工作过程如下:

(1) 设非门 G_2 输出为高,$U_o' = U_{oH} = 3.6$ V,$U_2 = U_{iL}$,$U_1 = U_o'$,$U_{o1} = U_{oL} = 0.3$ V,电容 C 充电。充电回路:$U_o' = U_{oH} \rightarrow R \rightarrow C \rightarrow U_{o1} = U_{oL}$,$U_2$ 从 $U_T - 3.3$ V 充到 U_T。

(2) 当 $U_2 \geqslant U_T$ 时,非门 G_2 输出为低。$U_o' = U_{oL} = 0.3$ V,$U_2 = U_T$,$U_1 = U_o'$,$U_{o1} = U_{oH} = 3.6$ V,电容 C 放电。放电回路:$U_{o1} = U_{oH} \rightarrow C \rightarrow R \rightarrow U_o' = U_{oL}$,$U_2$ 从 $(U_T + 3.3)$ V 放到 U_T。当 $U_2 \leqslant U_T$ 时转到(1)电容 C 充电的过程。晶体串联振荡电路的工作波形如图 7.4.4 所示。

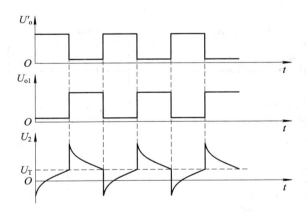

图 7.4.4　晶体串联振荡电路的工作波形

2. 晶体并联谐振电路

工作于晶体并联谐振状态的门电路振荡器如图 7.4.5(a)所示。该电路常用于微处理器的时钟产生电路。晶体可等效为电感(晶体工作于串联谐振频率与并联谐振频率之间时呈电感性)与外接的电容构成三点式 LC 振荡器,通过外接的电容可对频率进行微调。电阻 R 接在反相器 G_1 的输入与输出端,其目的是将 G_1 偏置在线性放大区,构成放大器。

在图 7.4.5(a)所示的电路中,从晶体的两端看 C_1、C_2,可等效为图 7.4.5(b),C_1、C_2 通过地串联为电容 C_x($C_x = C_1 C_2 / (C_1 + C_2)$),$L_x$(晶体 X 等效的电感)与 C_x 构成并联谐振电路。从电容一分为二的电路形态上看,L_x 和电容 C_1、C_2 构成了 π 型选频网络反馈通道,

称为 π 型谐振电路，如图 7.4.5(c)所示。G_1 放大器的输出信号通过 XTAL、C_1、C_2 构成的 π 型谐振电路返回 G_1 放大器的输入端，形成了反馈振荡，其振荡频率主要还是由晶体所决定。由于 G_1 的输出端连接着 XTAL、C_1、C_2 构成的 π 型谐振电路，而且输出信号近似于正弦波，因此为了防止负载电路对振荡电路的干扰并提高带载能力，G_1 输出信号需再通过 G_2 的缓冲、整形接到负载。在实际应用中，为了设计方便，一般可以将负载电容 C_x 分拆为 1∶1，即 $C_1 = C_2$。

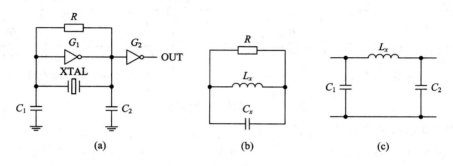

图 7.4.5　晶体并联谐振电路

图 7.4.6 为常见的几种石英晶体振荡电路。其中，图(a)中的耦合电容 C 与晶体串接构成晶体多谐振荡电路；图(b)是将图(a)中的耦合电容改换为耦合电阻，晶体振荡频率可在 1～20 MHz 内选择；图(c)、(d)为两种实用晶体多谐振荡电路。图(c)中 C_2 的作用是防止寄生振荡，R_1、R_2 可在 0.7～2 kΩ 之间选择。

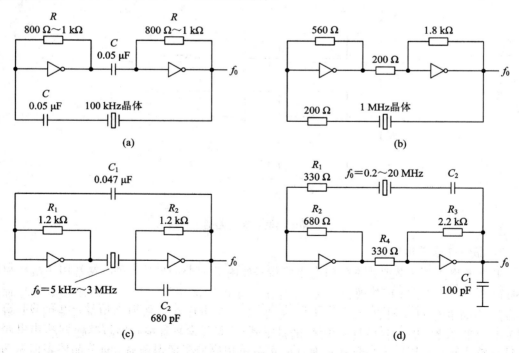

图 7.4.6　几种常见的石英晶体振荡电路

7.4.3 石英晶体振荡器

石英晶体振荡器是集成了晶体和振荡电路的产品,使用时只需外接电源就可产生振荡。它的特点是电气性能规范,产品种类多,用户可根据要求选择不同的石英晶体振荡器。国际电工委员会(IEC)将石英晶体谐振器分为四类:普通晶体振荡器(SPXO)、电压控制式晶体振荡器(VCXO)、温度补偿式晶体振荡器(TCXO)和恒温控制式晶体振荡器(OCXO)。目前发展中的还有数字补偿式晶体振荡器(DCXO)等品种。

普通晶体振荡器(SPXO)的频率精度为 $10^{-5}\sim10^{-4}$,可产生的标准频率为 $0.252\sim160$ MHz,频率温度稳定性为 $(\pm10\sim\pm100)\times10^{-6}$。SPXO 没有采用任何温度频率补偿措施,价格低廉,通常用作微处理器的时钟器件。

电压控制式晶体振荡器(VCXO)的频率精度为 $10^{-6}\sim10^{-5}$,频率范围为 $1.544\sim50$ MHz。低容差振荡器的频率温度稳定度为 $(\pm10\sim\pm50)\times10^{-6}$,通常用于锁相环路。

温度补偿式晶体振荡器(TCXO)采用温度敏感器件进行温度频率补偿,频率精度达到 $10^{-7}\sim10^{-6}$ 量级,频率范围为 $1\sim60$ MHz,频率稳定度为 $(\pm1\sim\pm2.5)\times10^{-6}$,通常用于手持电话、蜂窝电话、双向无线通信设备等。

恒温控制式晶体振荡器(OCXO)将晶体和振荡电路置于恒温箱中,以消除环境温度变化对频率的影响。OCXO 的频率精度是 $10^{-10}\sim10^{-8}$ 量级,对某些特殊应用甚至可达到更高。频率稳定度在四种类型振荡器中最高。

普通晶体振荡器有 4 个外引端,1 端为输出使能控制端(高电平有效),2 端为接地端,3 端为输出端,4 端为外接电源端。普通晶体振荡器实际使用时的测试电路如图 7.4.7 所示。

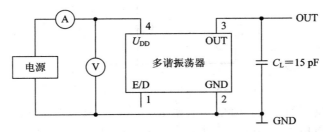

图 7.4.7 晶体振荡器的测试电路

本 章 小 结

本章主要介绍了脉冲产生电路和整形电路的基本分析、设计方法,并介绍了广泛应用的 555 定时器和石英晶体振荡器。

(1) 多谐振荡器能够自激产生矩形脉冲信号,它不需要外加输入信号,电路的状态转换由其自身完成,因此它没有稳定状态,只有两个暂稳态。暂稳态的持续时间均由电路的元件参数决定。常用的多谐振荡器有 555 定时器构成的多谐振荡器、石英晶体多谐振荡器和由门电路构成的环形振荡器。在对频率稳定性要求较高的场合,普遍采用石英晶体振荡器。

（2）单稳态触发电路只有一个稳定状态，另一个是暂稳定状态。从稳定状态转换到暂稳定状态时必须由外加触发信号触发，从暂稳态转换到稳态是由电路自身完成的。单稳态触发器输出矩形脉冲信号的宽度（即暂稳态的持续时间）由电路的元件参数决定，因此它常用于脉冲延时、脉冲定时、整形等。常用的单稳态触发器有 555 定时器构成的单稳态触发器、集成单稳态触发器（可重触发和不可重触发）以及门电路构成的单稳态触发器。

（3）施密特触发器有两个稳定状态，输出矩形脉冲信号直接受输入信号的电平控制。施密特触发器具有滞后传输特性，它有两个阈值电压和回差。施密特触发器常用于整形、幅度鉴别等。常用的施密特触发器有 555 定时器构成的施密特触发器、集成施密特触发器和门电路构成的施密特触发器。

（4）555 定时器是一种用途非常广泛的集成电路，应掌握 555 定时器的基本功能和典型应用。此外，还应熟悉典型脉冲电路的工作原理、波形关系和参数的计算。

习　题　7

7-1　RC 电路如图 P7-1 所示。已知 $E=+5$ V，$R_1=30$ kΩ，$R_2=10$ kΩ，$C=0.05$ μF。

（1）当 $t=0$ 时，S_1 合上，S_2 断开，经过多长时间后电容上的电压 $U_C(t)=\dfrac{10}{3}$ V？

（2）当 $U_C(t)=\dfrac{10}{3}$ V 时，断开 S_1，合上 S_2，经过多长时间 $U_C(t)=\dfrac{5}{3}$ V？

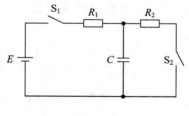

图 P7-1

7-2　单稳触发器的输入、输出波形如图 P7-2 所示。已知 $U_{CC}=5$ V，给定的电容 $C=0.47$ μF，试画出用 555 定时芯片接成的电路，并确定电阻 R 的取值。

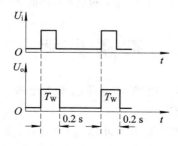

图 P7-2

7-3　两片 555 定时器构成图 P7-3 所示的电路。

（1）在图示元件参数下，估算 U_{o1}、U_{o2} 端的振荡周期 T。

（2）定性画出 U_{o1}、U_{o2} 的波形，说明电路具备何种功能。

（3）若将 555 芯片的 U_{co}（5 脚）改接＋4 V，对电路的参数有何影响？

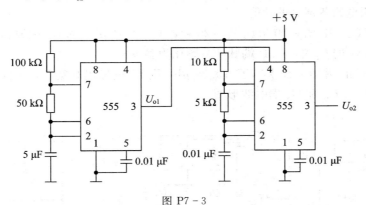

图 P7－3

7－4　用 555 定时器构成发出"叮-咚"声响的门铃电路如图 P7－4 所示，试分析其工作原理。

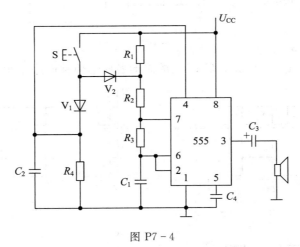

图 P7－4

7－5　试用 555 定时器构成一个施密特触发器，以实现图 P7－5 所示的鉴幅功能。画出芯片的连接图，并标明有关的参数值。

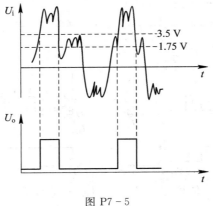

图 P7－5

7 - 6 图 P7 - 6 是由两个 555 定时器和一片 74LS161 构成的脉冲电路。

(1) 试说明电路各部分的功能。

(2) 若 555(Ⅰ)片 $R_1=10$ kΩ，$R_2=20$ kΩ，$C=0.01$ μF，求 U_{o1} 端波形的周期 T。

(3) 74LS161 的 O_C 端与 CP 端脉冲分频比为多少？

(4) 若 555(Ⅱ)片 $R=10$ kΩ，$C=0.05$ μF，则 U_o 的输出脉宽 T_w 为多少？

(5) 画出 U_{o1}、O_C 和 U_o 端的波形图。

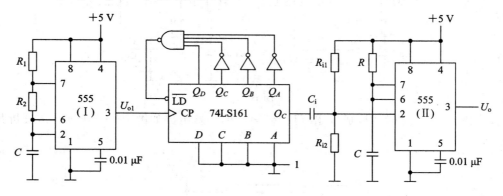

图 P7 - 6

7 - 7 图 P7 - 7(a)～(f)所示 U_i、U_o 的波形各应选何种电路才能实现？

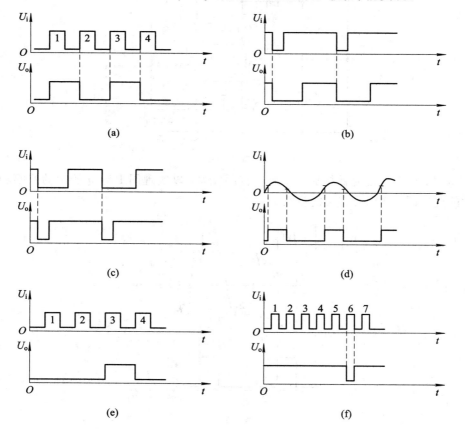

图 P7 - 7

7 - 8　图 P7 - 8(a)～(c)所示 U_i、U_o 的波形各应选何种电路才能实现？

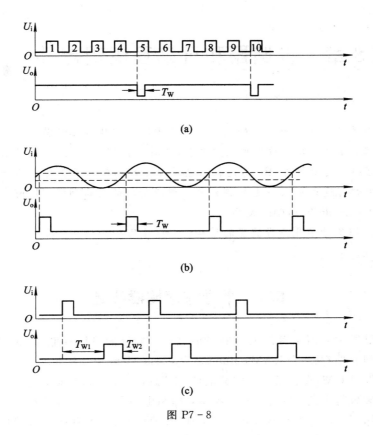

(a)

(b)

(c)

图 P7 - 8

第8章　存储器和可编程逻辑器件 ◆◆◆

半导体存储器是目前广泛使用的大规模集成电路，它具有记忆功能，可以存储大量的数字信息或数据，在计算机中被用作主存储器（工作存储器），是当今数字系统中不可缺少的组成部分。可编程逻辑器件（PLD）是在只读存储器的基础上发展起来的一种半定制的专用集成电路，用户可通过对器件进行编程来实现所需要的逻辑功能。目前广泛使用的数字可编程器件有 CPLD 和 FPGA 两大类。

本章首先介绍各种半导体存储器的结构、工作原理和应用，然后简要介绍各种可编程器件的结构特点。

8.1　半导体存储器概述

半导体存储器主要用于存储大量的二值信息，可分为只读存储器（ROM，Read-Only Memory）和随机存取存储器（RAM，Random Access Memory）两大类。

只读存储器（ROM）在正常工作时只能读出信息，不能写入信息，它的信息是在制造时写入或用专门装置写入的，并可以长期保留，即断电后器件中的信息不会消失，因此也称为非易失性存储器。只读存储器又可分为掩膜 ROM、可编程 ROM（PROM，Programmable Read-Only Memory）和可擦除可编程 ROM（EPROM，Erasable Programmable Read-Only Memory）等几种类型。

随机存取存储器（RAM）在正常工作时可以随时写入（存入）或读出（取出）信息，但断电后器件中的信息也随之消失，因此也称为易失性存储器。RAM 又可分为静态存储器（SRAM，Static Random Access Memory）和动态存储器（DRAM，Dynamic Random Access Memory）两类。DRAM 的存储单元结构非常简单，它所能达到的集成度远高于 SRAM，但它的存取速度不如 SRAM 快。

半导体存储器从制造工艺上可分为双极型和 MOS 型两种。双极型存储器以双极型触发器为基本存储单元，MOS 型存储器以 MOS 触发器或电荷存储结构为存储单元。由于 MOS 电路具有集成度高、工艺简单等优点，因此目前大容量存储器都采用 MOS 工艺制作。

存储器的主要性能指标是存储容量和存取时间。

存储容量是指存储器可以存储的二值信息量。存取时间是指完成一次读或写操作所需要的时间，即从存储器接收到一个新的地址输入开始，到它取出或存入数据为止所需要的时间。

8.2　只读存储器（ROM）

8.2.1　ROM 的结构

ROM 主要由地址译码器、存储矩阵和输出缓冲器三部分组成，其基本结构如图 8.2.1 所示。

存储矩阵是存放信息的主体，它由许多存储单元排列组成。每个存储单元存放一位二值代码（0 或 1），若干个存储单元组成一个"字"（也称一个信息单元）。地址译码器有 n 条地址输入线 $A_0 \sim A_{n-1}$ 和 2^n 条译码输出线 $W_0 \sim W_{2^n-1}$，每一条译码输出线 W_i 称为字线，它与存储矩阵中的一个"字"相对应。因此，当给定一组输入地址时，译码器只有一条输出字线 W_i 被选中，该字线可以在存储矩阵中找到一个相应的"字"，一个"字"由 m 位信息 $D_{m-1} \sim D_0$ 组成，可送至输出缓冲器读出。

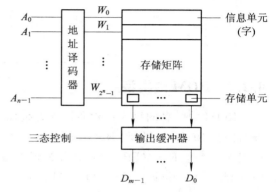

图 8.2.1　ROM 的基本结构

$D_{m-1} \sim D_0$ 的每条数据输出线 D_i 也称为"位线"，每个"字"中信息的位数称为"字长"。

存储器的容量用存储单元的数目来表示，通常以字数乘以位数（字长）来表示，即

$$存储容量＝字数×位数$$

图 8.2.1 中的存储矩阵有 2^n 个字，每个字的字长为 m 位，因此整个存储器的存储容量为 $2^n×m$ 位。存储容量也习惯用 K（$1K＝1024$）为单位来表示，例如 $1K×4$、$2K×8$ 和 $64K×1$ 的存储器其容量分别是 $1024×4$ 位、$2048×8$ 位和 $65\,536×1$ 位。

输出缓冲器是 ROM 的数据读出电路，通常用三态门构成，它不仅可以实现对输出数据的三态控制，以便与系统总线连接，还可以提高存储器的带负载能力。

ROM 的存储单元可以用二极管构成，也可以用双极型三极管或 MOS 管构成。图 8.2.2 是二极管 ROM 结构图。图中，A_1、A_0 为地址输入；D_3、D_2、D_1、D_0 为 4 位数据输出；$W_0 \sim W_3$ 4 条字线分别选择存储矩阵中的 4 个字，每个字存放 4 位信息。制作芯片时，若在某个字中的某一位存入"1"，则在该字的字线 W_i 与位线 D_i 之间接入二极管，反之，不接二极管。

读出数据时，首先输入地址码，并对输出缓冲器实现三态控制，则数据输出端 $D_3 \sim D_0$ 可以获得该地址对应字中所存储的数据。例如，当 $A_1A_0＝00$ 时，$W_0＝1$，$W_1＝W_2＝W_3＝0$，则此时 W_0 被选

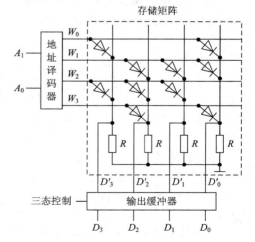

图 8.2.2　二极管 ROM 的结构图

中，可读出 W_0 对应字中的数据 $D_3 D_2 D_1 D_0 = 1001$。同理，当 $A_1 A_0$ 分别为 01、10、11 时，可依次读出各对应字中的数据分别为 0111、1110、0101。因此，该 ROM 全部地址内所存储的数据可用表 8.2.1 表示。

表 8.2.1　图 8.2.2 ROM 的数据表

地　址		数　据			
A_1	A_0	D_3	D_2	D_1	D_0
0	0	1	0	0	1
0	1	0	1	1	1
1	0	1	1	1	0
1	1	0	1	0	1

8.2.2　ROM 的类型

ROM 中信息的存入过程通常称为编程。根据编程和擦除的方式不同，ROM 基本上可分为掩膜 ROM、可编程 ROM（PROM）、可擦除可编程 ROM（EPROM）三种类型。其中，可擦除可编程 ROM（EPROM）又分为紫外线可擦除可编程 ROM（UVEPROM，Ultra-Violet Erasable Programmable Read-Only Memory）、电可擦除可编程 ROM（E²PROM，Electrically Erasable Programmable Read-Only Memory）和快闪存储器（Flash Memory）几种。

1. 掩膜 ROM

掩膜 ROM 中存放的信息是由生产厂家采用掩膜工艺专门为用户制作的，这种 ROM 出厂时其内部存储的信息就已被"固化"，所以也称固定 ROM。它在使用时只能读出，不能写入，因此通常只用来存放固定数据、固定程序和函数表等。

2. 可编程 ROM（PROM）

PROM 的结构与掩膜 ROM 相似，不同的是 PROM 存储矩阵由带金属熔丝的存储元件组成。图 8.2.3 是熔丝型 PROM 存储单元的示意图。出厂时，PROM 存储矩阵的交叉点上全部制作了存储元件，相当于所有存储单元都存入了 1 或 0。编程时，用户可以根据需要，利用专用的编程工具，将某些单元的熔丝烧断来改写存储的内容。由于熔丝烧断后不能再恢复，因此 PROM 只能编程一次。

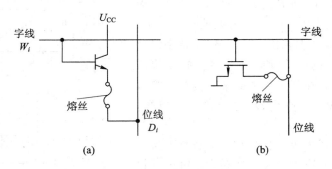

图 8.2.3　熔断型 PROM 存储单元的示意图

熔丝型 PROM 的熔丝元件占用芯片面积较大，因此后来又出现了反熔丝结构的 PROM，它通过击穿介质达到连通线路的目的。由于反熔丝元件占用硅片面积小，因而有利于提高集成度。

3．可擦除可编程 ROM（EPROM）

EPROM 的存储单元采用浮栅 MOS 管进行编程，ROM 中存储的数据可以进行多次擦写和改写。

1）紫外线可擦除可编程 ROM（UVEPROM）

UVEPROM 的存储单元采用叠栅注入 MOS 管（SIMOS，Stacked-gate Injection Metal-Oxide-Semiconductor）。图 8.2.4 是 SIMOS 管的结构示意图和符号，它是一个 N 沟道增强型的 MOS 管，有 G_f 和 G_c 两个栅极。G_f 栅没有引出线，被包围在二氧化硅（SiO_2）中，称为浮栅；G_c 为控制栅，它有引出线。若在漏极 D 端加上约几十伏的脉冲电压，使得沟道中的电场足够强，则会造成雪崩，产生很多高能量的电子。此时若在 G_c 上加高压脉冲，形成方向与沟道垂直的电场，便可以使沟道中的电子穿过氧化层面注入到 G_f，于是 G_f 栅上积累了负电荷。由于 G_f 栅周围都是绝缘的二氧化硅，泄露电流很小，所以一旦电子注入到浮栅之后，就能保存相当长的时间（通常浮栅上的电荷 10 年才损失 30%）。

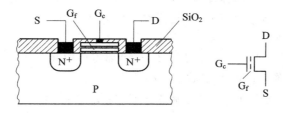

图 8.2.4　SIMOS 管的结构示意图和符号

如果浮栅 G_f 上积累了电子，则该 MOS 管的开启电压变得很高。此时给控制栅（接在地址选择线上）加 +5 V 电压，若该 MOS 管仍不能导通，则相当于存储了"0"；反之，若浮栅 G_f 上没有积累电子，则 MOS 管的开启电压较低，因而当该管的控制栅被地址选中后，该管导通，相当于存储"1"。可见，SIMOS 管是利用浮栅是否积累电荷来表示信息的。UVEPROM 出厂时为全"1"，即浮栅上无电子积累，用户可根据需要写"0"。

擦除 UVEPROM 的方法是：将器件放在紫外线下照射约 20 分钟，浮栅中的电子获得足够能量，从而穿过氧化层回到衬底中，这样可以使浮栅上的电子消失，MOS 管便回到了未编程时的状态，从而将编程信息全部擦去，相当于存储了全"1"。

目前常用的 EPROM 集成芯片有 2716（2K×8 位）、2764（8K×8 位）、2768（16K×8 位）、2756（32K×8 位）等。

2）电可擦除可编程 ROM（E^2PROM）

E^2PROM 的存储单元如图 8.2.5 所示。图中，V_2 是选通管，V_1 是另一种叠栅 MOS 管，称为浮栅隧道氧化层 MOS 管（Flotating-gate Tunnel Oxide MOS，简称 Flotox 管）。Flotox 管的结构如图 8.2.6 所示。Flotox 管也是一个 N 沟道增强型的 MOS 管，与 SIMOS 管相似，它也有两个栅极——控制栅 G_c 和浮栅 G_f，不同的是 Flotox 管的浮栅与漏极区（N^+）之间有一小块面积极薄的二氧化硅绝缘层（厚度在 $2×10^{-8}$ m 以下）区域，称为隧道区。当隧道区的电场强度大到一定程度（$>10^7$ V/cm）时，漏区和浮栅之间出现导电隧道，电子可以双向通过，形成电流，这种现象称为隧道效应。

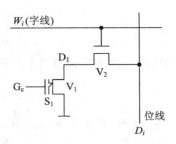

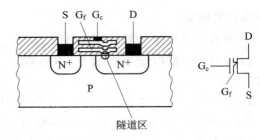

图 8.2.5　E^2PROM 的存储单元　　　　图 8.2.6　Flotox 管的结构和符号

E^2PROM 出厂时，浮栅上不带电。正常工作时，V_1 的 G_c 上加 3 V 电压，V_1 导通，图 8.2.5 所示的存储单元与普通 NMOS 管构成的存储单元一样使用，相当于全部写 1。编程时，将需要写 0 的字线 W_i 置 1，位线 D_i 置 0，使 V_2 导通，再在 V_1 的 G_c 上加 21 V 的脉冲电压。此时 V_1 的隧道区出现隧道效应，部分电子注入浮栅，使浮栅上带电，脉冲过后 G_c 上加 3 V 电压，由于浮栅上积存了负电荷，所以 V_1 截止，相当于写入 0。擦除时，字线 $W_i = 1$，位线 D_i 上加 21 V 的脉冲电压，令 V_1 的 G_c 为 0 电平，使 V_1 的漏极获得高电位，浮栅上的电子通过隧道返回衬底，因此擦除了浮栅上的电荷，脉冲过后与开始所说的一样，正常工作时相当于写了 1。

早期的 E^2PROM 集成芯片如 2815、2817 等都需要用高电压脉冲擦写，因此需要用专用的编程器来进行操作。目前大多数 E^2PROM 芯片如 2816A、2864A 等内部都备有升压电路，使擦、写、读都可以在 +5 V 电源下进行，不需要再用编程器，使用起来很方便。

3）快闪存储器（Flash Memory）

快闪存储器是新一代电信号擦除的可编程 ROM。它吸收了 UVEPROM 结构简单、编程可靠的优点，同时还保留了 E^2PROM 用隧道效应擦除快捷的特性，而且集成度可以做得很高。图 8.2.7(a) 是快闪存储器采用的叠栅 MOS 管示意图。其结构与 UVEPROM 中的 SIMOS 管相似，两者的区别在于浮栅与衬底间氧化层的厚度不同。在 UVEPROM 中，氧化层的厚度一般为 30～40 nm，在快闪存储器中仅为 10～15 nm，而且浮栅和源区重叠的部分是源区横向扩散形成的，面积极小，因而浮栅-源区之间的电容很小，当 G_c 和 S 之间加电压时，大部分电压降在浮栅-源区之间的电容上。快闪存储器的存储单元就是用这样一只单管组成的，如图 8.2.7(b) 所示。

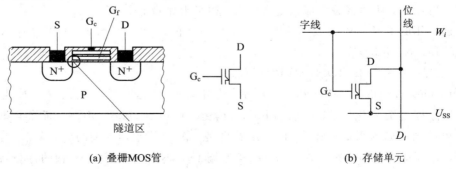

(a) 叠栅MOS管　　　　　　　　　　(b) 存储单元

图 8.2.7　快闪存储器

快闪存储器的写入方法和 UVEPROM 相同，即利用雪崩注入的方法使浮栅充电。

在读出状态下，字线加上 +5 V，若浮栅上没有电荷，则叠栅 MOS 管导通，位线输出低电平；如果浮栅上充有电荷，则叠栅管截止，位线输出高电平。

擦除方法是利用隧道效应进行的，类似于 E^2PROM 写 0 时的操作。在擦除状态下，控制栅处于 0 电平，同时在源极加入幅度为 12 V 左右、宽度为 100 ms 的脉冲，在浮栅和源区间极小的重叠部分产生隧道效应，使浮栅上的电荷经隧道释放。但由于片内所有叠栅 MOS 管的源极连在一起，所以擦除时是将全部存储单元同时擦除，这是不同于 E^2PROM 的一个特点。

快闪存储器不仅具有 ROM 非易失性的优点，还具有可读可写、存取速度快、集成度高、容量大、成本低和使用方便等许多优点，因此目前已被广泛使用。

8.2.3　ROM 的应用

ROM 常用于存储那些不需要改变的数据和程序代码。例如，在计算机系统和数字信号处理芯片中常将 ROM 用作"引导存储器"，ROM 还常用来存储三角函数表、代码转换表和其他数据转换表等。除了用作存储器之外，由于 ROM 本身是一种组合逻辑电路，且多数 ROM 器件都可以重新编程，所以 ROM 还可以用来实现组合逻辑函数。下面举例说明 ROM 的应用。

1. ROM 在组合逻辑设计中的应用

ROM 可以用来实现组合逻辑函数，其基本原理可以从"存储器"和"与-或逻辑网络"两个角度来理解。

从存储器的角度看，只要将逻辑函数的真值表事先存入 ROM，便可用 ROM 实现该函数。例如，在表 8.2.1 所示的 ROM 数据表中，如果将输入地址 A_1、A_0 看成两个输入逻辑变量，而将数据输出 D_3、D_2、D_1、D_0 看成一组输出逻辑变量，则 D_3、D_2、D_2、D_0 就是 A_1、A_0 的一组逻辑函数。根据表 8.2.1 和图 8.2.2 可写出：

$$W_0 = \overline{A_1}\,\overline{A_0},\ W_1 = \overline{A_1}A_0,\ W_2 = A_1\overline{A_0},\ W_3 = A_1A_0$$
$$D_3 = \overline{A_1}\,\overline{A_0} + A_1A_0 = W_0 + W_2$$
$$D_2 = \overline{A_1}A_0 + A_1\overline{A_0} + A_1A_0 = W_1 + W_2 + W_3$$
$$D_1 = \overline{A_1}A_0 + A_1\overline{A_0} = W_1 + W_2$$
$$D_0 = \overline{A_1}\,\overline{A_0} + \overline{A_1}A_0 + A_1A_0 = W_0 + W_1 + W_3$$

式中，W_i 为字线。

从逻辑结构的角度看，ROM 中的地址译码器形成了输入变量的所有最小项，存储矩阵形成了某些最小项的"或"运算，所以 ROM 可以实现组合逻辑函数。

由于地址译码器实现了地址输入变量的"与"运算，存储矩阵实现了某些字线的"或"运算，因此从"与-或逻辑网络"角度来看，ROM 实际上是由与阵列和或阵列构成的组合逻辑电路。ROM 的结构可以用 8.2.8 所示的阵列框图来表示。

为了便于描述，ROM 的与、或阵列通常用符号阵列图来表示。图 8.2.9 是与图 8.2.2 以及上述表达式对应的阵列图。图 8.2.9 中，与阵列中的 W_i 代表与逻辑输出，或阵列中的 D_i 代表或逻辑输出；与逻辑的输入线和字线 W_i 垂直，或逻辑的输入线和位线 D_i 垂直；输入线和输出线的交叉处若有圆点"·"，则表示有一个耦合元件固定连接，若有"×"则表示是编程连接。图 8.2.9 所表示的是掩膜（固定）ROM 的阵列图，若要表示 PROM 的阵列图，则图 8.2.9 或阵列中的圆点"·"应换成"×"。

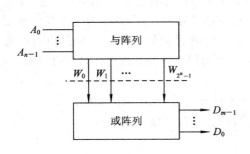

图 8.2.8 ROM 的阵列框图   图 8.2.9 图 8.2.2 的阵列图

用 ROM 实现逻辑函数一般按以下步骤进行：

（1）根据逻辑函数的输入、输出变量数目，确定 ROM 的容量，选择合适的 ROM。

（2）写出逻辑函数的最小项表达式，画出 ROM 的阵列图。

（3）根据阵列图对 ROM 进行编程。

【例 8.2.1】 用 PROM 设计一个 4 位二进制码转换为格雷码的代码转换电路。

解：（1）该组合逻辑电路的输入是 4 位二进制码 $B_3 \sim B_0$，输出是 4 位格雷码 $G_3 \sim G_0$，故 PROM 的容量至少为 $2^4 \times 4$ 位。只要将 4 位二进制码 $B_3 \sim B_0$ 分别接至 PROM 的地址输入端 $A_3 \sim A_0$，并按代码转换的逻辑关系存入相应的数据，即可在 PROM 的数据输出端 $D_3 \sim D_0$ 得到 4 位格雷码输出 $G_3 \sim G_0$。

（2）4 位二进制码转换为格雷码的真值表（即 ROM 的编程数据表）如表 8.2.2 所示。

表 8.2.2 4 位二进制码转换为格雷码的真值表

字	二 进 制 码				格 雷 码			
	B_3	B_2	B_1	B_0	G_3	G_2	G_1	G_0
W_0	0	0	0	0	0	0	0	0
W_1	0	0	0	1	0	0	0	1
W_2	0	0	1	0	0	0	1	1
W_3	0	0	1	1	0	0	1	0
W_4	0	1	0	0	0	1	1	0
W_5	0	1	0	1	0	1	1	1
W_6	0	1	1	0	0	1	0	1
W_7	0	1	1	1	0	1	0	0
W_8	1	0	0	0	1	1	0	0
W_9	1	0	0	1	1	1	0	1
W_{10}	1	0	1	0	1	1	1	1
W_{11}	1	0	1	1	1	1	1	0
W_{12}	1	1	0	0	1	0	1	0
W_{13}	1	1	0	1	1	0	1	1
W_{14}	1	1	1	0	1	0	0	1
W_{15}	1	1	1	1	1	0	0	0

由此写出输出函数的最小项之和式为

$$G_3 = \sum m(8, 9, 10, 11, 12, 13, 14, 15)$$

$$G_2 = \sum m(4, 5, 6, 7, 8, 9, 10, 11)$$

$$G_1 = \sum m(2, 3, 4, 5, 10, 11, 12, 13)$$

$$G_0 = \sum m(1, 2, 5, 6, 9, 10, 13, 14)$$

用 PROM 实现码组转换的阵列图如图 8.2.10 所示。图中，与阵列产生了输入变量的所有最小项，其存储元件是固定连接的，所以用圆点"·"表示；或阵列实现了各输出函数的最小项之和，其存储元件是可编程的，所以用"×"表示。

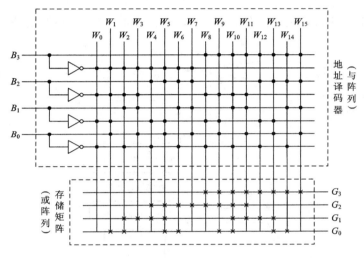

图 8.2.10　二进制码转换为格雷码的阵列图

2. 用 ROM 实现函数发生器

函数发生器可以产生正弦波、锯齿波、三角波、方波等各种波形。如果用 ROM（或 RAM）存储所需波形的数据，并通过地址计数器向存储器提供每个信息单元的地址，依次循环读出各信息单元的数据，然后经过 D/A 转换器转换成模拟量后再进行滤波，就可以得到较光滑的波形。图 8.2.11 是一个产生正弦信号的电路原理框图。图中，ROM 存储了 256 个不同的 8 位数据值，每个数据值对应于正弦波一个周期中的一个值。8 位计数器在时钟作用下向 ROM 输入连续的地址，当计数器完成一个周期，即向 ROM 提供了 256 个地址时，ROM 也向 DAC 提供了 256 个数据点，DAC 逐一输出 256 个不同的模拟电压值，通过低通滤波器后便形成了正弦信号输出。

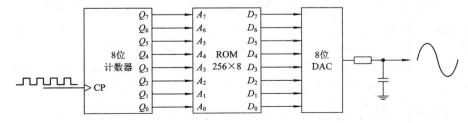

图 8.2.11　利用 ROM 和 DAC 构成正弦信号发生器

8.3　随机存取存储器(RAM)

随机存取存储器也称随机存储器或随机读/写存储器，简称 RAM。RAM 工作时可以随时从任何一个指定的地址写入(存入)或读出(取出)信息。它与 ROM 的最大区别是数据的易失性，即一旦断电所存储的数据将随之丢失。RAM 在计算机和数字系统中用来暂时存储程序、数据和中间结果。根据 RAM 所采用的存储单元的工作原理不同，RAM 可分为静态 RAM 和动态 RAM 两类。

8.3.1　RAM 的基本结构

与 ROM 相似，RAM 主要由存储矩阵、地址译码器和读/写控制电路三部分组成，其框图如图 8.3.1 所示。

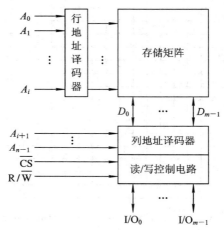

图 8.3.1　RAM 的基本结构

图 8.3.1 中，存储矩阵由许多存储单元排列组成，每个存储单元能存放一位二值信息(0 或 1)，在译码器和读/写电路的控制下，可进行读/写操作。

地址译码器一般都分成行地址译码器和列地址译码器两部分。行地址译码器将输入地址代码的若干位 $A_0 \sim A_i$ 译成某一条字线有效，从存储矩阵中选中一行存储单元；列地址译码器将输入地址代码的其余若干位($A_{i+1} \sim A_{n-1}$)译成某一条输出线有效，从字线选中的一行存储单元中再选一位(或 n 位)，使这些被选中的单元与读/写电路和 I/O(输入/输出端)接通，以便对这些单元进行读/写操作。

读/写控制电路用于对电路的工作状态进行控制。$\overline{\text{CS}}$ 称为片选信号。当 $\overline{\text{CS}}=0$ 时，RAM 工作；当 $\overline{\text{CS}}=1$ 时，所有的 I/O 端均为高阻状态，不能对 RAM 进行读/写操作。$\text{R}/\overline{\text{W}}$ 称为读/写控制信号。当 $\text{R}/\overline{\text{W}}=1$ 时，执行读操作，将存储单元中的信息送到 I/O 端上；当 $\text{R}/\overline{\text{W}}=0$ 时，执行写操作，加到 I/O 端上的数据被写入存储单元中。

为了不再增加集成芯片的引脚数，制造商常将数据输入和数据输出的功能用共享 I/O 引脚来完成，$\text{R}/\overline{\text{W}}$ 控制着 I/O 引脚的功能。读操作时，I/O 引脚用作数据输出端；写操作时，I/O 引脚用作数据输入端。

8.3.2　RAM 的存储单元

1. SRAM 的存储单元

SRAM 的存储单元由触发器(锁存器)构成。图 8.3.2(a)是由 6 个 NMOS 管($V_1 \sim V_6$)组成的存储单元，V_1、V_2 构成的反相器与 V_3、V_4 构成的反相器交叉耦合组成了一个 RS 触发器，可存储 1 位二进制信息。Q 和 $\overline{Q}$ 是 RS 触发器的互补输出。V_5、V_6 是行选通管，受行选线 X(相当于字线)控制，当行选线 X 为高电平时，Q 和 $\overline{Q}$ 的存储信息分别送至位线 D 和位线 $\overline{D}$。V_7、V_8 是列选通管，受列选线 Y 控制，列选线 Y 为高电平时，位线 D 和 $\overline{D}$ 上的信息被分别送至输入/输出线 I/O 和 $\overline{I/O}$，从而使位线上的信息同外部数据线相通。

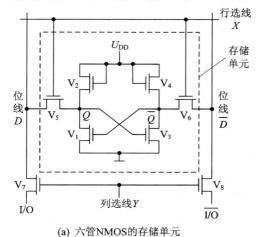 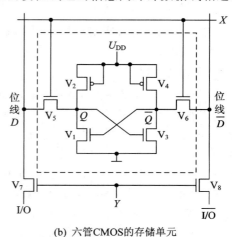

(a) 六管NMOS的存储单元　　　　　(b) 六管CMOS的存储单元

图 8.3.2　SRAM 的存储单元

读出操作时，行选线 X 和列选线 Y 同时为"1"，则存储信息 Q 和 $\overline{Q}$ 被读到 I/O 线和 $\overline{I/O}$ 线上。写入信息时，X、Y 线也必须都为"1"，同时要将写入的信息加在 I/O 线上，经反相后 $\overline{I/O}$ 线上有其相反的信息，信息经 V_7、V_8 和 V_5、V_6 加到触发器的 Q 和 $\overline{Q}$ 端，也就是加在了 V_3 和 V_1 的栅极，从而使触发器触发，即信息被写入。

由于 CMOS 电路具有功耗低的特点，因此目前大容量的静态 RAM 几乎都采用 CMOS 存储单元，其电路如图 8.3.2(b)所示。CMOS 存储单元的结构形式和工作原理与图 8.3.2 (a)相似，不同的是，图(b)中的两个负载管 V_2、V_4 改用了 P 沟道增强型 MOS 管。图中栅极上有小圆圈的为 P 沟道 MOS 管，栅极上没有小圆圈的为 N 沟道 MOS 管。

2. DRAM 存储单元

动态 RAM 不像静态 RAM 那样把信息存储在触发器中，而是通过电容器的电荷存储效应来存放信息。为了提高集成度，目前大容量(4 KB、16 KB 甚至 64 KB)的 DRAM 存储单元由一个 MOS 管和一个电容器组成，其电路原理图如图 8.3.3 所示。图中，V 为门控管，C_s 为存储电容，C_o 是位线上的分布电容，$C_o \gg C_s$。当 $X_i = 1$ 时，V 导通，数据通过

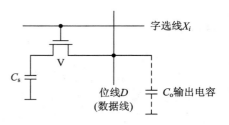

图 8.3.3　单管动态 MOS 的存储单元

位线经 V 存入电容 C_s，执行写操作，或经 V 把数据从 C_s 上取出，传送到位线，执行读操作。读出时，C_s 与 C_o 并联。若并联前 C_s 上存有电荷，C_o 内无电荷，则并联后 C_s 内的电荷向 C_o 转移。由于转移前后电荷总量相等，因此有 $U_s C_s = U_o (C_s + C_o)$。因 $C_o \gg C_s$，故 $U_o \ll U_s$，读出的电压很小，需要用高灵敏读出放大器对输出信号 U_o 进行放大。读出后由于 C_s 上电荷减少，因此每次读出后必须对该单元立即进行充电操作，称为"刷新"，以保留原存信息。

DRAM 的优点是容量大，功耗低，价格便宜，但其读/写速度较 SRAM 低且需要刷新和读出放大器等外围电路。

8.4 存储器容量的扩展

在数字系统中，当使用一片 ROM 或 RAM 器件不能满足存储容量要求时，必须将若干片 ROM 或 RAM 连在一起，以扩展存储容量。扩展可以通过增加位数或字数来实现。

1. 位数的扩展

如果现有 ROM 或 RAM 芯片的字数够用，而位数不够用，则需要进行位扩展。

位扩展可以利用芯片的并联方式实现。RAM 扩展时可将所有 RAM 的地址线、读/写控制线（R/$\overline{W}$）和片选信号（$\overline{CS}$）对应地并联在一起，而将每个芯片的 I/O 端作为整个 RAM 的各个 I/O 端。例如，现需要 1024×8 位的 RAM，而手头只有 1024×4 位的 RAM 芯片，则可以用两片 1024×4 的 RAM 组成所需要的 RAM，连接图如图 8.4.1 所示。当地址码 $A_9 \sim A_0$ 有效，且 $\overline{CS}$、R/$\overline{W}$ 有效时，两片 RAM 中相同地址的单元同时被访问并进行读/写操作，RAM(1)可读/写每个字的低 4 位，RAM(2)可读/写每个字的高 4 位。

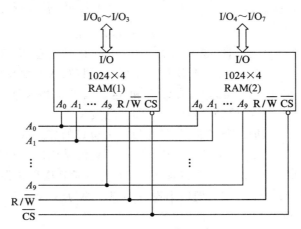

图 8.4.1　RAM 的位扩展连接法

ROM 芯片上没有读/写控制端 R/$\overline{W}$，位扩展时其余引出端的连接方法与 RAM 相同。

2. 字数的扩展

如果一片存储器的位数（字长）已经够用而字数不够用，则需要进行字扩展。

字数的扩展可以通过外加译码器控制存储器芯片的片选使能端（$\overline{CS}$）来实现。例如，用 2-4 译码器将 4 片 1024×8 位的 RAM 扩展为 4096×8 位 RAM 的系统框图如图 8.4.2 所示。图中，存储器扩展所需增加的地址线 A_{11}、A_{10} 加至 2-4 译码器的地址输入端，译码器

的输出 $\overline{Y}_0 \sim \overline{Y}_3$ 分别接至 4 片 RAM 的片选端($\overline{CS}$),而 4 片 RAM 的 10 位地址 $A_9 \sim A_0$ 并接在一起。这样当整个系统的输入地址 $A_{11} \sim A_0$ 变化时,4 片 RAM 的工作情况和地址分配如表 8.4.1 所示。可见,当高位地址 A_{11}、A_{10} 变化时,每次只能选择一片 RAM 工作,即只有被选中的芯片可以进行读/写操作。具体选择哪个信息单元(字)进行读/写,则由低 10 位地址 $A_9 \sim A_0$ 决定。所以,4 片 RAM 轮流工作,整个系统的字数扩大了 4 倍。

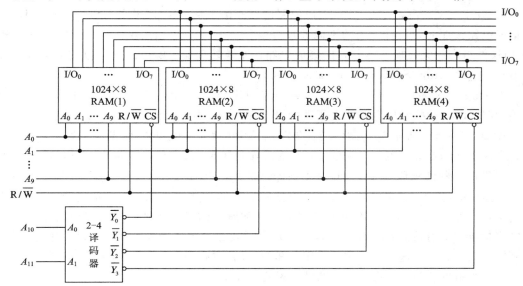

图 8.4.2　RAM 的字扩展

表 8.4.1　图 8.4.2 中各片 RAM 的地址范围

地 址 范 围		译码器输出	有效芯片($\overline{CS}=0$)
A_{11} A_{10}	A_9 A_8 A_7 A_6 A_5 A_4 A_3 A_2 A_1 A_0	$\overline{Y}_0$ $\overline{Y}_1$ $\overline{Y}_2$ $\overline{Y}_3$	
0　0	0 0 0 0 0 0 0 0 0 0 ⋮ 1 1 1 1 1 1 1 1 1 1	0　1　1　1	RAM(1)
0　1	0 0 0 0 0 0 0 0 0 0 ⋮ 1 1 1 1 1 1 1 1 1 1	1　0　1　1	RAM(2)
1　0	0 0 0 0 0 0 0 0 0 0 ⋮ 1 1 1 1 1 1 1 1 1 1	1　1　0　1	RAM(3)
1　1	0 0 0 0 0 0 0 0 0 0 ⋮ 1 1 1 1 1 1 1 1 1 1	1　1　1　0	RAM(4)

　　ROM 的字扩展方法与上述方法相同。

　　若存储器位数或字数都不够用,则需要同时采用位扩展和字扩展的方法,组成满足需要的存储系统。

8.5 可编程逻辑器件简介

8.5.1 概述

自 20 世纪 60 年代以来，数字集成电路已经经历了从 SSI、MSI 到 LSI 的发展过程。数字集成电路按照芯片设计方法的不同大致可以分为三类：① 通用型中、小规模集成电路；② 用软件组态的大规模、超大规模集成电路，如微处理器、单片机等；③ 专用集成电路（ASIC，Application Specific Integrated Circuit）。

ASIC 是一种专门为某一应用领域或为专门用户的需要而设计、制造的 LSI 或 VLSI 电路，它可以将某些专用电路或电子系统设计在一个芯片上，构成单片集成系统。

ASIC 分为全定制和半定制两类。全定制 ASIC 是按一定规格预先加工好的半成品芯片，然后按具体要求进行加工和制造，包括门阵列（Gate Array）、标准单元（Standard Cell）和可编程逻辑器件三种。门阵列是一种预先制造好的硅阵列，内部包括基本逻辑门、触发器等，芯片中留有一定连线区，用户可根据所需要的功能设计电路，确定连线方式，然后交厂家进行最后的布线。标准单元是厂家预先配置好的经过测试的有一定功能的逻辑块。通常将标准单元存在数据库中，设计者可根据需要在库中选择单元构成电路，并完成电路到版图的最终设计。这两种半定制 ASIC 都要由用户向生产厂家定做，设计和制造周期较长，开发费用也较高，因此只用于批量较大的产品中。

可编程逻辑器件（PLD，Programmable Logic Device）是 ASIC 的一个重要分支，它是厂家作为一种通用器件生产的半定制电路，用户可以利用软、硬件开发工具对器件进行设计和编程，使之实现所需要的逻辑功能。由于它是用户配置的逻辑器件，使用灵活，设计周期短，费用低，而且可靠性好，承担风险小，特别适合于系统样机的研制，因而很快得到了普遍应用，发展非常迅速。

可编程逻辑器件按集成度分有低密度 PLD（LDPLD）和高密度 PLD（HDPLD）两类。

LDPLD 是早期开发的可编程逻辑器件，主要产品有 PROM、现场可编程逻辑阵列（FPLA，Field Programmable Logic Array）、可编程阵列逻辑（PAL，Programmable Array Logic）和通用阵列逻辑（GAL，Generic Array Logic）。这些器件具有结构简单、成本低、速度高、设计简便等优点，但其规模较小（通常每片只有数百个等效门），难以实现复杂的逻辑。

HDPLD 是 20 世纪 80 年代中期发展起来的产品，它包括可擦除可编程逻辑器件（EPLD，Erasable Programmable Logic Device）、复杂可编程逻辑器件（CPLD，Complex Programmable Logic Device）和现场可编程门阵列（FPGA，Field Programmable Gate Array）三种类型。EPLD 和 CPLD 是在 PAL 和 GAL 的基础上发展起来的，其基本结构由与或阵列组成，因此通常称为阵列型 PLD，而 EPGA 具有门阵列的结构形式，通常称为单元型 PLD。

可编程逻辑器件的存储单元具有可编程的性能，可以存储编程信息。常用的存储单元有四类：① 一次性编程的熔丝或反熔丝元件；② 紫外线可擦除可编程 ROM（UVEPROM）存储单元，即 UVCMOS 工艺结构；③ 电擦除、电可编程存储单元，一类是 E^2PROM（即

E^2CMOS 工艺结构），另一类是快闪（Flash）存储单元；④ 基于静态存储器（SRAM）的编程元件。这四类元件中，基于电擦除、电可编程的 E^2PROM 和快闪（Flash）存储单元的 PLD 以及基于 SRAM 的 PLD 目前使用最广泛。

基于 E^2PROM 和 Flash 存储单元的 PLD 可以编程 100 次以上，其优点是系统断电后，编程信息不丢失。这类器件分为在编程器上编程的 PLD 和在系统编程（ISP，In System Programmable）的 PLD。ISP 器件不需要编程器，可以先装配在印制板上，通过电缆进行编程，因而调试和维修都很方便。基于只读存储器的 PLD 还设有保密位，可以防止非法复制。

基于 SRAM 的 PLD 的缺点是系统断电后编程信息会丢失，因此每次上电时，需要从 PLD 器件外部的 UVEPROM、E^2PROM 或计算机的软、硬盘中将编程信息写入 PLD 内的 SRAM 中；它的优点是可以进行任意次数的编程，并可以在工作中快速编程，实现系统级的动态配置，因而称为在线重配置（ICR，In Circuit Reconfigruable）的 PLD 或可重配置硬件。

可编程逻辑器件的出现使数字系统的设计方法发生了崭新的变化。传统的系统设计方法采用 SSI、MSI 标准通用器件对电路板进行设计。由于器件的种类、数量多，连线复杂，因而制成的系统往往体积大，功耗大，可靠性差。采用可编程逻辑器件设计系统时，可以将原来在电路板上的设计工作放到芯片设计中进行，而且所有的设计工作都可以利用电子设计自动化（EDA，Electronic Design Automation）工具来完成，从而极大地提高了设计效率，增强了设计的灵活性。同时，基于芯片的设计可以减少芯片的数量，减小系统的体积，降低功耗，提高系统的速度和可靠性。

目前，可编程逻辑器件和 EDA 技术发展十分迅速，可编程逻辑器件已在国内外的计算机硬件、工业控制、智能仪表、家用电器等各个领域得到广泛应用，并已成为电子产品设计变革的主流器件。当前任何一种具有竞争力的电子产品，多数都采用了可编程逻辑器件，而可编程逻辑器件的设计与改进必须借助于 EDA 工具，因此掌握可编程逻辑器件和 EDA 技术已成为当今硬件系统设计的重要手段。

8.5.2　PLD 电路的表示方法

由于 PLD 内部电路的连接十分庞大，所以对其进行描述时采用了一种与传统方法不相同的简化方法。PLD 的输入、输出电路都采用了缓冲器，有互补输出缓冲器和三态输出缓冲器等形式，其表示方法如图 8.5.1 所示。

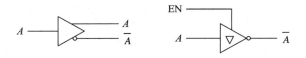

图 8.5.1　PLD 缓冲器的表示方法

PLD 的与门表示法如图 8.5.2 所示。图中，与门的输入线通常画成行（横）线，与门的所有输入变量都称为输入项，并画成与行线垂直的列线以表示与门的输入。列线与行线相交的交叉处若有"·"，则表示有一个耦合元件固定连接；"×"表示编程连接；交叉处若无标记，则表示不连接（被擦除）。与门的输出称为乘积项 P，图中与门的输出 $P = A \cdot B \cdot D$。或门可以用类似的方法表示，如图 8.5.3 所示。

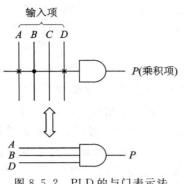

图 8.5.2 PLD 的与门表示法

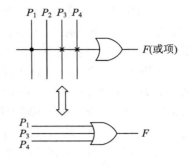

图 8.5.3 PLD 的或门表示法

图 8.5.4 是 PLD 中与门的简略表示法。图中，与门的全部输入项接通，因此，$P_1 = A \cdot \overline{A} \cdot B \cdot \overline{B} = 0$，这种状态称为与门的缺省（Default）状态。为简便起见，对于这种全部输入项都接通的缺省状态，可以用带有"×"的与门符号表示，如图中的 $P_2 = P_1 = 0$ 表示缺省状态。P_3 中任何输入项都不接通，即所有输入都悬空，因此 $P_3 = 1$，也称为"悬浮 1"状态。

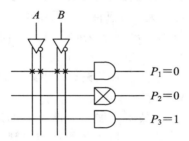

图 8.5.4 PLD 中与门的简略表示法

8.5.3 低密度可编程逻辑器件

低密度可编程逻辑器件（LDPLD）主要包括 PROM、FPLA、PAL 和 GAL 四种类型。

1. 基本结构

LDPLD 的基本结构框图如图 8.5.5 所示。电路的主体是由门构成的"与阵列"和"或阵列"，可以用来实现组合逻辑函数。输入电路由缓冲器组成，可以使输入信号具有足够的驱动能力，并产生互补输入信号。输出电路可以提供不同的输出结构，如直接输出（组合方式）或通过寄存器输出（时序方式）。此外，输出端口通常有三态门，可通过三态门控制数据直接输出或反馈到输入端。通常 PLD 电路中只有部分电路可以编程或组态，PROM、FPLA、PAL 和 GAL 四种 PLD 由于编程情况和输出结构不同，因而其电路结构也不相同。

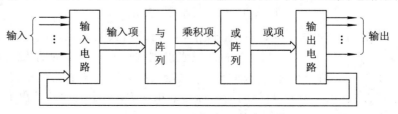

图 8.5.5 LDPLD 的基本结构框图

表 8.5.1 列出了四种 PLD 电路的结构特点。

表 8.5.1　四种低密度 PLD 的结构特点

类　　型	阵　　列		输出方式
	与阵列	或阵列	
PROM	固定	可编程	TS、OC
FPLA	可编程	可编程	TS、OC、H、L
PAL	可编程	固定	TS、I/O、寄存器
GAL	可编程	固定	用户定义

图 8.5.6～图 8.5.8 分别画出了 PROM、FPLA、PAL(GAL)的阵列结构图。

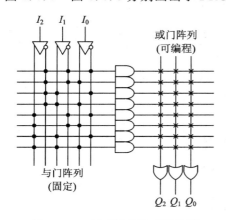

图 8.5.6　PROM 的阵列结构图

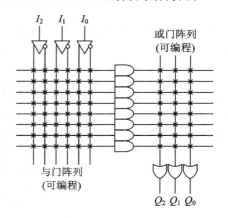

图 8.5.7　FPLA 的阵列结构图

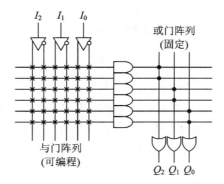

图 8.5.8　PAL 和 GAL 的基本门阵列

图 8.5.8 中,可编程阵列逻辑(PAL)和通用阵列逻辑(GAL)的阵列结构基本相同,均为与阵列可编程,或阵列固定连接,即每个或门的输出是若干个乘积项之和,其中乘积项的数目是固定的。一般在 PAL 和 GAL 产品中,最多的乘积项数可达 8 个。

2. 现场可编程逻辑阵列(FPLA)

1970 年制成的 PROM 是最早出现的 PLD。由 8.2 节的分析可知,PROM 由全译码的与阵列和可编程的或阵列组成,由于其阵列规模大,速度低,因而它的基本用途是用作存储器,如软件固化、显示查寻等。

FPLA 是 20 世纪 70 年代中期在 PROM 的基础上发展起来的 PLD，它的与阵列和或阵列均可编程。采用 FPLA 实现逻辑函数时只需要运用化简后的与或式，由与阵列产生与项，再由或阵列完成与项相或的运算后便得到输出函数。

【例 8.5.1】 试用 FPLA 实现例 8.2.1 要求的 4 位二进制码转换为格雷码的代码转换电路。

解：根据表 8.2.2 所示的码组转换真值表，将多输出函数化简后得出最简输出表达式为

$$G_3 = B_3$$
$$G_2 = B_3\overline{B}_2 + \overline{B}_3 B_2$$
$$G_1 = B_2\overline{B}_1 + \overline{B}_2 B_1$$
$$G_0 = B_1\overline{B}_0 + \overline{B}_1 B_0$$

化简后的多输出函数有 7 个不同的与项和 4 个输出，因此编程后的阵列图如图 8.5.9 所示。

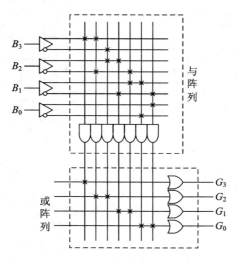

图 8.5.9 例 8.5.1FPLA 的阵列图

比较图 8.5.9 和图 8.2.10 可以看出，ROM 的与阵列是固定的，它是 n 输入的地址译码器，不管所实现的函数是否需要，译码结果都将产生 2^n 个最小项，而 FPLA 的与阵列是可编程的，它所产生的与项数小于 2^n，因此其阵列规模大为减少，从而有效地提高了芯片的利用率。

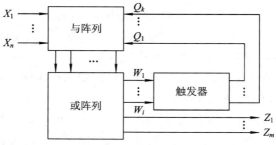

图 8.5.10 时序型 FPLA 的结构图

FPLA 中的与阵列和或阵列只能构成组合逻辑电路。若在 FPLA 中加入触发器，则可构成时序型 FPLA，其结构如图 8.5.10 所示。此时与阵列的输入包括两部分，即外输入 X_1、…、X_n 和由触发器反馈回来的内部状态 Q_1、…、Q_k，或阵列则产生两组输出，即外输出 Z_1、…、Z_m 和触发器的激励 W_1、…、W_i，因此它是一个完整的同步时序系统。

【例 8.5.2】 试用 FPLA 和 JK 触发器实现模 4 可逆计数器。当 $X=0$ 时进行加法计数；当 $X=1$ 时进行减法计数。

解： 由给定的功能可画出模 4 可逆计数器的状态图，如图 8.5.11(a)所示。

根据状态图可求得时序电路的激励方程和输出方程为

$$J_1 = K_1 = 1$$
$$J_2 = K_2 = X\bar{Q}_1 + \bar{X}Q_1$$
$$Z = X\bar{Q}_2\bar{Q}_1 + \bar{X}Q_2Q_1$$

根据以上表达式画出时序 FPLA 的阵列图，如图 8.5.11(b)所示。

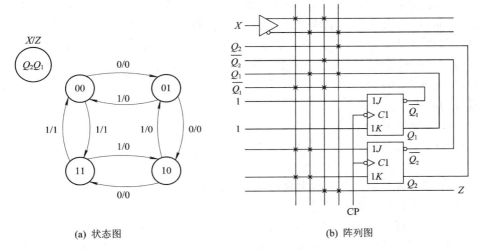

(a) 状态图　　　　　　　　　　　　(b) 阵列图

图 8.5.11　例 8.5.2 模 4 可逆计数器

由于 FPLA 的两个阵列均可编程，所以使得设计工作变得容易，当输出函数很相似，可以充分利用共享的乘积项时，采用 FPLA 结构十分有利。但 FPLA 存在两个缺点：一是可编程的阵列为两个，编程较复杂；二是支持 FPLA 的开发软件有一定难度，因而它没有像 PAL 和 GAI 那样得到广泛的应用。

3. 可编程阵列逻辑（PAL）

PAL 也是在 PROM 的基础上发展起来的一种可编程逻辑器件，20 世纪 70 年代末由美国单片存储器 MMI 公司首先推出。PAL 采用了熔丝编程方式，双极型工艺制造，因而器件的工作速度很高（可达十几纳秒）。

PAL 器件由可编程的与阵列、固定的或阵列和输出电路三部分组成。由于它的与阵列可编程，而输出结构的种类很多，因而给逻辑设计带来了很大的灵活性。

PAL 有许多产品型号。不同型号的器件其内部与阵列的结构基本相同，主要是输出电路和反馈方式不相同。常见的输出结构有四种：专用输出、可编程 I/O、寄存器输出和异或型输出。

PAL 器件是在 FPAL 器件之后第一个具有典型实用意义的可编程逻辑器件。和 SSI、MSI 通用标准器件相比，它有许多优点，主要是提高了功能密度，节省了空间。通常一片 PAL 可以代替 4～12 片 SSI 或 2～4 片 MSI。由于 PAL 只有 20 多种型号，但可以代替 90% 的通用 SSI、MSI 器件，因而进行系统设计时可以大大减少器件的种类，同时它提高了设计的灵活性，且编程和使用都比较方便。

PAL 的主要缺点是由于它采用了双极型工艺和熔丝编程方式制作，只能一次性编程，因而使用者仍要承担一定的风险。此外，PAL 器件输出电路结构的类型繁多，因此也给设计和使用带来了一些不便。随着 GAL 和 HDPLD 的出现，PAL 几乎不再生产了。

4. 通用阵列逻辑（GAL）

GAL 是 Lattice 公司于 1985 年首先推出的新型可编程逻辑器件。它采用了电擦除、电可编程的 E^2CMOS 工艺制作，可以用电信号擦除并反复编程上百次。GAL 器件的输出端设置了可编程的输出逻辑宏单元（OLMC，Output Logic Macro Cell），通过编程可以将 OLMC 设置成不同的输出方式。这样同一型号的 GAL 器件可以实现 PAL 器件所有的输出电路工作模式，即取代了大部分 PAL 器件，因此称为通用可编程逻辑器件。

GAL 器件分为两大类：一类为普通型 GAL，其与或阵列结构与 PAL 相似，如 GAL16V8、ispGAL1628、GAL20V8 都属于这一类；另一类为新型 GAL，其与或阵列均可编程，与 FPLA 结构相似，主要有 GAL39V8。下面以普通型 GAL16V8 为例，简要介绍 GAL 器件的基本特点。

1）GAL 的基本结构

GAL16V8 的逻辑图和芯片引脚图分别如图 8.5.12（a）、（b）所示。它由以下四部分组成：

（1）8 个输入缓冲器和 8 个输出反馈/输入缓冲器。

（2）8 个输出逻辑宏单元 OLMC 和 8 个三态缓冲器，每个 OLMC 对应 1 个 I/O 引脚。

（3）8×8 个与门构成的与阵列，共形成 64 个乘积项，每个与门有 32 个输入项，由 8 个输入的原变量、反变量（16）和 8 个反馈信号的原变量、反变量（16）组成，故可编程与阵列共有 32×8×8＝2048 个可编程单元。

（4）系统时钟 CK 和三态输出选通信号 OE 的输入缓冲器。

由图 8.5.12（a）可以看出，引脚 2～9 只能作输入端，而引脚 12～19 由三态门控制，因此可以作输出也可以作输入，是一种 I/O 输出结构。引脚 1 用作时钟输入，引脚 11 作为输出（三态缓冲器的）使能信号 OE 的输入端使用。

GAL 器件没有独立的或阵列结构，各个或门放在各自的输出逻辑宏单元（OLMC）中。

2）输出逻辑宏单元（OLMC）

（1）OLMC 的结构。OLMC 由或门、异或门、D 触发器和 4 个多路选择器组成，其内部结构如图 8.5.13 中的虚线框所示。每个 OLMC 包含或门阵列的一个或门。一个或门有 8 个输入端，和来自与阵列的 8 个乘积项（PT）相对应。其中 7 个直接相连，第一个乘积项（图中最上边的一项）经 PTMUX 相连，或门输出为有关乘积项之和。

异或门的作用是选择输出信号的极性。当 XOR(n) 为 1 时，异或门起反相器作用，否则起同相器作用。XOR(n) 是控制字中的一位，n 为引脚号。

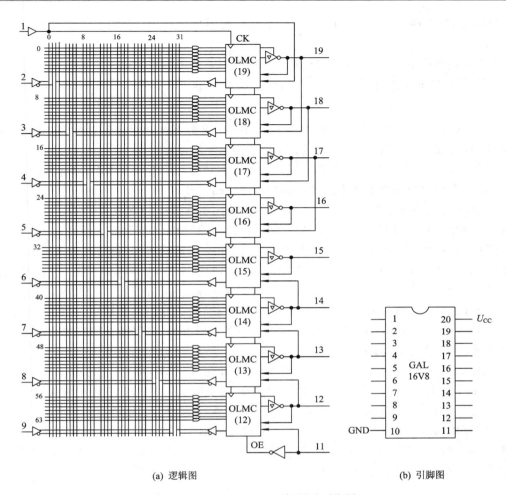

(a) 逻辑图   (b) 引脚图

图 8.5.12　GAL16V8 逻辑图及引脚图

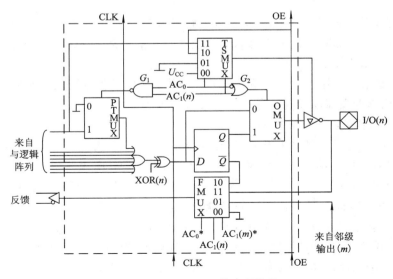

图 8.5.13　OLMC 的内部结构

D 触发器(寄存器)对异或门的输出状态起记忆(存储)作用,使 GAL 适用于时序逻辑电路。

4 个多路选择器(MUX)在结构控制字段的作用下设定输出逻辑宏单元的组态。

PTMUX 是乘积项选择器,在 $\overline{AC_1(n)} \cdot \overline{AC_0}$ 的控制下选择第一乘积项或地(0)送至或门输入端。

OMUX 是输出类型选择器,在 $\overline{AC_1(n) + \overline{AC_0}}$ 的控制下选择组合型(异或门输出)或寄存型(经 D 触发器存储后输出)逻辑运算结果送到输出缓冲器。

TSMUX 是三态缓冲器的使能信号选择器,在 $AC_1(n)$ 和 AC_0 的控制下从 U_{CC}、地、OE 或第一乘积项中选择 1 个作为输出缓冲器的使能信号。

FMUX 是反馈源选择器。在 $AC_1(n)$、AC_0^* 的控制下选择 D 触发器的 $\overline{Q}$、本级 OLMC 的输出、邻级 OLMC 的输出或地电平作为反馈源,送回与阵列作为输入信号。

(2) 结构控制字。为了得到不同类型的输出结构,只要给 GAL 器件写入不同的结构控制字,输出逻辑宏单元(OLMC)就可以配置成不同的输出结构。GAL16V8 的结构控制字共 82 位,每位取值为"1"或"0"。在 SYN、AC_0、$AC_1(n)$ 的组合控制下,OLMC(n)可配置成 5 种不同的工作模式,即专用输入(禁止 OLMC 输出)、专用组合输出、反馈组合输出、时序电路中的组合输出、寄存器型输出模式。OLMC 组态的实现(即结构控制字的设定)都是由开发软件和硬件自动完成的。

普通 GAL 器件只用少数几种型号就可以取代所有的 PAL 器件,因此 GAL 器件出现后很快得到了普遍应用。但 GAL 和 PAL 一样都属于低密度 PLD,其共同缺点是规模小,每片相当于几十个等效门电路,只能代替 2~4 片 MSI 器件,远远达不到 LSI 和 VLSI 专用集成电路的要求。另外,GAL 在使用中还有许多局限性,如一般 GAL 只能用于同步时序电路,各 OLMC 中的触发器只能同时置位或清 0,每个 OLMC 中的触发器和或门还不能充分发挥其作用,且应用灵活性差。这些不足之处都在高密度 PLD 中得到了较好的解决。

8.5.4　高密度可编程逻辑器件

高密度可编程逻辑器件(HDPLD)主要包括 EPLD、CPLD 和 FPGA 三种类型。

EPLD 是 20 世纪 80 年代中期由 Altera 公司推出的可擦除可编程逻辑器件。它采用了 CMOS 和 UVEPROM 工艺制作,其结构与 GAL 相似,但比 GAL 器件的集成度高得多。EPLD 内部大量增加了输出逻辑宏单元(OLMC)的数量,提供了更大的与阵列,而且增加了对 OLMC 内部触发器的预置和异步置 0 功能,因此它的 OLMC 有更大的使用灵活性,但是 EPLD 的内部互连功能很弱。

CPLD 是在 EPLD 的基础上发展起来的器件。与 EPLD 相比,它增加了内部连线,对逻辑宏单元和 I/O 单元都做了重大改进。CPLD 采用 E^2CMOS 工艺制作,有些 CPLD 内部还集成了 RAM、FIFO 或双口 RAM 等存储器,兼有 FPGA 的特性,许多 CPLD 还具备了在系统编程能力,因此 CPLD 比 EPLD 功能更强,使用更灵活,因而得到了广泛应用。

FPGA 是 20 世纪 80 年代中期由 Xilinx 公司推出的一种新型可编程逻辑器件,其电路结构及编程方式与 CPLD 完全不同。CPLD 的主体是与或阵列,并以可编程逻辑单元为基础,可编程连线集成在一个全局布线区,因此称为阵列型 HDPLD;FPGA 则是以基本门单元为基础,构成门单元阵列,可编程连线分布在门单元之间的布线区,因此称为单元型

HDPLD。FPGA 采用 CMOS - SRAM 工艺制作，其功能由逻辑结构的配置数据决定，而配置的数据放在片内 SRAM 上，因此断电后数据便随之丢失，在工作前需要从芯片外的 EPROM 中加载配置数据。

20 世纪 90 年代后，高密度 PLD 在集成密度、生产工艺、器件编程和测试技术等方面都有了飞速的发展。目前 CPLD/FPGA 器件的集成度可达数百万门，工作频率达 500 MHz 以上，并出现了内嵌复杂功能模块（如加法器、乘法器、RAM、DSP 和 PLL 等）的可编程片上系统（SOPC，System On Programmable Chip）。目前世界著名半导体公司如 Altera、Xilinx、Lattice 等，均可提供不同类型的 CPLD 和 FPGA 产品。下面简要介绍 CPLD 和 FPGA 的结构特点。

1. 复杂可编程逻辑器件 CPLD 的基本结构

CPLD 是从 GAL、EPLD 发展起来的阵列型高密度可编程逻辑器件，它们大多采用了 CMOS、EPROM 和 Falsh 编程技术，因而具有高密度、高速度和低能耗的特点。虽然各厂商生产的 CPLD 器件机构都有各自的特点，但仍有共同之处。一般 CPLD 器件的结构框图如图 8.5.14 所示，它们主要由可编程逻辑功能块、I/O 控制块、可编程连线阵列三部分电路组成。各公司对可编程逻辑功能块的命名是不同的，如 Altera 公司将其命名为 LAB（Logic Array Block），Xilinx 公司命名为 FB（Function Block），Lattice 公司命名为 GLB（Generic Logic Block）。下面将以 Altera 公司的 MAX7000 系列为例介绍 CPLD 的基本结构特点。

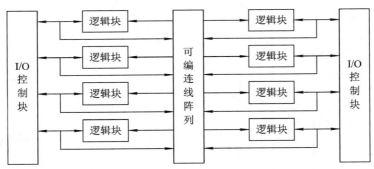

图 8.5.14　CPLD 的结构框图

1）可编程逻辑功能块（LAB）

MAX7000 器件主要由可编程逻辑阵列块 LAB、I/O 控制块和可编程连线阵列 PIA 组成，其结构框图如图 8.5.15 所示。其中，每个逻辑功能块 LAB 由 16 个宏单元组成，MAX7000 系列的芯片上有 2～16 个 LAB，可以包含 32～256 个宏单元。典型的 MAX7128 器件内部有 8 个 LAB，共 128 个宏单元。MAX7128 的宏单元结构如图 8.5.16 所示，它由逻辑阵列、乘积项选择矩阵和可编程触发器三个功能块组成。

逻辑阵列用于实现组合逻辑，它给每个宏单元提供 5 个乘积项。

乘积项选择矩阵分配这些乘积项作为到或门和异或门的主要逻辑输入，以实现组合逻辑函数，或者把这些乘积项作为宏单元中触发器的辅助输入，即清除、置位、时钟和时钟使能控制。每个宏单元的一个乘积项可以反相送到逻辑阵列。这个"可共享"的乘积项能够连接到同一个 LAB 中任何其他乘积项上，利用软件开发工具按设计要求自动优化乘积项的分配。

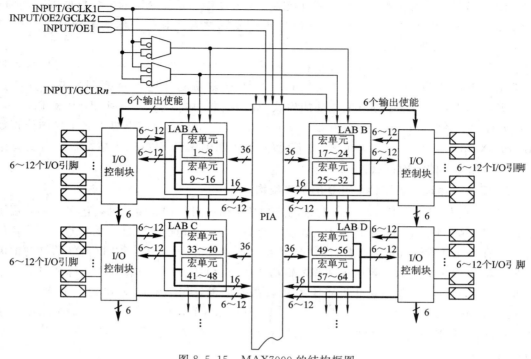

图 8.5.15　MAX7000 的结构框图

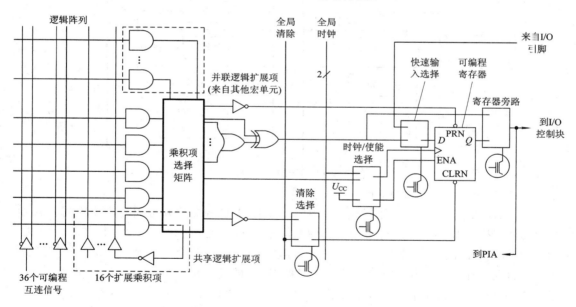

图 8.5.16　MAX7128 的宏单元结构

宏单元中的触发器可以单独地编程为具有可编程时钟控制的 D 触发器、T 触发器、RS 触发器或 JK 触发器的工作方式。另外，也可以将触发器旁路，实现组合逻辑功能。每个触发器也支持异步清除和异步置位功能，由乘积项选择矩阵分配乘积项去控制这些操作。虽然乘积项驱动触发器的置位和复位信号是高电平有效，但是在逻辑阵列中可将信号反相，得到低电平有效的控制。每个触发器可以按全局时钟、按高电平有效的时钟使能和用乘积项实现阵列的时钟三种方式来实现时钟信号的控制。此外，每个触发器的复位功能可以由低电平有效的、专用的全局复位引脚信号提供。在设计输入时，用户可以选择所希望的触发器，然后用软件开发工具为每一个寄存器功能选择最有效的触发器工作方式，以使设计所需要的资源最少。

大多数逻辑函数虽然能够用宏单元中的 5 个乘积项来实现，但某些逻辑函数较为复杂，需要附加乘积项。为提供所需的逻辑资源，不利用另一个宏单元，而是利用 MAX7000 结构中共享和并联扩展乘积项，作为附加的乘积项直接送到本 LAB 的任意宏单元中。在实现逻辑综合时，利用扩展项可保证用尽可能少的逻辑资源实现尽可能快的工作速度。

共享扩展乘积项在每个 LAB 中有 16 个扩展项。它是由宏单元提供的一个未使用的乘积项，把它们反馈到逻辑阵列，可便于集中管理使用。每个共享扩展乘积项可被 LAB 内任何(或全部)宏单元使用和共享，以实现复杂的逻辑函数。

并联扩展项是一些宏单元中没有使用的乘积项，并且这些乘积项可分配到邻近的宏单元去实现快速复杂的逻辑函数。并联扩展项允许多达 20 个乘积项直接馈送到宏单元的或逻辑，其中 5 个乘积项是由宏单元本身提供的，15 个并联扩展项是由 LAB 中邻近宏单元提供的。

2) 可编程连线阵列(PIA)

通过这个 PIA 的可编程布线通道把多个 LAB 相互连接，便构成了所需的逻辑。它能够把器件中任何信号源连接到目的地。所有的专用输入、I/O 引脚的反馈、宏单元的反馈均连入 PIA 中，并且布满了整个器件。图 8.5.17 给出了 PIA 的信号是如何布线到 LAB 的。EPROM 单元控制二输入与门的一个输入端，以选择驱动 LAB 的 PIA 信号。

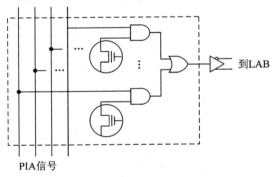

图 8.5.17　PIA 布线图

可编程连线阵列的延时是固定的，所以 PIA 消除了信号之间的时间偏移，使得时间性能容易预测。

3) I/O 控制块

I/O 控制块允许每个 I/O 引脚单独地配置成输入、输出和双向工作方式，所有 I/O 引脚都有一个三态缓冲器，它的使能端由 OE1n、OE2n 及 U_{cc}、GND 信号中的一个控制。I/O 控制块的结构图如图 8.5.18 所示。该 I/O 控制块由两个全局输出使能信号 OE1n 和 OE2n 来驱动；当三态缓冲器的控制端接到地(GND)时，其输出为三态(高阻态)，而且 I/O 引脚可作为专用输入端使用；当三态缓冲器的控制端接到电源(U_{cc})时，I/O 引脚处于输出工作方式。

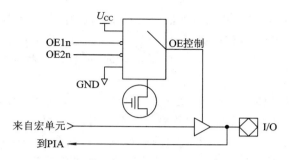

图 8.5.18　I/O 控制块的结构图

2. 现场可编程门阵列 FPGA 的基本结构

FPGA 是 1985 年由 Xilinx 公司首先推出的高密度可编程逻辑器件。与前面所介绍的阵列型可编程逻辑器件不同，FPGA 采用类似于掩膜编程门阵列的通用结构，其内部由许多独立的可编程逻辑模块组成，用户可以通过编程将这些模块连接成所需要的数字系统。它具有密度高、编程速度快、设计灵活和可再配置等许多优点，因此 FPGA 出现后便受到普遍欢迎，并得到了迅速发展。

FPGA 的基本结构如图 8.5.19 所示。它由可配置逻辑块（CLB，Confiqurable Logic Block）、输入/输出模块（IOB，I/O Block）和可编程互连资源（PIR，Programmable Interconnect Resource）三部分组成。可配置逻辑块 CLB 是实现用户功能的基本单元，它们通常规则地排列成一个阵列，散布于整个芯片；输入/输出模块 IOB 主要完成芯片内逻辑与外部封装脚的接口，它通常排列在芯片的四周；可编程互连资源 PIR 包括各种长度的连线线段和一些可编程连接开关，它们将各个 CLB 之间、CLB 和 IOB 之间以及各 IOB 之间连接起来，构成具有特定功能的电路。

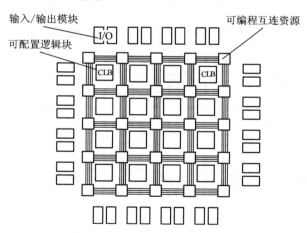

图 8.5.19　FPGA 的基本结构

FPGA 的功能由配置数据决定。工作时，这些配置数据存放在片内的 SRAM 或熔丝图上。基于 SRAM 的 FPGA 器件在工作前需要从芯片外部加载配置数据。配置数据可以存储在片外的 EPROM、E^2PROM 或其他存储器中。人们可以通过控制加载过程，在现场修改器件的逻辑功能，即所谓现场编程。

可配置逻辑块 CLB 一般有三种结构形式：① 查找表结构；② 多路开关结构；③ 多级

与非门结构。不同厂家生产的 FPGA 其 CLB、IOB 等结构都存在较大的差异。下面以 Xilinx 公司的 FPGA 为例分析其结构特点。

1）可配置逻辑块（CLB）

CLB 是 FPGA 的主要组成部分。图 8.5.20 为 XC4000 系列 CLB 的基本结构框图，它主要由逻辑函数发生器、触发器、数据选择器和信号变换电路四部分组成。

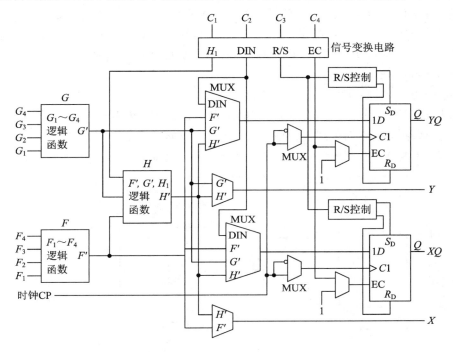

图 8.5.20　XC4000 系列 CLB 的基本结构框图

CLB 中三个逻辑函数发生器分别是 G、F 和 H，相应的输出是 G'、F' 和 H'，它们均为查找表结构，其工作原理类似于用 ROM 实现组合逻辑函数。G 有 4 个输入变量，分别为 $G_4 \sim G_1$；F 也有 4 个输入变量，分别为 $F_4 \sim F_1$。这两个逻辑函数发生器是完全独立的，均可实现 4 输入变量的任意组合逻辑函数。逻辑函数发生器 H 有 3 个输入信号：前两个函数发生器的输出为 G' 和 F'，另一个输入信号是来自信号变换电路的输出 H_1。H 函数发生器能实现 3 输入变量的各种组合函数。G、F、H 三个函数发生器结合起来，可实现最多达 9 个输入变量的各种组合函数。通过对 CLB 内部的数据选择器编程，逻辑函数发生器 G、F 和 H 的输出可以连接到 CLB 内部触发器，或者直接连到 CLB 的输出端 X 或 Y。

CLB 中有两个边沿触发的 D 触发器，它们和逻辑函数发生器一起，可以实现各种时序逻辑电路。两个 D 触发器均可通过编程确定为时钟上升沿触发或下降沿触发；它们均有时钟使能信号 EC；R/S 控制电路可以分别对两个触发器进行异步置位或异步清 0 操作。CLB 的这种特殊结构使触发器的时钟、时钟使能、置位和复位均可被独立设置，且可独立工作，从而为实现不同功能时序逻辑电路提供了可能性。D 触发器激励端的数据来源是由编程确定的，可以从 G'、F'、H' 或者信号变换电路送来的 DIN 这 4 个信号中选择一个。触发器的状态经 CLB 的输出端 YQ 和 XQ 输出。

　　CLB 中有许多不同规格的数据选择器(4 选 1、2 选 1 等)，分别用来选择触发器激励输入信号、时钟有效边沿、时钟使能信号以及输出信号。这些数据选择器的地址控制信号均由编程信息提供，从而实现所需的电路结构。

　　CLB 中的 F 和 G 组合逻辑函数发生器还可作为器件内高速 RAM 或小的可读/写存储器使用。它由信号变换电路编程控制，当信号变换电路编程设置存储功能无效时，F 和 G 作为组合逻辑函数发生器使用；当信号变换电路编程设置存储器功能有效时，F 和 G 作为器件内部存储器使用，4 个控制信号 $C_1 \sim C_4$ 分别将存储器的写使能、数据信号或地址信号接入到 CLB 中。此时，$F_4 \sim F_1$ 和 $G_4 \sim G_1$ 输入相当于地址输入信号 $A_3 \sim A_0$，以选择存储器中的特定存储单元。

　　2) 输入/输出模块(IOB)

　　IOB 提供了器件引脚和内部逻辑阵列的接口电路。每一个 IOB 控制一个引脚(除电源线和地线引脚外)，将它们可配置为输入、输出或者双向传输信号端。

　　图 8.5.21 为 XC4000 的 IOB 结构图。IOB 的组成包括以下部分：

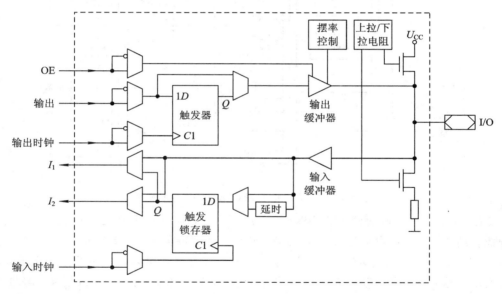

图 8.5.21　XC4000 的 IOB 结构图

　　(1) 输入通路。当 IOB 控制的引脚被定义为输入时，通过该引脚的输入信号先送至输入缓冲器。缓冲器的输出分成两路：一路可以直接送到 MUX，另一路经延迟几纳秒(或者不延迟)送到输入通路 D 触发器，再送到数据选择器。通过编程给数据选择器不同的控制信号，确定送至 CLB 阵列的 I_1 和 I_2 是来自输入缓冲器还是来自触发器。D 触发器可通过编程来确定是边沿触发还是电平触发，且配有独立的时钟。与前述 CLB 中的触发器一样，也可任选上升沿或者下降沿作为有效作用沿。

　　(2) 输出通路。当 IOB 控制的引脚被定义为输出时，CLB 阵列的输出信号 OUT ($\overline{\text{OUT}}$)也可以有两条传输途径：一条是直接经 MUX 送至输出缓冲器；另一条是先存入输出通路 D 触发器，再送至输出缓冲器。输出通路 D 触发器也有独立的时钟，且可任选触发边沿。输出缓冲器既受 CLB 阵列送来的 OE 信号控制，使输出引脚有高阻状态，也受转换速率控制电路的控制，使它可高速或低速运行，后者有抑制噪声的作用。

（3）输出专用推拉电路。IOB 的输出端配有两个 MOS 管，它们的栅极均可编程，使 MOS 管导通或截止，分别经上拉电阻或下拉电阻接通 U_{CC}、地线或者不接通，用以改善输出波形和带负载能力。

3）可编程互连资源（PIR）

PIR 由许多金属线段构成，这些金属线段带有可编程开关，通过自动布线实现所需功能的电路连接。连线通路的数量与器件内部阵列的规模有关，阵列规模越大，连线数量越多。

互连线按相对长度分为单线、双线和长线三种。

单线和长线主要用于 CLB 之间的连接。在这种结构中，任意两点间的连接都要通过开关矩阵。它提供了相邻 CLB 之间的快速互连和复杂互连的灵活性，但传输信号每通过一个可编程开关矩阵，就增加一次时延。因此，FPGA 的内部时延与器件结构和逻辑布线等有关，它的信号传输延时不可确定。

图 8.5.22(a) 为通用单长线连接结构。它包括夹在 CLB 之间的 8 条垂直和水平金属线段，在这些金属线段的交叉点处是可编程开关矩阵。CLB 的输入和输出分别接至相邻的通用单长线，进而可与开关矩阵相连。通过编程，可控制开关矩阵将某个 CLB 与其他 CLB 或 IOB 连在一起。

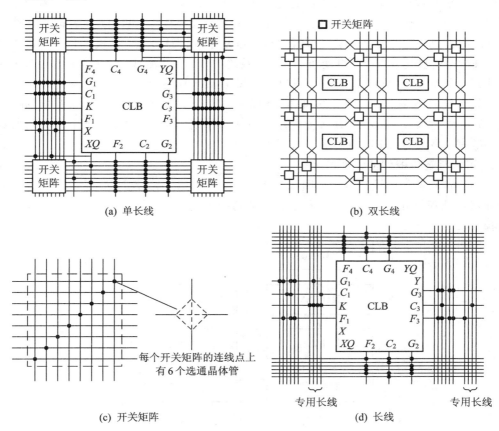

(a) 单长线　　　　　　　　　　　　(b) 双长线

(c) 开关矩阵　　　　　　　　　　　(d) 长线

图 8.5.22　可编程连线

图 8.5.22(b)为通用双长线连接结构。它包括夹在 CLB 之间的 4 条垂直和水平金属线段。双长线金属线段长度是单长线金属线段的两倍，要穿过两个 CLB 之后，这些金属线段才与可编程的开关矩阵相连。因此，通用双长线可使两个相隔（非相邻）的 CLB 连接起来。

图 8.5.22(c)给出了可编程开关矩阵的结构。每个开关矩阵的连线点上有 6 个选通晶体管。进入开关矩阵的信号可与任何方向的单或双长线互连。

图 8.5.22(d)为长线连接结构。在通用单/双长线的旁边还有 3~4 条从阵列的一头连到另一头的线段，称之为水平长线和垂直长线。这些长线不经过可编程开关矩阵，信号延迟时间小。长线主要用于长距离或多分支信号的传送。

8.5.5　可编程逻辑器件的开发

PLD 的开发是指利用开发系统的软件和硬件对 PLD 进行设计和编程的过程。

低密度 PLD 早期使用汇编型软件，如 PALASM、FM 等。这类软件不具备自动化简功能，只能用化简后的与或逻辑表达式进行设计输入，而且对不同类型的 PLD 兼容性较差。20 世纪 80 年代以后出现了编译型软件，如 ABEL、CUPL 等，这类软件功能强，效率高，可以采用高级编程语言输入，具有自动化简和优化设计功能，而且兼容性好，因而很快得到了推广和应用。高密度 PLD 出现以后，各种新的 EDA 工具不断出现，并向集成化方向发展。这些集成化的开发系统软件（软件包）可以从系统设计开始，完成各种形式的设计输入，并进行逻辑优化、综合和自动布局布线、系统仿真、参数测试、分析等芯片设计的全过程工作。高密度 PLD 的开发系统软件可以在 PC 机或工作站上运行。

开发系统的硬件主要包括计算机和编程器。编程器是对 PLD 进行写入和擦除的专用装置，能提供写入或擦除操作所需要的电源电压和控制信号，并通过并行接口从计算机接收编程数据，最终写入 PLD 中。

1. 可编程逻辑器件的设计过程

可编程逻辑器件的设计流程如图 8.5.23 所示，它主要包括设计准备、设计输入、设计处理和器件编程等几个步骤，同时包括相应的功能仿真、时序仿真和器件测试三个设计验证过程。

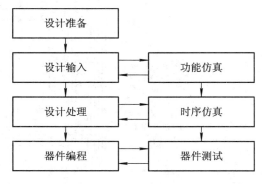

图 8.5.23　PLD 的设计流程

1）设计准备

采用有效的设计方案是 PLD 设计成功的关键，因此在设计输入之前首先要考虑两个问题：① 选择系统方案，进行抽象的逻辑设计；② 选择合适的器件，满足设计的要求。

对于低密度 PLD，一般可以进行书面逻辑设计，将电路的逻辑功能直接用逻辑方程、真值表、状态图或原理图等方式进行描述，然后根据整个电路输入、输出端数以及所需要的资源（门、触发器数目）选择能满足设计要求的器件系列和型号。器件的选择除了应考虑器件的引脚数、资源外，还要考虑其速度、功耗以及结构特点。

对于高密度 PLD，系统方案的选择通常采用"自顶向下"的设计方法。首先在顶层进行功能框图的划分和结构设计，然后逐级设计底层的结构。一般描述系统总功能的模块放在最上层，称为顶层设计；描述系统某一部分功能的模块放在下层，称为底层设计。底层模块还可以再向下分层。这种"自顶向下"和分层次的设计方法使整个系统设计变得简洁和方便，并且有利于提高设计的成功率。目前系统方案的设计工作和器件的选择都可以在计算机上完成，设计者可以采用国际标准的两种硬件描述语言 VHDL 或 Verilog 对系统级进行功能描述，并选用各种不同的芯片进行平衡、比较，选择最佳结果。

2）设计输入

设计者将所设计的系统或电路以开发软件要求的某种形式表示出来，并送入计算机的过程称为设计输入。它通常有原理图输入、硬件描述语言输入和波形输入等多种方式。

原理图输入是一种最直接的输入方式。这种方式大多数用于对系统或电路结构很熟悉的场合，但系统较大时，这种方式的相对输入效率较低。

硬件描述语言是用文本方式描述设计，它分为普通的硬件描述语言和行为描述语言。普通硬件描述语言有 ABEL - HDL、CUPL 等，它们支持逻辑方程、真值表、状态机等逻辑表达方式。行为描述语言是指高层硬件描述语言 VHDL 和 Verilog，它们有许多突出的优点，如语言具有公开可利用性，便于组织大规模系统的设计，具有很强的逻辑描述和仿真功能，而且输入效率高，在不同的设计输入库之间转换也非常方便。

3）设计处理

从设计输入完成到编程文件产生的整个编译、适配过程通常称为设计处理或设计实现。它是器件设计中的核心环节，是由计算机自动完成的，设计者只能通过设置参数来控制其处理过程。在编译过程中，编译软件对设计输入文件进行逻辑化简、综合和优化，并适当地选用一个或多个器件自动进行适配和布局、布线，最后产生编程用的编程文件。

编程文件是可供器件编程使用的数据文件。对于阵列型 PLD，则是产生熔丝图文件即 JEDEC（简称 JED）文件，它是电子器件工程联合会制定的标准格式；对于 FPGA，则是生成位流数据文件（Bitstream Generation）。

4）设计校验

设计校验过程包括功能仿真和时序仿真，这两项工作是在设计输入和设计处理过程中同时进行的。

功能仿真是在设计输入完成以后进行的逻辑功能检证，又称前仿真。它没有延时信息，对于初步功能检测非常方便。时序仿真在选择好器件并完成布局、布线之后进行，又称后仿真或定时仿真。时序仿真可以用来分析系统中各部分的时序关系以及仿真设计性能。

5）器件编程

编程是指将编程数据放到具体的 PLD 中。

对阵列型 PLD 来说，是将 JED 文件"下载（Download）"到 PLD 中；对 FPGA 来说，是将位流数据文件"配置"到器件中。

器件编程需要满足一定的条件，如编程电压、编程时序和编程算法等。普通的 PLD 和一次性编程的 FPGA 需要专用的编程器来完成器件的编程工作。基于 SRAM 的 FPGA 可以由 EPROM 或微处理器进行配置。在系统可编程器件则不需要专门的编程器，只要一条下载编程电缆即可。

2. 在系统可编程技术和边界扫描技术

1）在系统可编程技术

在系统可编程（ISP，In-System Programmable）技术是 20 世纪 80 年代末 Lattice 公司首先提出的一种先进的编程技术。所谓在系统编程，是指对器件、电路板或整个电子系统的逻辑功能可随时进行修改或重构。这种重构或修改可以在产品设计、制造过程中的每个环节，甚至在交付用户之后进行。支持 ISP 技术的可编程逻辑器件称为在系统可编程逻辑器件（ispPLD）。

ispPLD 不需要使用编程器，只需通过计算机接口和编程电缆直接在目标系统或印刷线路板上进行编程。一般的 PLD 只能插在编程器上先进行编程，然后装配，而 ispPLD 则可以先装配，后编程。因此 ISP 技术有利于提高系统的可靠性，便于系统板的调试和维修。

ISP 技术是一种串行编程技术，其编程接口非常简单。例如，Lattice 公司的 ispLSI、ispGAL 和 ispGDS 等 ISP 器件只有 5 根信号线：模式控制输入 MODE、串行数据输入 SDI、串行数据输出 SDO、串行时钟输入 SCLK 和在系统编程使能输入 $\overline{ispEN}$。PC 机可以通过这五根信号线完成编程数据传递和编程操作。其中，编程使能信号 $\overline{ispEN}=1$ 时，ISP 器件为正常工作状态；$\overline{ispEN}=0$ 时，所有 IOC 的输出均被置为高阻，与外界系统隔离，这时才允许器件进入编程状态。当系统具备多个 ispPLD 时，还可以采用菊花链形式进行编程，如图 8.5.24 所示。

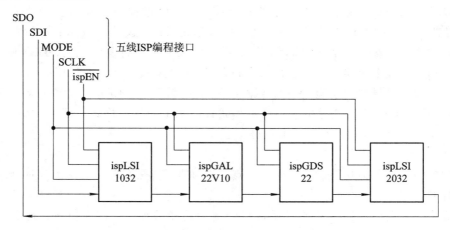

图 8.5.24　多个 ispPLD 的编程

图中，多个器件进行串联编程，从而可以实现用一个接口完成多芯片的编程工作，提高效率。

基于 SRAM 的现场可编程技术实际也具备与 ISP 技术一样的效能，ISP 技术也支持现场可编程。无论现场可编程还是在系统可编程，都可以实现系统重构。现场可编程和在系统可编程是可编程逻辑器件的发展方向。由此也可以预见，未来的硬件将不再是固定的结构，而是灵活的结构，具备软件的某些特性，可以在运行状态下根据需要重新配置硬件功能。

2）边界扫描测试技术

边界扫描测试技术主要解决芯片的测试问题。

20 世纪 80 年代后期，对电路板和芯片的测试出现了困难。以往在生产过程中对电路板的检验是由人工或测试设备进行的，但随着集成电路密度的提高，集成电路的引脚也变得越来越密，测试变得很困难。例如，TQFP 封装器件，其管脚的间距仅为 0.6 mm，这样小的空间内几乎放不下一根探针。同时，由于国际技术的交流和降低产品成本的需要，也要求为集成电路和电路板的测试制定统一的规范。边界扫描技术正是在这种背景下产生的。IEEE 1149.1 协议是由 IEEE 组织联合测试行动组（JTAG）在 20 世纪 80 年代提出的边界扫描测试技术标准，用来解决高密度引线器件和高密度电路板上的元件的测试问题。

标准的边界扫描测试只需要 4 根信号线，能够对电路板上所有支持边界扫描的芯片内部逻辑和边界管脚进行测试。应用边界扫描技术可以增强芯片、电路板甚至系统的可测试性。

本 章 小 结

（1）ROM 是非易失性存储器，它存储的是固定数据，一般只能被读出。

只读存储器分为掩膜 ROM、PROM、EPROM 几种类型。

只读存储器 ROM 由地址译码器、存储矩阵和输出缓冲器三部分组成。对于有 n 位地址输入，m 位数据输出的 ROM，其存储容量为 $2^n \times m$（位）。

从组合逻辑结构来看，ROM 是由与阵列和或阵列构成的组合逻辑电路。

ROM 主要用于存储信息，也可以用来实现组合逻辑函数，因此必须对 ROM 的阵列图画法熟练掌握。

（2）随机存储器 RAM 是一种易失性的读/写存储器，它存储的数据随电源断电而消失。RAM 的结构与 ROM 相似，它包含 SRAM 和 DRAM 两种类型。SRAM 用触发器存储数据，DRAM 靠 MOS 管栅极电容存储数据，因此它必须定期刷新。

ROM 和 RAM 的容量扩展分位扩展和字扩展，分别通过增加位数和字数来实现。

（3）可编程逻辑器件（PLD）按照其集成密度和结构特点可作以下分类：

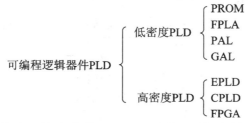

GAL 由与门阵列、输出逻辑宏单元（OLMC）、输入/输出缓冲器等部分组成，通过编程可将 OLMC 设置成不同的输出方式。

CPLD 为阵列型 HDPLD，其内部一般包含三种结构：可编程逻辑宏单元、可编程 I/O 单元和可编程连线阵列。

FPGA 的结构与 CPLD 不同，通常由三种可编程单元和存放编程数据的 SRAM 组成。

（4）可编程逻辑器件的设计主要有设计准备、设计输入、设计处理、设计校验和器件编程几个步骤。设计输入通常可采用原理图输入、硬件描述语言输入和波形输入等多种方式。

习 题 8

8-1　图 P8-1 是一个已编程的 $2^4 \times 4$ 位 ROM，试写出各数据输出端 D_3、D_2、D_1、D_0 的逻辑函数表达式。

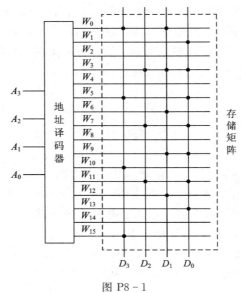

图 P8-1

8-2　试问一个 256 字×4 位的 ROM 应有地址线、数据线、字线和位线各多少根？

8-3　确定用 ROM 实现下列逻辑函数所需的容量。

（1）比较两个 4 位二进制数的大小及是否相等。

（2）两个 3 位二进制数相乘的乘法器。

（3）将 8 位二进制数转换成十进制数（用 BCD 码表示）的转换电路。

8-4　用一个 2-4 译码器和 4 片 1024×8 的 ROM 组成一个容量为 4096×8 的 ROM，画出连接图。（ROM 芯片的逻辑符号如图 P8-4 所示，$\overline{CS}$ 为片选信号。）

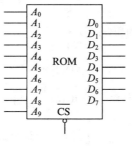

图 P8-4

8-5　图 P8-5 为 256×4 位 RAM 芯片的符号图，试用位扩展的方法组成 256×8 位 RAM，并画出逻辑图。

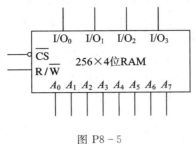

图 P8-5

8-6　已知 4×4 位 RAM 如图 P8-6 所示。如果把它们扩展成 8×8 位 RAM：

（1）试问需要几片 4×4 RAM?

（2）画出扩展电路图。

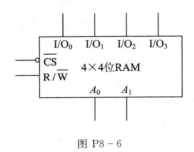

图 P8-6

8-7　试用 ROM 实现下列多输出函数：

$$F_1 = \overline{A}B + A\overline{B} + BC$$

$$F_2 = \sum m(3, 4, 5, 6)$$

$$F_3 = \overline{A}\overline{B}C + \overline{A}B\overline{C} + \overline{A}BC + ABC$$

8-8　试用 ROM 实现 8421 BCD 码至余 3 码的转换器。

8-9　图 P8-9 是用 16×4 位 ROM 和同步十六进制加法计数器 74LS161 组成的脉冲分频电路。ROM 的数据表如表 P8-9 所示。试画出在 CP 信号的连续作用下 D_3、D_2、D_1、D_0 输出的电压波形，并说明它们和 CP 信号频率之比。

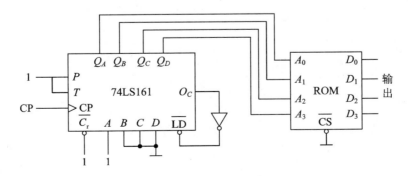

图 P8-9

表 P8 - 9

地 址 输 入				数 据 输 出				地 址 输 入				数 据 输 出			
A_3	A_2	A_1	A_0	D_3	D_2	D_1	D_0	A_3	A_2	A_1	A_0	D_3	D_2	D_1	D_0
0	0	0	0	1	1	1	1	1	0	0	0	1	1	1	1
0	0	0	1	0	0	0	0	1	0	0	1	1	1	0	0
0	0	1	0	0	0	1	1	1	0	1	0	0	0	0	1
0	0	1	1	0	1	0	0	1	0	1	1	0	0	1	0
0	1	0	0	0	1	0	1	1	1	0	0	0	0	0	1
0	1	0	1	1	0	1	0	1	1	0	1	0	1	0	0
0	1	1	0	1	0	0	1	1	1	1	0	0	1	1	1
0	1	1	1	1	0	0	0	1	1	1	1	0	0	0	0

8 - 10　试用 FPLA 实现习题 8 - 7 的多输出函数。

8 - 11　试用 FPLA 实现习题 8 - 8 的码组转换电路。

8 - 12　试用 FPLA 和 D 触发器实现一个模 8 加/减法计数器。

8 - 13　试用 FPLA 和 JK 触发器实现一个模 9 加法计数器。

8 - 14　可编程逻辑器件有哪些种类? 它们的共同特点是什么?

8 - 15　比较 GAL 和 PAL 器件在电路结构形式上有何异同点。

8 - 16　比较 CPLD 和 FPGA 可编程逻辑器件的异同。

8 - 17　可编程逻辑器件常用的编程元件有几类? 它们各有什么特点?

8 - 18　可编程逻辑器件的设计流程主要有哪几步?

第 9 章　数/模和模/数转换器 ◆◆◆

本章系统讲述了数/模转换(把数字量转换成相应的模拟量)与模/数转换(把模拟量转换成相应的数字量)的基本原理和常见的典型电路,并介绍了 8 位集成 D/A 转换器 DAC0832 和 8 位 A/D 转换器 ADC0809。

9.1　概　　述

随着数字电子技术的迅速发展,尤其是计算机在自动检测、自动控制以及许多其他领域中的广泛应用,用数字技术来处理模拟信号已非常普遍。

为了用数字技术来处理模拟信号,必须把模拟信号转换成数字信号,才能送入数字系统进行处理。同时,往往还需要把处理后的数字信号转换成模拟信号,作为最后的输出。我们把从模拟信号转换到数字信号称为模/数转换,或称为 A/D(Analog to Digital)转换,把从数字信号转换到模拟信号称为 D/A(Digital to Analog)转换。同时,把实现 A/D 转换的电路称为 A/D 转换器(ADC, Analog-Digital Converter),把实现 D/A 转换的电路称为 D/A 转换器(DAC, Digital-Analog Converter)。

为了保证数据处理的准确性,A/D 转换器和 D/A 转换器必须达到一定的转换精度。同时,为了适应快速过程的检测和控制,A/D 转换器和 D/A 转换器必须有足够快的转换速度。

目前常见的 D/A 转换器有权电阻网络 D/A 转换器、倒 T 型电阻网络 D/A 转换器等。A/D 转换器的类型也有多种,可以分为直接 A/D 转换器和间接 A/D 转换器两大类。在直接 A/D 转换器中,输入的模拟信号直接被转换成相应的数字信号;在间接 A/D 转换器中,输入的模拟信号先被转换成某种中间变量(如电压、频率等),然后将中间变量转换为最后的数字量。

考虑到 D/A 转换器的工作原理比较简单,而在有些 A/D 转换器中需要用到 D/A 转换器作为内部反馈电路,所以首先讨论 D/A 转换器的工作原理,再介绍 A/D 转换器。

9.2　D/A 转 换 器

9.2.1　D/A 转换器的基本工作原理

D/A 转换器是将输入的二进制数字信号转换成模拟信号,以电压或电流的形式输出。因此,D/A 转换器可以看做是一个译码器。一般常用的线性 D/A 转换器其输出模拟电压 U 和输入数字量 D 之间成正比关系,即 $U=KD$,式中,K 为常数。

D/A 转换器的一般结构如图 9.2.1 所示。图中，数据锁存器用来暂时存放输入的数字信号；n 位寄存器的并行输出分别控制 n 个模拟开关的工作状态；通过模拟开关，将参考电压按权关系加到电阻解码网络。

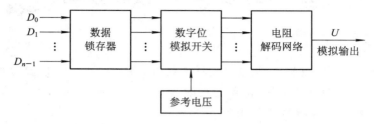

图 9.2.1　D/A 转换器的一般结构

电阻解码网络是一个加权求和电路，通过它把输入数字量 D 中的各位 1 按位权变换成相应的电流，再经过运算放大器求和，最终获得与 D 成正比的模拟电压 U。

9.2.2　D/A 转换器的主要电路形式

下面分别介绍权电阻网络 D/A 转换器和倒 T 型电阻网络 D/A 转换器。

1. 权电阻网络 D/A 转换器

n 位权电阻网络 D/A 转换器如图 9.2.2 所示。它由数据锁存器、模拟电子开关(S_i)、权电阻解码网络、运算放大器(A)及基准电压 U_R 组成。

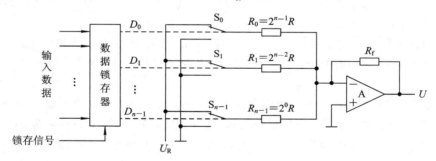

图 9.2.2　权电阻网络 D/A 转换器

开关 S_i 的位置受数据锁存器输出的数码 D_i 控制。当 $D_i=1$ 时，S_i 将电阻网络中相应的电阻 R_i 和基准电压 U_R 接通；当 $D_i=0$ 时，S_i 将电阻 R_i 接地。

权电阻网络由 n 个电阻($2^0R \sim 2^{n-1}R$)组成，电阻值的选择应使流过各电阻支路的电流 I_i 和对应 D_i 位的权值成正比。例如，数码最高位 D_{n-1} 的权值为 2^{n-1}，驱动开关为 S_{n-1}，连接的电阻 $R_{n-1}=2^{n-1-(n-1)}=2^0R$；最低位为 D_0，驱动开关为 S_0，连接的权电阻为 $R_0=2^{n-1-(0)}R=2^{n-1}R$。因此，对于任意位 D_i，其权值为 2^i，驱动开关为 S_i，连接的权电阻值为 $R_i=2^{n-1-i}R$，即位权(i)越大，对应的权电阻值就越小。

集成运算放大器作为求和权电阻网络的缓冲，主要用来减少输出模拟信号负载变化的影响，并将电流转换为电压输出。

当 $D_i=1$ 时，S_i 将相应的权电阻 $R_i=2^{n-1-i}R$ 与基准电压 U_R 接通，此时，由于运算放大器负输入端为虚地，因此该支路产生的电流为：$I_i = \dfrac{U_R}{2^{n-1-i}R} = \dfrac{U_R}{2^{n-1}R}2^i$；当 $D_i = 0$ 时，由于 S_i 接地，$I_i = 0$，因此，对于 D_i 位所产生的电流应表示为

$$I_i = \frac{U_R D_i}{2^{n-1-i}R} = \frac{U_R}{2^{n-1}R}2^i D_i$$

运算放大器总的输入电流为

$$I = \sum_{i=0}^{n-1} I_i = \sum_{i=0}^{n-1} \frac{U_R}{2^{n-1}R}D_i 2^i = \frac{U_R}{2^{n-1}R}\sum_{i=0}^{n-1} D_i 2^i$$

运算放大器的输出电压为

$$U = -R_f I = -\frac{R_f U_R}{2^{n-1}R}\sum_{i=0}^{n-1} D_i 2^i$$

若 $R_f = \dfrac{1}{2}R$，则代入上式后得

$$U = -\frac{R_f U_R}{2^{n-1}R}\sum_{i=0}^{n-1} D_i 2^i = -\frac{U_R}{2^n}\sum_{i=0}^{n-1} D_i 2^i$$

由上式可见，输出模拟电压 U 的大小与输入二进制数的大小成正比，实现了数字量到模拟量的转换。

当 $D = D_{n-1}\cdots D_0 = 0$ 时，$U = 0$。

当 $D = D_{n-1}\cdots D_0 = 11\cdots1$ 时，最大输出电压 $U_m = -\dfrac{2^n-1}{2^n}U_R$，因而 U 的变化范围是 $0 \sim -\dfrac{2^n-1}{2^n}U_R$。

这种电路简单、直观，但权电阻解码网络中的电阻种类太多，这给保证精度带来了很大困难，同时也给集成工艺带来了困难。因此，在集成 DAC 电路中通常采用电阻值种类较少的 R-$2R$ T 型电阻网络 DAC 电路。

2. 倒 T 型电阻网络 D／A 转换器

图 9.2.3 为倒 T 型电阻网络 D／A 转换器。该电路中，电阻只有 R 和 $2R$ 两种，构成 T 型网络。开关 $S_{n-1} \sim S_0$ 是在运算放大器求和点(虚地)和地之间转换，因此，无论开关在任何位置，电阻 $2R$ 总是和地相接，因而流过 $2R$ 电阻上的电流不随开关位置的变化而变化，是恒流，开关速度较高。

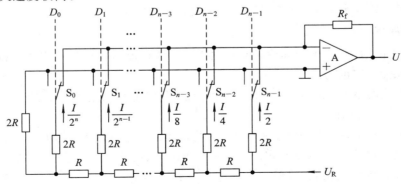

图 9.2.3　倒 T 型电阻网络 D／A 转换器

从图 9.2.3 中可以看出，由 U_R 向里看的等效电阻为 R，数码无论是 0 还是 1，开关 S_i 都相当于接地。由 U_R 流出的总电流为 $I=\dfrac{U_R}{R}$，而流入 $2R$ 支路的电流以 2 的倍数递减，因此流入运算放大器的电流为

$$I_\Sigma = D_{n-1}\frac{I}{2^1} + D_{n-2}\frac{I}{2^2} + \cdots + D_1\frac{I}{2^{n-1}} + D_0\frac{I}{2^n}$$

$$= \frac{I}{2^n}(D_{n-1}2^{n-1} + D_{n-2}2^{n-2} + \cdots + D_1 2^1 + D_0 2^0)$$

$$= \frac{I}{2^n}\sum_{i=0}^{n-1}D_i 2^i$$

运算放大器的输出电压为

$$U = -I_\Sigma R_f = -\frac{IR_f}{2^n}\sum_{i=0}^{n-1}D_i 2^i$$

若 $R_f = R$，将 $I=\dfrac{U_R}{R}$ 代入上式，则有

$$U = -\frac{U_R}{2^n}\sum_{i=0}^{n-1}D_i 2^i$$

可见，输出模拟电压正比于数字量的输入。

倒 T 型电阻网络的特点是电阻种类少，只有 R 和 $2R$ 两种，因此，可以提高制作精度；在动态转换过程中对输出不易产生尖峰脉冲干扰，有效地减小了动态误差，提高了转换速度。倒 T 型电阻网络 D/A 转换器是目前转换速度较高且使用较多的一种。

9.2.3　D/A 转换器的主要技术指标

1. 分辨率

分辨率指输入数字量从全 0 变化到最低有效位为 1 时，对应输出可分辨的电压变化量 ΔU 与最大输出电压 U_m 之比，即

$$分辨率 = \frac{\Delta U}{U_m} = \frac{1}{2^n - 1}$$

分辨率越高，转换时对输入量的微小变化的反应越灵敏。在电路的稳定性和精度能保证时，分辨率与输入数字量的位数有关，n 越大，分辨率越高。

2. 转换精度

转换精度是实际输出值与理论计算值之差，这种差值由转换过程中的各种误差引起，主要指静态误差，它包括：

（1）非线性误差。它是由电子开关导通的电压降和电阻网络电阻值偏差产生的，常用满刻度的百分数来表示。

（2）比例系数误差。它是由参考电压 U_R 的偏离而引起的误差，因 U_R 是比例系数，故称之为比例系数误差。当 ΔU_R 一定时，比例系数误差如图 9.2.4 中的虚线所示。

（3）漂移误差。它是由运算放大器的零点漂移产生的误差。当输入数字量为零时，由于运算放大器的零点漂移，输出模拟电压并不为 0，这使输出电压特性与理想电压特性之

间产生一个相对位移，如图 9.2.5 中的虚线所示。

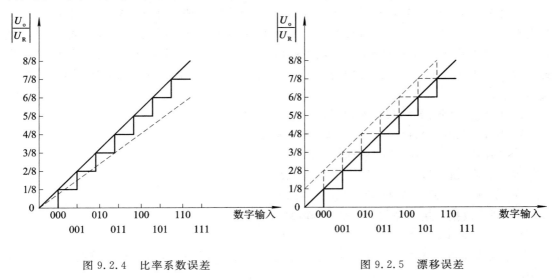

图 9.2.4　比率系数误差　　　　　　　　　图 9.2.5　漂移误差

3．建立时间

从数字信号输入 DAC 起，到输出电流（或电压）达到稳态值所需的时间称为建立时间。建立时间的大小决定了转换速度。目前 10～12 位单片集成 D/A 转换器（不包括运算放大器）的建立时间可以在 1 μs 以内。

9.2.4　8 位集成 D/A 转换器 DAC0832

集成 DAC0832 是单片 8 位数/模转换器，它可以直接与 Z80、8080、MCS51 等微处理器相连。其结构框图和引脚排列图如图 9.2.6（a）、(b)所示。

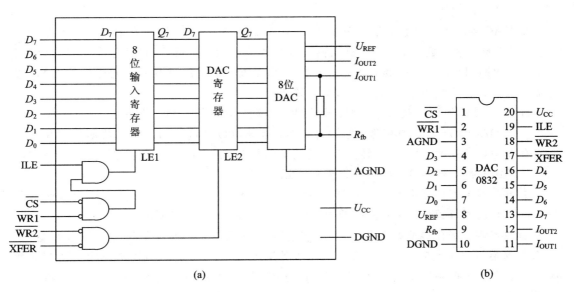

图 9.2.6　集成 DAC0832 的结构框图与引脚排列图

集成 DAC 0832 由一个 8 位输入寄存器、一个 8 位 DAC 寄存器和一个 8 位 D/A 转换器三大部分组成。D/A 转换器采用了倒 T 型 $R-2R$ 电阻网络。由于 DAC0832 有两个可以分别控制的数据寄存器，所以在使用时有较大的灵活性，可根据需要接成不同的工作方式。DAC0832 中无运算放大器，且是电流输出，使用时必须外接运算放大器。芯片中已设置了 R_{fb}，只要将 9 脚接到运算放大器的输出端即可。若运算放大器增益不够，则还需外加反馈电阻。

器件上各引脚的名称和功能如下：

ILE：输入锁存允许信号，输入高电平有效。

$\overline{CS}$：片选信号，输入低电平有效。

$\overline{WR1}$：输入选通信号 1，输入低电平有效。

$\overline{WR2}$：输入选通信号 2，输入低电平有效。

$\overline{XFER}$：数据传送选通信号，输入低电平有效。

$D_7 \sim D_0$：8 位输入数据信号。

U_{REF}：参考电压输入。一般此端外接一个精确、稳定的电压基准源。U_{REF} 可在 $-10 \sim 10$ V 范围内选择。

R_{fb}：反馈电阻（内已含一个反馈电阻）接线端。

I_{OUT1}：DAC 输出电流 1。此输出信号一般作为运算放大器的一个差分输入信号。当 DAC 寄存器中的各位为 1 时，电流最大；当各位全为 0 时，电流为 0。

I_{OUT2}：DAC 输出电流 2。它作为运算放大器的另一个差分输入信号（一般接地）。I_{OUT1} 和 I_{OUT2} 满足如下关系：

$$I_{OUT1} + I_{OUT2} = 常数$$

U_{CC}：电源输入端（一般取 $+5$ V）。

DGND：数字地。

AGND：模拟地。

从 DAC0832 的内部控制逻辑分析可知，当 ILE、$\overline{CS}$ 和 $\overline{WR1}$ 同时有效时，LE1 为高电平。在此期间，输入数据 $D_7 \sim D_0$ 进入输入寄存器。当 $\overline{WR2}$ 和 $\overline{XFER}$ 同时有效时，LE2 为高电平。在此期间，输入寄存器的数据进入 DAC 寄存器。8 位 D/A 转换电路随时将 DAC 寄存器的数据转换为模拟信号（$I_{OUT1} + I_{OUT2}$）输出。

DAC0832 的使用有双缓冲器型、单缓冲器型和直通型等三种工作方式。

由于 DAC0832 芯片中有两个数据寄存器，因此可以通过控制信号将数据先锁存在输入寄存器中，当需要进行 D/A 转换时，再将此数据装入 DAC 寄存器中并进行 D/A 转换。这就是两级缓冲工作方式，如图 9.2.7(a) 所示。

如果令两个寄存器中的一个处于常通状态，只控制一个寄存器的锁存，则可以使两个寄存器同时选通及锁存。这就是单缓冲工作方式，如图 9.2.7(b) 所示。

如果使两个寄存器都处于常通状态，则这时两个寄存器的输出跟随数字输入而变化，D/A 转换器的输出也同时跟着变化。这种情况是将 DAC0832 直接应用于连续反馈控制系统中作数字增量控制器使用，即直通型工作方式，如图 9.2.7(c) 所示。图中的电位器用于满量程调整。

实际使用时，工作方式应根据控制系统的要求来选择。

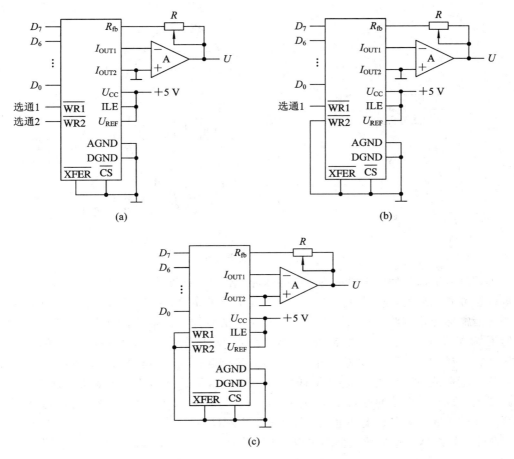

图 9.2.7　DAC0832 的三种工作方式

9.3　A/D 转 换 器

9.3.1　A/D 转换器的基本工作原理

　　A/D 转换是将模拟信号转换为数字信号,转换过程通过取样、保持、量化和编码四个步骤完成。

　　1. 取样和保持

　　取样(也称采样)是将时间上连续变化的信号转换为时间上离散的信号,即将时间上连续变化的模拟量转换为一系列等间隔的脉冲,脉冲的幅度取决于输入模拟量。其过程如图 9.3.1 所示。图中,$U_i(t)$ 为输入模拟信号,$S(t)$ 为取样脉冲,$U_o'(t)$ 为取样后的输出信号。

　　在取样脉冲作用期 τ 内,取样开关接通,使 $U_o'(t)=U_i(t)$;在其他时间($T_S-\tau$)内,输出为 0。因此,每经过一个取样周期,对输入信号取样一次,在输出端便得到输入信号的一个取样值。为了不失真地恢复原来的输入信号,根据取样定理,一个频率有限的模拟信号其取样频率 f_S 必须大于等于输入模拟信号包含的最高频率 f_{max} 的两倍,即取样频率必须满足:

$$f_S \geqslant 2f_{max}$$

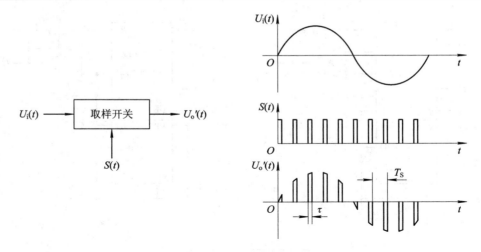

图 9.3.1　取样过程

　　模拟信号经取样后，得到一系列样值脉冲。取样脉冲宽度 τ 一般是很短暂的，在下一个取样脉冲到来之前，应暂时保持所取得的样值脉冲幅度，以便进行转换。因此，在取样电路之后需加保持电路。图 9.3.2(a)是一种常见的取样保持电路，场效应管 V 为取样门，电容 C 为保持电容，运算放大器为跟随器，起缓冲隔离作用。在取样脉冲 $S(t)$ 到来的时间 τ 内，场效应管 V 导通，输入模拟量 $U_i(t)$ 向电容充电。假定充电时间常数远小于 τ，那么 C 上的充电电压能及时跟上 $U_i(t)$ 的取样值。取样结束，V 迅速截止，电容 C 上的充电电压就保持了前一取样时间 τ 的输入 $U_i(t)$ 的值，一直保持到下一个取样脉冲到来为止。当下一个取样脉冲到来时，电容 C 上的电压 $U_o'(t)$ 再按输入 $U_i(t)$ 变化。在输入一连串取样脉冲序列后，取样保持电路的缓冲放大器输出电压 $U_o(t)$ 便得到如图 9.3.2(b)所示的波形。

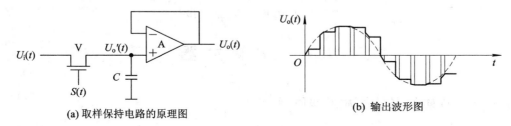

(a) 取样保持电路的原理图　　　　　　　　(b) 输出波形图

图 9.3.2　取样保持电路及输出波形

2. 量化和编码

　　输入的模拟电压经过取样保持后，得到的是阶梯波，但阶梯的幅度是任意值，将会有无限个数值，因此该阶梯波仍是一个可以连续取值的模拟量。另一方面，由于数字量的位数有限，只能表示有限个数值（n 位数字量只能表示 2^n 个数值），因此，用数字量来表示连续变化的模拟量时就有一个类似于四舍五入的近似问题。必须将取样后的样值电平归化到与之接近的离散电平上，这个过程称为量化，指定的离散电平称为量化电平。用二进制代码来表示各个量化电平的过程称为编码。两个量化电平之间的差值称为量化间隔 S，位数越多，量化等级越细，S 就越小。取样保持后未量化的 U_o 值与归化到相应量化电平的 U_q 值通常是不相等的，其差值称为量化误差 δ，即 $\delta = U_o - U_q$。量化的方法一般有以下两种。

1）只舍不入法

只舍不入法是将取样保持信号 U_o 不足一个 S 的尾数舍去，取其原整数。图 9.3.3(a) 是采用了只舍不入法。区域(3)中 $U_o = 3.6$ V 时将它归并到 $U_q = 3$ V 的量化电平，因此，编码后的输出为 011。这种方法中 δ 总为正值，$\delta_{max} \approx S$。

2）有舍有入法

有舍有入法是指当 U_o 的尾数 $< \dfrac{S}{2}$ 时，用舍尾取整法得其量化值，当 U_o 的尾数 $\geqslant \dfrac{S}{2}$ 时，用舍尾入整法得其量化值。图 9.3.3(b)采用了有舍有入法。区域(3)中 $U_o = 3.6$ V，尾数 0.6 V $\geqslant \dfrac{S}{2} = 0.5$ V，因此，归化到 $U_q = 4$ V，编码后为 100。区域(5)中 $U_o = 4.1$ V，尾数小于 0.5 V，归化到 4 V，编码后为 100。这种方法中 δ 可为正，也可为负，但是 $|\delta_{max}| = \dfrac{S}{2}$。可见，该法比第一种方法误差要小。

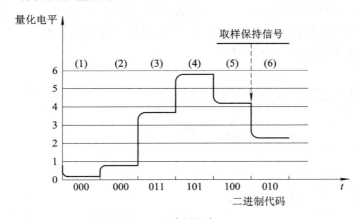

(a) 只舍不入法

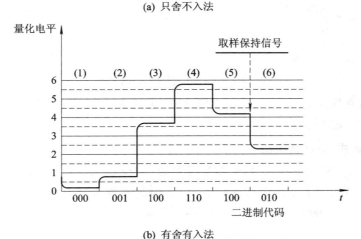

(b) 有舍有入法

图 9.3.3　两种量化方法的比较

9.3.2　A/D 转换器的主要电路形式

ADC 电路分为直接法和间接法两大类。

直接法是通过一套基准电压与取样保持电压进行比较，从而直接转换成数字量。其特点是工作速度高，转换精度容易保证，调整也比较方便。

间接法是将取样后的模拟信号先转换成时间 t 或频率 f，然后将 t 或 f 转换成数字量。其特点是工作速度较低，但转换精度可以做得较高，且抗干扰性强，一般在测试仪表中用得较多。

直接 ADC 有计数式、逐次逼近比较式和并联比较式等多种方式。并联比较式速度较高，但电路结构较复杂；间接法有单次积分型、双积分型等，双积分型精度比较高。ADC 电路较多，下面介绍常用的四种电路。

1. 计数斜波式 A/D 转换器

计数斜波式 ADC 的原理框图如图 9.3.4(a)所示。它由 n 位二进制计数器、D/A 转换器和电压比较器组成。D/A 转换器接收二进制计数器输出的数字信号，产生斜波式的模拟参考电压 U_R' 与输入信号 U_i 比较。当 D/A 转换器输出的模拟参考电压 $U_R'<U_i$ 时，电压比较器输出 $U_C=1$，计数器继续计数；当 D/A 转换器输出的模拟参考电压 $U_R'\geqslant U_i$ 时，电压比较器输出 $U_C=0$，计数器停止计数，此时计数器的输出即为输入模拟信号 U_i 的数字量代码。各部分输出电压如图 9.3.4(b)所示。

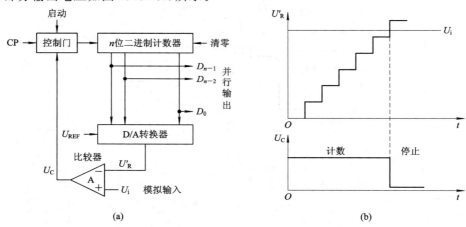

图 9.3.4 计数斜波式 ADC

这种电路是直接式最简单的一种，电路简单，但速度很慢，最大转换时间为 $(2^n-1)T_{CP}$。T_{CP} 为计数器时钟脉冲周期。

2. 逐次逼近式 A/D 转换器

逐次逼近式 ADC 是直接式 ADC 中最常见的一种，其结构框图如图 9.3.5 所示，它由电压比较器、D/A 转换器、逐次逼近寄存器与控制逻辑等部分构成。

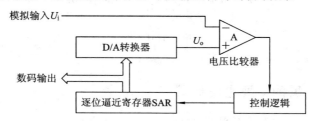

图 9.3.5 逐次逼近式 ADC 的结构框图

这种转换器将转换的模拟电压 U_i 与一系列基准电压作比较。比较是从高位到低位逐位进行的，并依次确定各位数码是 1 还是 0。转换开始前，先将逐次逼近寄存器(SAR)清零，开始转换后，控制逻辑将逐次逼近寄存器(SAR)的最高位置 1，使其输出为 100…000。这个数码被 D/A 转换器转换成相应的模拟电压 U_o，送至比较器与输入 U_i 比较。若 $U_o > U_i$，则说明寄存器输出的数码大了，应将最高位改为 0(去码)，同时设次高位为 1；若 $U_o \leqslant U_i$，则说明寄存器输出的数码还不够大，因此，需将最高位设置的 1 保留(加码)。然后，设次高位为 1，再按同样的方法进行比较，确定次高位的 1 是去掉还是保留(即去码还是加码)。这样逐位比较下去，一直到最低位为止。比较完毕后，寄存器中的状态就是转化后的数字输出。例如，一个待转换的模拟电压 $U_i = 163$ mV，逐次逼近寄存器(SAR)的数字量为 8 位，其整个比较过程如表 9.3.1 所示。D/A 输出的 U_o 反馈电压的变化波形如图 9.3.6 所示。

表 9.3.1　$U_i = 163$ mV 的逐次比较过程

步　骤	SAR 设定的数码								十进制读　数	比较判别	结果
	128	64	32	16	8	4	2	1			
1	1	0	0	0	0	0	0	0	128	$U_i \geqslant U_o$	留
2	1	1	0	0	0	0	0	0	192	$U_i < U_o$	去
3	1	0	1	0	0	0	0	0	160	$U_i \geqslant U_o$	留
4	1	0	1	1	0	0	0	0	176	$U_i < U_o$	去
5	1	0	1	0	1	0	0	0	168	$U_i < U_o$	去
6	1	0	1	0	0	1	0	0	164	$U_i < U_o$	去
7	1	0	1	0	0	0	1	0	162	$U_i \geqslant U_o$	留
8	1	0	1	0	0	0	1	1	163	$U_i = U_o$	留
结果	1	0	1	0	0	0	1	1	163		

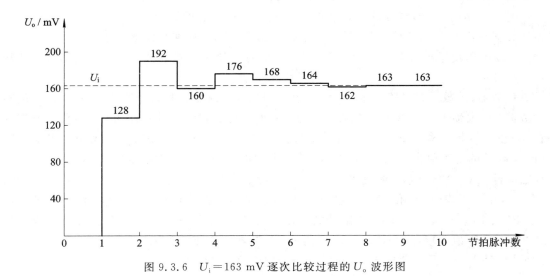

图 9.3.6　$U_i = 163$ mV 逐次比较过程的 U_o 波形图

从以上分析可见，逐次逼近比较式 ADC 的数码位数越多，转换结果越精确，但转换时间越长。这种电路完成一个取样值的转换所需的时间为 $(n+2)T_{CP}$。$2T_{CP}$ 是给寄存器置初值及读出二进制数所需的时间。

3. 双积分型 A/D 转换器

双积分型 ADC 的转换原理是先将模拟电压 U_i 转换成与其大小成正比的时间间隔 T，再利用基准时钟脉冲通过计数器将 T 变换成数字量。图 9.3.7 是双积分型 ADC 的原理框图，它由积分器、零值比较器、时钟控制门 G 和计数器（计数定时电路）等部分构成。

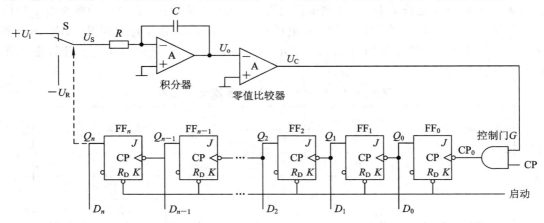

图 9.3.7 双积分型 ADC 的原理框图

积分器：由运算放大器和 RC 积分网络组成，这是转换器的核心。它的输入端接开关 S，开关 S 受触发器 FF_n 的控制。当 $Q_n = 0$ 时，S 接输入电压 $+U_i$，积分器对输入信号电压 $+U_i$（正极性）积分（正向积分）；当 $Q_n = 1$ 时，S 接基准电压 $-U_R$（负极性），积分器对基准电压 $-U_R$ 积分（负向积分）。因此，积分器在一次转换过程中进行两次方向相反的积分。积分器输出 U_o 接零值比较器。

零值比较器：当积分器输出 $U_o \leqslant 0$ 时，比较器输出 $U_C = 1$；当积分器输出 $U_o > 0$ 时，比较器输出 $U_C = 0$。零值比较器输出 U_C 作为控制门 G 的门控信号。

时钟控制门 G：时钟控制门 G 有两个输入端，一个接标准时钟脉冲源 CP，另一个接零值比较器输出 U_C。当零值比较器输出 $U_C = 1$ 时，G 门开，标准时钟脉冲通过 G 门加到计数器；当零值比较器输出 $U_C = 0$ 时，G 门关，标准时钟脉冲不能通过 G 门加到计数器，计数器停止计数。

计数器（计数定时电路）：由 $n+1$ 个触发器构成，触发器 $F_{n-1} \cdots F_1 F_0$ 构成 n 位二进制计数器，触发器 FF_n 实现对 S 的控制。计数定时电路在启动脉冲的作用下，全部触发器被置 0，触发器 FF_n 输出 $Q_n = 0$，使开关 S 接输入电压 $+U_i$，同时 n 位二进制计数器开始计数（设电容 C 的初始值为 0，并开始正向积分，此时 $U_o \leqslant 0$，比较器输出 $U_C = 1$，G 门开）。当计数器计入 2^n 个脉冲后，触发器 FF_{n-1}、$\cdots$、FF_1、FF_0 的状态由 $11 \cdots 111$ 回到 $00 \cdots 000$，$FF_{n-1}(Q_{n-1})$ 触发 FF_n，使 $Q_n = 1$，发出定时控制信号，使开关转接至 $-U_R$，触发器 FF_{n-1}、$\cdots$、FF_1、FF_0 再从 $00 \cdots 000$ 开始计数，并开始负向积分，U_o 逐步上升。当积分器输出 $U_o > 0$ 时，零值比较器输出 $U_C = 0$，G 门关，计数器停止计数，完成一个转换周期，把与输入模拟信号 $+U_i$ 平均值成正比的时间间隔转换为数字量。

下面定量说明其工作情况。其工作波形如图
9.3.8 所示,工作过程分两个阶段。

(1) 取样阶段。在启动脉冲作用下,将全部触
发器置 0。由于触发器 FF_n 输出 $Q_n=0$,使开关 S
接输入电压 $+U_i$,A/D 转换开始。$+U_i$ 加到积分
器的输入端后,积分器对 $+U_i$ 进行正向积分。此
时 $U_o \leqslant 0$,比较器输出 $U_C=1$,G 门开,n 位二进
制计数器开始计数,一直到 $t=T_1=2^n T_{CP}$(T_{CP} 为
时钟周期)时,触发器 FF_{n-1}、$\cdots$、FF_1、FF_0 状态
回到 $00\cdots000$,而触发器 FF_n 由 0 翻转为 1。由于
$Q_n=1$,因此开关转接至 $-U_R$。至此,取样阶段结
束,可求得

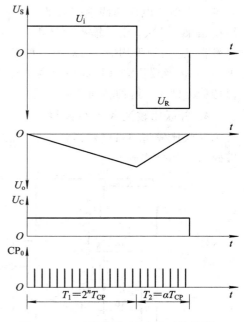

图 9.3.8 双积分型 ADC 的工作波形

$$U_o(t) = -\frac{1}{\tau} \int_0^t (+U_i)\, dt$$

其中,$\tau=RC$ 为积分时间常数。当 $+U_i$ 为正极性
不变常量时,$U_o(T_1)$ 值为

$$U_o(T_1) = -\frac{T_1}{\tau} U_i = -\frac{2^n T_{CP}}{\tau} U_i$$

(2) 比较阶段。开关转至 $-U_R$ 后,积分器对基准电压进行负向积分,积分器输出为

$$U_o(t) = U_o(T_1) - \frac{1}{\tau} \int_{T_1}^t (-U_R)\, dt$$

$$= -\frac{2^n T_{CP}}{\tau} U_i + \frac{U_R}{\tau}(t - T_1)$$

当 $U_o>0$ 时,零值比较器输出 $U_C=0$,G 门关,计数器停止计数,完成一个转换周期。假设
此时计数器已计录了 α 个脉冲,则

$$T_2 = t - T_1 = \alpha T_{CP}$$

可知

$$U(T_1 + T_2) = -\frac{2^n T_{CP}}{\tau} U_i + \frac{U_R}{\tau}(t - T_1)$$

$$= -\frac{2^n T_{CP}}{\tau} U_i + \frac{U_R}{\tau} T_2$$

$$= -\frac{2^n T_{CP}}{\tau} U_i + \frac{\alpha T_{CP}}{\tau} U_R$$

$$= 0 \text{ V}$$

可求得

$$\alpha = 2^n \frac{U_i}{U_R}$$

由上式可见,计数器记录的脉冲数 α 与输入电压 $+U_i$ 成正比,计数器记录 α 个脉冲后的状
态就表示了 $+U_i$ 的数字量的二进制代码,实现了 A/D 转换。

这种 A/D 转换器具有很多优点。首先,最后的转换结果与时间常数 RC 无关,从而消

除了由于斜波电压非线性带来的误差，允许积分电容在一个较宽的范围内变化，而不影响转换结果；其次，由于输入信号积分的时间较长，且是一个固定值 T_1，而 T_2 正比于输入信号在 T_1 内的平均值，这对于叠加在输入信号上的干扰信号有很强的抑制能力；最后，这种 A/D 转换器不必采用高稳定度的时钟源，它只要求时钟源在一个转换周期（T_1+T_2）内保持稳定即可。这种转换器被广泛应用于要求精度较高而转换速度要求不高的仪器中。

4. 并联比较型 A/D 转换器

并联比较型 A/D 转换器的电原理图如图 9.3.9 所示。该电路由电压比较器、寄存器和编码器三部分构成。

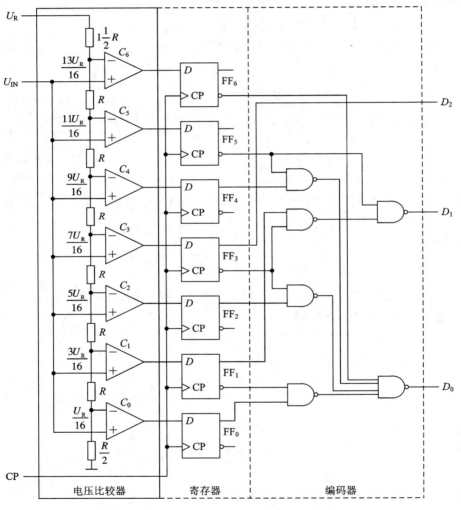

图 9.3.9　并联比较型 A/D 转换器的电原理图

电压比较器由电阻分压器和 7 个比较器构成。在电阻分压器中，量化电平依据有舍有入法进行划分，电阻链把参考电压 U_R 分压，得到 $\frac{1}{16}U_R \sim \frac{13}{16}U_R$ 之间 7 个量化电平，量化单位为 $\Delta=\frac{2}{16}U_R=\frac{1}{8}U_R$。然后，把这 7 个量化电平分别接到 7 个电压比较器 $C_6 \sim C_0$ 的负输入端，作为比较基准。同时，将模拟输入 U_{IN} 接到 7 个电压比较器的正输入端，与这 7 个量化电平进行比较。若 U_{IN} 大于比较器的参考电平，则比较器的输出 $C_i = 1$，否则 $C_i = 0$。

寄存器由 7 个 D 触发器构成。在时钟脉冲 CP 的作用下，将比较结果暂时寄存以供编码使用。

编码器由 6 个与非门构成。将比较器送来的 7 位二进制码转换成 3 位二进制代码 D_2、D_1、D_0。编码网络的逻辑关系为

$$D_2 = Q_3$$
$$D_1 = Q_5 + \bar{Q}_3 Q_1$$
$$D_0 = Q_6 + \bar{Q}_5 Q_4 + \bar{Q}_3 Q_2 + \bar{Q}_1 Q_0$$

该并联比较型 A/D 转换器在模拟输入 U_{IN} 取不同值时，各比较器的输出（即为寄存器的输出）和最终数码（D_2、D_1、D_0）输出的关系如表 9.3.2 所示。

表 9.3.2　并联比较型 A/D 转换器的转换关系

模拟输入 U_{IN}	C_6	C_5	C_4	C_3	C_2	C_1	C_0	D_2	D_1	D_0
$0\ \text{V} \leqslant U_{IN} < \frac{1}{16} U_R$	0	0	0	0	0	0	0	0	0	0
$\frac{1}{16} U_R \leqslant U_{IN} < \frac{3}{16} U_R$	0	0	0	0	0	0	1	0	0	1
$\frac{3}{16} U_R \leqslant U_{IN} < \frac{5}{16} U_R$	0	0	0	0	0	1	1	0	1	0
$\frac{5}{16} U_R \leqslant U_{IN} < \frac{7}{16} U_R$	0	0	0	0	1	1	1	0	1	1
$\frac{7}{16} U_R \leqslant U_{IN} < \frac{9}{16} U_R$	0	0	0	1	1	1	1	1	0	0
$\frac{9}{16} U_R \leqslant U_{IN} < \frac{11}{16} U_R$	0	0	1	1	1	1	1	1	0	1
$\frac{11}{16} U_R \leqslant U_{IN} < \frac{13}{16} U_R$	0	1	1	1	1	1	1	1	1	0
$\frac{13}{16} U_R \leqslant U_{IN} < U_R$	1	1	1	1	1	1	1	1	1	1

例如，假设模拟输入 $U_{IN} = 3.8\ \text{V}$，$U_R = 8\ \text{V}$。当模拟输入 $U_{IN} = 3.8\ \text{V}$ 加到各级比较器时，由于 $\frac{7}{16} U_R = 3.5\ \text{V}$，$\frac{9}{16} U_R = 4.5\ \text{V}$，因此，比较器的输出 $C_6 \sim C_0$ 为 0001111。在时钟脉冲作用下，比较器的输出存入寄存器，经编码网络输出 A/D 转换结果为：$D_2 D_1 D_0 = 100$。这就是并联比较型 A/D 转换器的工作过程。

由上述分析可知，并联比较型 A/D 转换器的转换速度很快，其转换速度实际上取决于器件的速度和时钟脉冲的宽度。但电路复杂，对于一个 n 位二进制输出的并联比较型 A/D 转换器，需 $2^n - 1$ 个电压比较器和 $2^n - 1$ 个触发器，编码电路也随 n 的增大变得相当复杂。其转换精度将受分压网络和电压比较器灵敏度的限制。因此，这种转换器适用于高速、精度较低的场合。

9.3.3　A/D 转换器的主要技术指标

1. 分辨率

分辨率指 A/D 转换器对输入模拟信号的分辨能力。从理论上讲，一个 n 位二进制数输

出的 A/D 转换器应能区分输入模拟电压的 2^n 个不同量级，能区分输入模拟电压的最小差异为 $\frac{1}{2^n}$FSR（满量程输入的 $1/2^n$）。例如，A/D 转换器的输出为 12 位二进制数，最大输入模拟信号为 10 V，则其分辨率为

$$分辨率 = \frac{1}{2^{12}} \times 10 \text{ V} = \frac{10 \text{ V}}{4096} = 2.44 \text{ mV}$$

2. 转换速度

转换速度是指完成一次转换所需的时间。转换时间是从接到转换启动信号开始，到输出端获得稳定的数字信号所经过的时间。A/D 转换器的转换速度主要取决于转换电路的类型，不同类型的 A/D 转换器其转换速度相差很大。双积分型 A/D 转换器的转换速度最慢，需几百毫秒左右；逐次逼近式 A/D 转换器的转换速度较快，转换速度在几十微秒；并联型 A/D 转换器的转换速度最快，仅需几十纳秒。

3. 相对精度

在理想情况下，输入模拟信号所有转换点应当在一条直线上，但实际做不到这一点。相对精度是指实际的转换点偏离理想特性的误差，一般用最低有效位来表示。例如，10 位二进制输出的 A/D 转换器 AD571 在室温（+25℃）和标准电源电压（$U_+ = +5$ V，$U_- = -15$ V）的条件下，转换误差 $\leqslant \pm\frac{1}{2}$LSB。当使用环境发生变化时，转换误差也将发生变化，实际使用中应加以注意。

9.3.4　8 位集成 A/D 转换器 ADC0809

ADC0809 是采用 CMOS 工艺制成的 8 位 8 通道 A/D 转换器，采用 28 脚的双列直插封装，其电原理框图和引脚图如图 9.3.10 所示。

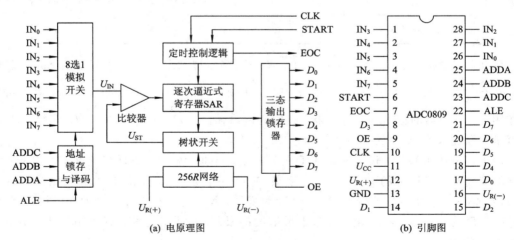

图 9.3.10　ADC0809 的电原理图和引脚图

ADC0809 芯片内部包括一个 8 路模拟开关、模拟开关的地址锁存与译码电路、比较器、256R 电阻网络、树状开关、逐次逼近式寄存器 SAR、三态输出锁存器和定时控制逻辑。

1. 8 路模拟开关及地址的锁存和译码

ADC0809 通过 $IN_0 \sim IN_7$ 可输入 8 路单端模拟电压。ALE 将 3 位地址线 ADDC、ADDB 和 ADDA 进行锁存,然后由译码电路选通 8 路模拟输入中的某一路进行 A/D 转换,地址译码与选通输入的关系如表 9.3.3 所示。

表 9.3.3 地址译码选通表

通 道 号		0	1	2	3	4	5	6	7
地址	ADDC	0	0	0	0	1	1	1	1
	ADDB	0	0	1	1	0	0	1	1
	ADDA	0	1	0	1	0	1	0	1

2. 8 位 D/A 转换器

ADC0809 内部由树状开关和 $256R$ 电阻网络构成 8 位 D/A 转换器,其输入为逐次逼近式寄存器 SAR 的 8 位二进制数据,输出为 U_{ST},变换器的参考电压为 $U_{R(+)}$ 和 $U_{R(-)}$。

3. 逐次逼近式寄存器 SAR 和比较器

在比较前,SAR 为全 0,变换开始,先使 SAR 的最高位为 1,其余位仍为 0,此数字控制树状开关输出 U_{ST},U_{ST} 和模拟输入 U_{IN} 送比较器进行比较。若 $U_{ST} > U_{IN}$,则比较器输出逻辑 0,SAR 的最高位由 1 变为 0;若 $U_{ST} \leqslant U_{IN}$,则比较器输出逻辑 1,SAR 的最高位保持 1。此后,SAR 的次高位置 1,其余较低位仍为 0,而以前比较过的高位保持原来的值。再将 U_{ST} 和 U_{IN} 进行比较。此后的过程与上述类似,直到最低位比较完为止。

4. 三态输出寄存器

转换结束后,SAR 的数字送三态输出锁存器,以供读出。

5. 引脚功能

IN0～IN7:模拟输入。

$U_{R(+)}$ 和 $U_{R(-)}$:基准电压的正端和负端,由此施加基准电压,基准电压的中心点应在 $U_{CC}/2$ 附近,其偏差不应超过 ± 0.1 V。

ADDC、ADDB、ADDA:模拟输入端选通地址输入。

ALE:地址锁存允许信号输入,高有效。

$D_7 \sim D_0$:数码输出。

OE:输出允许信号,高有效。当 OE=1 时,打开输出锁存器的三态门,将数据送出。

CLK:时钟脉冲输入端。一般在此端加 500 kHz 的时钟信号。

START:启动信号。为了启动 A/D 转换过程,应在此引脚加一个正脉冲,脉冲的上升沿将内部寄存器全部清 0,在其下降沿开始 A/D 转换过程。

EOC:转换结束输出信号。在 START 信号上升沿之后的 1～8 个时钟周期内,EOC 信号变为低电平。当转换结束,转换后的数据可以读出时,EOC 变为高电平。

6. 主要技术指标

分辨率:8 位。

转换时间:100 μs。

功耗:15 mW。

电源：5 V。

7. 工作时序

ADC0809 的工作时序如图 9.3.11 所示。

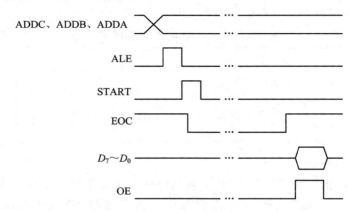

图 9.3.11   ADC0809 的工作时序

本 章 小 结

模/数和数/模转换技术广泛应用于仪器仪表、自动控制、电视、计算机等设备中。在数字化时代，几乎所有的电子设备都会涉及到模/数和数/模转换技术。目前，模/数和数/模转换电路（ADC 和 DAC）均已集成在单个芯片中，有大量的不同性能的芯片可供选用。本章仅仅介绍了几种常见的模/数和数/模转换电路的基本原理。

数/模转换介绍了权电阻网络 D/A 转换器和倒 T 型电阻网络 D/A 转换器两种，并介绍了集成 8 位数/模转换器 DAC0832 的工作原理。

模/数转换技术首先介绍了 ADC 的基本原理，包括采样、保持、量化与编码。其次介绍了四种常见的模/数转换电路，即介绍了计数斜波式 A/D 转换器、逐次逼近式 A/D 转换器、双积分型 A/D 转换器和并联比较型 A/D 转换器的工作原理。模/数转换相对比较复杂，电路的形式和工作原理有较大差异。并联比较型 A/D 转换器速度快，但精度低；双积分型 A/D 转换器精度高，但速度低；逐次逼近式 A/D 转换器速度和精度适中。最后介绍了集成逐次逼近式 8 位 8 通道集成芯片 ADC0809 的工作原理。

关于模/数转换电路（或数/模转换电路）的技术指标，对于一般技术人员来说需注意两点：① 模/数转换电路（或数/模转换电路）的分辨率，即 ADC（或 DAC）的位数；② 转换速率。这两个指标取决于所设计系统的技术要求，应根据这两个指标在已有的产品中加以选择。

模/数和数/模转换是一项专门技术，对于专业从事该项工作的技术人员，或当设备有特殊的要求时，需进一步学习这方面的技术。

习 题 9

9-1   图 9.2.2 所示的权电阻网络 D/A 转换器中，当 $U_R = -10$ V，$R_f = \frac{1}{2}R$，$n = 6$ 时，试求：

（1）当 LSB 由 0 变为 1 时，输出电压的变化值。

（2）当 $D=110101$ 时，输出电压的值。

（3）最大输入数字量的输出电压 U_m。

9-2 已知某 DAC 电路的最小分辨电压 $U_{LSB}=5\ mV$，最大满刻度电压 $U_m=10\ V$，试求该电路输入数字量的位数和基准电压 U_R。

9-3 某 8 位 ADC 电路输入模拟电压满量程为 10 V，当输入下列电压值时，转换成多大的数字量？

$$59.7\ mV,\ 3.46\ V,\ 7.08\ V$$

9-4 一个 12 位 ADC 电路，其输入满量程是 $U_m=10\ V$，试计算其分辨率。

9-5 对于满刻度为 10 V 的要达到 1 mV 的分辨率，A/D 转换器的位数应是多少？当模拟输入电压为 6.5 V 时，输出数字量是多少？

9-6 对于一个 10 位逐次逼近式 ADC 电路，当时钟为 1 MHz 时，完成一次转换的时间是多少？如果要求完成一次转换时间小于 10 μs，试问时钟频率应选多大？

9-7 逐次逼近式 A/D 转换器的输入 U_i 和 D/A 转换器的输出波形 U_o 近似如图 P9-7(a)、(b)所示。根据其波形，试说明 A/D 转换结束后，电路输出的二进制码是多少？如果 A/D 转换器的分辨率是 1 mV，则 U_i 又是多少？

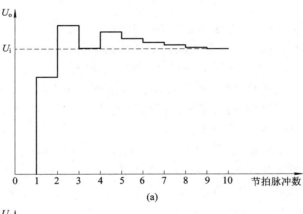

(a)

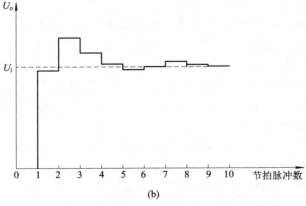

(b)

图 P9-7

第 10 章　VHDL 硬件描述语言简介 ◆◆◆

　　硬件描述语言(HDL，Hardware Description Language)是一种描述数字系统硬件结构和信号之间关系的语言。可以将逻辑函数表达式、逻辑电路图、真值表、状态图以及复杂数字系统所完成的功能(行为)用 HDL 编写成设计说明文档，即以文本的形式来描述电路和系统的设计。使用 EDA 工具时，采用 HDL 进行设计输入要比原理图设计输入等方式更加灵活、有效和通用。采用 EDA 技术和 HDL 已成为现代数字系统设计的一种重要方法和必备的基础知识。

　　本章将简要介绍 VHDL 的基本结构和语法，并通过设计实例介绍使用 VHDL 描述逻辑电路的基本方法。

10.1　概　　述

　　VHDL 的全称是 VHSIC-HDL(Very High Speed Integrated Circuits-Hardware Description Language)，即超高速集成电路硬件描述语言，它是美国国防部在 20 世纪 80 年代初期提出的超高速集成电路研究计划的产物。当时为了降低电子新产品的开发费用，需要一种功能强大、定义严格、可读性好的硬件描述语言作为描述手段，而且希望将所有电子电路的设计意义甚至政府的订货合同都用它来描述，以避免对其做出二义性的解释，因此将这种硬件描述语言称为 VHDL。

　　1983 年 7 月，Intermetrics 公司、IBM 公司、Texas Instruments 公司联合组成开发小组，开始提出 VHDL，并提出软件环境。1987 年，VHDL 被 IEEE 和美国国防部确认为标准硬件描述语言，即 IEEE-1076，一般称为 VHDL'87 版本。1993 年进一步修订后，形成了 IEEE 标准的 1076-1993 版本。目前，VHDL 还被确认为美国国防部 MIL-STD-454L 标准，为美国国防部的工程计划进行的 ASIC 设计都必须用 VHDL 来制作文档。

　　VHDL 是一种强类型语言，具有丰富的表达能力，能够在各种抽象级别上描述各种复杂的网络，如系统级、印制板级、芯片级、门电路级。VHDL 的主要优点如下：

　　(1) 覆盖面广，描述能力强，是一种多层次的硬件描述语言。设计者的原始描述可以是非常简练的行为描述，经过层层细化求精，最终成为电路级描述或版图参数描述，整个过程都可以在 VHDL 的环境下进行。

　　(2) 设计方法灵活。VHDL 支持各种模式的设计方法，如自顶向下和自底向上或层次化的设计。VHDL 具有很强的电路描述和建模功能，它可以采用多种不同的方式和从多个层次对电路进行描述，因而简化了硬件设计工作，提高了设计效率。

　　(3) 模型可共享。VHDL 已经成为一种通用的工业标准，可以在不同的设计环境和系统平台中使用，设计结果便于共享和复用。

　　(4) 设计生命周期长。VHDL 的硬件描述与工艺无关，因此可以脱离工艺与器件结构进行设计，同时也不会因为工艺的改变而使描述过时。

10.2　VHDL 程序的基本结构

一个完整的 VHDL 程序通常包含设计实体（entity）、结构体（architecture）、配置（configuration）、库（library）和程序包（package）5 个部分。

VHDL 把一个电路模块看做一个单元，对任何一个单元的描述包括接口描述和内部特性描述两个部分。接口描述称为设计实体，它提供该单元的公共信息，例如名称、端口等；内部特性描述称为结构体，它定义单元的内部操作特性。例如，一个半加器可以描述如下：

```
library ieee;
use ieee. std_logic_1164. all;                        库和程序包调用
use ieee. std_logic_unsigned. all;


entity halfadder is                    --实体名为 halfadder
    port(a, b: in std_logic;           --a、b 是输入端口          实体部分
         sum, carry: out std_logic);   --sum、carry 是输出端口
end halfadder;                         --实体描述结束


architecture behavior of halfadder is  --结构体名为 behavior
begin
    process(a, b)                      --a、b 为敏感量
    begin
        carry<=a and b;                --carry 等于 a 和 b 相与    结构体部分
        sum<=a xor b;                  --sum 等于 a 和 b 异或
    end process;
end behavior;                          --半加器结构体描述结束
```

上面这段描述中（黑体字为关键字），前面三行是库和程序包的调用。实体包含在 **entity** halfadder 和 **end** halfadder 之间，halfadder 是实体名。实体描述的是端口信号，即输入输出引脚，其中 a、b 是输入端口，sum、carry 是输出端口。结构体包含在 **architecture** behavior 和 **end** behavior 之间，它描述了该单元的操作行为。behavior 是结构体名，该结构体描述中"<="是信号赋值。

在 VHDL 中，一个单元只有一个设计实体，而结构体的个数可以不限，一个设计实体和某一特定的结构体合起来共同定义一个单元。

10.2.1　实体

实体（entity）用来描述设计单元的名称和端口信息，其一般语句格式如下：

entity 实体名 is

　　　　类属参数说明

　　　　端口说明

end 实体名;

1. 实体名

实体名称的命名由设计者自定,一般根据相应电路的功能来确定。但是应注意,实体名不能以数字开头,也不能用 EDA 工具库中已定义好的元件名作为实体名。

2. 类属参数

类属参数(generic)说明必须放在端口说明之前,用于指定参数的大小、实体中子元件的数目及实体的定时特性等。例如,一个 2 选 1 数据选择器的端口描述如下:

　　　　entity mux is

　　　　　　generic (m : time := 1ns);

　　　　　　port (d0,d1,sel : **in** std_logic;

　　　　　　　　　q: **out** std_logic);

　　　　end mux;

其中,**generic** 引导的是类属参数说明语句,它定义了延时时间为 1 ns。

3. 端口

端口(port)说明是对设计实体与外部接口的描述,即说明外部引脚信号的名称,数据类型和输入、输出方向,其一般格式如下:

　　　　port(端口名 : 方向数据类型名;

　　　　　　　　…

　　　　　　端口名 : 方向数据类型名);

(1)端口名是赋予每个外部引脚的名称,通常用一个或几个英文字母或英文字母加数字命名。

(2)端口方向用来定义外部引脚的信号方向是输入还是输出。端口模式共有四种: in (输入模式)、out(输出模式,不能用于内部反馈)、inout(双向模式,输入、输出)、buffer (缓冲模式,允许用于内部反馈)。

10.2.2　结构体

结构体(architecture)用于描述实体的具体行为与功能,一定要跟在设计实体的后面。结构体的一般语句格式如下:

　　　　architecture 结构体名 of 实体名 is

　　　　　　定义语句

　　　　　　begin

　　　　　　　　并行处理语句

　　　　end 结构体名;

1. 结构体名

结构体名是对本结构体的命名,它是该结构体的唯一名称。of 后面紧跟的实体,表明该结构体所对应的是哪一个设计实体。

2. 结构体说明

结构体的定义语句位于 architecture 和 begin 之间,用于对结构体内部所使用的信号、常数、数据类型、函数等进行定义。信号定义和端口说明一样，应有信号名和数据类型，因为它是内部使用，所以不需要有方向的说明。

并行处理语句位于 begin 和 end 之间，具体描述了结构体的行为及其连接关系。在结构体中的语句都是可以并行执行的，语句不以书写的语句顺序为执行顺序。

3. 结构体的描述方法

VHDL 的结构体用于描述设计实体的行为与功能，它可以用不同的描述方法和语句类型来表达。描述方法也称为描述风格，通常有以下三种：

1）行为描述

行为描述主要使用函数、过程和进程语句，以算法形式描述数据的变换和传送，它反映了一个设计的功能行为与算法。

2）数据流描述

数据流描述主要使用并行的信号赋值语句，既显式地表达了该设计单元的行为，也隐式地表达了该设计单元的结构，它反映了设计中数据从输入到输出的流向。

3）结构描述

结构描述主要使用元件例化语句和配置指定语句描述元件的类型和元件互连关系，它反映了一个设计方案的硬件结构特征。

10.2.3　库和程序包

库（library）主要用来存放已经编译的实体、结构体、程序包和配置。

1. 库的种类

VHDL 常用的库有 IEEE 库、STD 库、WORK 库和用户自定义的库。这几类库中除了 WORK 库和 STD 库外，其他两类库在使用时都需要进行库的说明。

1）IEEE 库

IEEE 库是目前使用最为广泛的资源库，它主要包含 IEEE 标准的程序包和其他一些支持工业标准的程序包。程序包 std_logic_1164 是设计人员最常使用和最重要的程序包，它主要定义了一些常用的数据类型和函数。

2）STD 库

在 VHDL 的设计库中，STD 库包含程序包 standard 和程序包 textio。程序包 standard 中定义了位、位矢量、字符和时间等数据类型，程序包 textio 主要包含了对文本文件进行读/写操作的过程和函数。

STD 库中，由于程序包 standard 符合 VHDL 的标准，因此使用这个程序包时不需要在程序的开始部分进行说明，而使用程序包 textio 时必须在程序的开始部分进行程序包的说明。通常使用程序包 textio 的说明语句如下：

```
LIBRARY STD;
USE STD. textio. ALL;
```

3）WORK 库

EDA 工具在编译一个 VHDL 程序时，默认保存在 WORK 库中。WORK 库可以用来临时保存以前编译过的元件和模块。这样，如果需要引用以前编译过的元件和模块，则设计人员只需引用该库。

虽然 WORK 库是一种设计库，但是如果需要引用该库中用户自己定义的例化元件和模块，那么这时就需要对 WORK 库进行说明。

4）用户自定义的库

VHDL 具有很高的灵活性，设计人员可以自己定义一些单元。对于库也不例外，设计人员可以将设计开发所需要的公用程序包、设计实体等汇集在一起定义成一个库，这就是用户自定义的库。由于用户自定义的库是一种资源库，因此使用时需要在程序开始部分对库进行说明。

2. 程序包

程序包（package）是多个设计体可共享的设计单元，包内主要用来存放信号说明、常量定义、数据类型、子程序说明、属性说明和元件说明等。

程序包由程序包说明和程序包体组成。

程序包说明的一般形式如下：

  package 程序包名 is

   ［说明部分］；

  end 程序包名；

包体的一般形式如下：

  package body 程序包名 is

   ［说明部分］；

  end 程序包名；

包体和程序包使用相同的名字。包体中的子程序体及相应的说明是专用的，不能被其他 VHDL 单元调用，而程序包中的说明是公共的，可以调用。

常用的预定义程序包有以下三种：

（1）std_logic_1164 程序包。它是 IEEE 库中最常用的程序包，是 IEEE 的标准程序包。该程序包中用得最多的是定义了满足工业标准的两个数据类型 std_logic 和 std_logic_vector。

（2）std_logic_arith 程序包。

（3）std_logic_unsigned 和 std_logic_signed 程序包。它们都是 Synopsys 公司的程序包，都预先编译在 IEEE 库中。

3. 库和程序包的调用

库的说明语句应放在实体单元前面，库语言一般必须与 use 语句同用。库语言的关键词 library 指明所使用的库名，use 语句指明库中的程序包。

例如，常见的库的说明语句格式如下：

  library ieee;

  use ieee. std_logic_1164. all

  use ieee. std_logic_unsigned. all

以上三条语句中，第一条表示打开 IEEE 库，第二条表示允许使用 std_logic_1164 程序包中的所有内容，第三条表示允许使用 std_logic_unsigned 程序包中的所有内容。

10.2.4 配置

一个实体可以对应多个结构体，每个结构体代表硬件的某一方面特性，如行为特性或结构特性。当一个实体具有多个结构体时，可以使用配置（configuration）语句为实体选定某个结构体，以得到性能最佳的设计。需要说明的是，配置语句主要用于为顶层设计实体指定结构体。当实体只有一个结构体时，程序中不需要配置语句。

配置语句的一般格式如下：

configuration conf1 of fulladder is

 for behavior

 end for；

end conf1；

它选择设计实体 fulladder 的结构体 behavior 与其相对应。

10.3　VHDL 的基本语法

10.3.1　数据对象

VHDL 的数据对象主要有信号、变量和常量三种类型。

1. 信号（signal）

信号代表电路内部各元件间的连接线，可以在程序包、实体和结构体中说明。信号说明语句的格式如下：

 signal 信号名：信号类型［:=初始值］；

例如：

 signal a：std_logic :=′0′；   --定义标准逻辑信号 a，初始值为低电平

 signal b：std_logic_vector（3 downto 0）； --定义标准逻辑矢量信号 b，共有 4 位

 signal q：integer range 0 to 10 ；   --定义整型信号 q，变化范围是 0～10

信号赋值语句的格式如下：

 信号名＜＝表达式；

2. 变量（variable）

变量是局部量，通常用来暂存某些数据。变量只能在进程语句和子程序中使用，其说明语句的格式为

 variable 变量名：数据类型 ［:=初始值］；

例如：

 variable a,b：bit；   --定义变量 a、b 是位型变量

 variable y：integer range 0 to 3； --定义 y 是整型变量，变化范围是 0～3

 variable c：std_logic_vector(3 downto 0)； --定义 c 是标准逻辑矢量，共有 4 位

             （习惯上高位在左边，低位在右边）

变量赋值语句的格式如下：

 变量名 :=表达式；

变量赋值符号为":="。使用变量赋值语句时，要保证赋值符号两边的数据类型一致。此外，还应注意变量与信号在定义和使用上的区别，即

（1）定义的位置不同。

（2）赋值的符号不同。

（3）附加延时不同，变量赋值是立即生效的，没有延时。信号相当于元件间的连线，因此仿真时其赋值必须经一段时间的延迟后才能生效。

3. 常量（constant）

常量是固定不变的值，可以在程序包、实体、结构体和进程中定义。其语句的说明格式如下：

  constant 常量名：类型名 [:=取值]；

例如：

  constant count‒model：integer：=8；   --定义 count‒model 是整型常量，值为 8

  constant delay：time：=25ns；   --定义 delay 是时间型常量，延迟时间为 25 ns

10.3.2　数据类型

VHDL 像其他高级语言一样，具有多种数据类型。在 VHDL 中，信号、变量、常量都要指定数据类型。VHDL 提供了多种标准的数据类型，还可以由用户自定义数据类型。VHDL 的数据类型定义相当严格，不同类型之间的数据不能直接代入，而且，即使数据类型相同，但位长不同也不能直接代入。

1. 标准的数据类型

标准的数据类型共有 10 种，如表 10.3.1 所示。

表 10.3.1　标准的数据类型

数 据 类 型	含　　义
bit	位型数据，有 0、1 两种取值
bit‒vector	位矢量型，是多个位型数据的组合，如"1001"，使用时注明位宽
integer	整型数据，包括正、负整数和零，取值范围是 $-(2^{31}-1)\sim+(2^{31}-1)$
boolean	布尔型数据，取值是 true(真)和 false(假)
real	实型数据，取值范围是 $-1.0e38\sim+1.0e38$
character	字符型数据，可以是任意的数字和字符，字符用' '括起来，如'A'
string	字符串，是用" "括起来的一个字符序列，如"integer range"
time	时间型数据，由整数和单位组成，使用时数值和单位之间应有空格，如 10 ns
severity level	错误等级类型，共有四种等级：note(注意)、warning(警告)、error(出错)、failure(失败)。可以据此了解仿真状态
natural 和 positive	前者是自然数类型，后者是正整数类型

IEEE 库的 std‒logic‒1164 程序包中还定义了两种应用十分广泛的数据类型：

（1）std‒logic：工业标准逻辑型，有 0、1、X(未知)、Z(高阻)等 9 种取值。

（2）std‒logic‒vector：标准逻辑矢量型，是多个 std‒logic 型数据的组合。

VHDL 的 STD 库中定义的数据类型可以直接使用，不需要事先说明，而 IEEE 库中定义的数据类型在使用前必须在程序开始处用库调用语句加以说明。

2. 用户自定义的数据类型

除了使用标准数据类型外，用户可自己建立新的数据类型及子类型。新构造的数据类型通常在程序包中说明，其一般形式如下：

　　　　type 数据类型名 is［数据类型定义］；

例如：

　　　　type digit is integer range 0 to 7；　　--定义 digit 的数据类型是 0~7 的整数

常用的几种用户自定义的数据类型有：枚举（enumerated）类型、整数（integer）类型、实数（real）类型、数组（array）类型、物理类型、记录（record）类型等。

1）枚举类型

枚举类型的定义格式如下：

　　　　type 数据类型名 is（元素 1，元素 2，…，元素 n）；

例如：

　　　　type WEEK is（SUN，MON，TUE，WED，THU，FRI，SAT）；

这类用户定义的数据类型应用相当广泛。例如，在 IEEE 库的包集合 std_logic 和 std_logic_1164 中都有此数据类型的定义，如：

　　　　type std_logic is（'U'，'X'，'1'，'0'，'Z'，'W'，'L'，'H'，'—'）；

std_logic 数据类型具有 9 种不同的值："U"（初始值）、"X"（不定值）、"1"（逻辑 1）、"0"（逻辑 0）、"Z"（高阻）、"W"（弱信号不定）、"L"（弱信号 0）、"H"（弱信号 1）、"—"（不可能情况）。

2）整数类型、实数类型

整数类型和实数类型在 VHDL 标准数据类型中已经存在，所谓的用户自定义整数、实数数据类型实际上是整数或者实数的一个子集。例如：

　　　　type digit is integer range 0 to 9；

　　　　type current is real range —1e4 to 1e4；

3）数组类型

数组是将相同类型的数据集合在一起形成的一个新的复合数据类型。它可以是一维的，也可以是二维或多维的。数组定义的格式如下：

　　　　type 数据类型名 is array 范围 of 原数据类型名；

例如：

　　　　type word is array（1 to 8）of std_logic；

数组常在总线定义以及 ROM、RAM 等的系统模型中使用。包集合 std_logic 和 std_logic_1164 中的 std_logic_vector 类型也属于数组数据类型，定义如下：

　　　　type std_logic_vector is array（natural range <>）of std_logic；

这里范围由 range<>指定，表示一个没有范围限制的数组。在这种情况下，范围由信号说明语句等确定。例如：

　　　　signal a：std_logic_vector（3 downto 0）；

在函数和过程语句中，若使用无限制范围的数组，则其范围一般由调用者所传递的参数来确定。

多维数组需要用两个以上的范围来描述，而且多维数组不能生成逻辑电路，因此只能用于生成仿真图形及硬件的抽象模型。

4）物理类型

物理类型的格式如下：

    type 数据类型名 is 范围

      units 基本单位；

        单位条目；

      end units；

物理类型可以对时间、容量、阻抗等进行定义。

5）记录类型

数组是同一类型数据集合起来形成的，而记录则是将不同类型的数据和数据名组织在一起而形成的新类型，定义格式如下：

    type 数据类型名 is record

    元素名：数据类型名；

    …

    元素名：数据类型名；

    end record；

在从记录数据类型中提取元素数据类型时应用"·"。

记录数据类型比较适合于系统仿真，在生成逻辑电路时应将它分解开来。

10.3.3 运算操作符

VHDL 为构造计算数值的表达式提供了许多预定义运算符，共有四种类型：逻辑运算符、关系运算符、算术运算符和并置（连接）运算符。操作数的类型应与运算符所要求的类型相一致。另外，运算符是有优先级的。各种运算操作符如表 10.3.2 所示，其运算优先级由上至下变低。

表 10.3.2　VHDL 运算操作符

优先级	运算类型	运算符	功能	操作数据类型	优先级	运算类型	运算符	功能	操作数据类型
高	逻辑运算	not	非	bit, boolean, std_logic	A	关系运算	=	等于	任何数据类型
	算术运算	abs	绝对值	整数			/=	不等于	
		**	乘方	整数			>	大于	枚举、整数、一维数组
		rem	取余	整数			<	小于	
		mod	求模	整数			>=	大于等于	
		/	除法	整数和实数			<=	小于等于	
		*	乘法	整数和实数		逻辑运算	and	与	bit、boolean、std_logic
		—	负	整数			or	或	
		+	正	整数			nand	与非	
	并置运算	&	位连接	一维数组			nor	或非	
A	算术运算	—	减法	整数	低		xor	异或	
		+	加法	整数			xnor	异或非	

（1）逻辑运算符可以对 std_logic、bit、std_logic_vector、bit_vector、boolean 等类型的数据进行运算，运算符两边的数据类型必须相同。

当一个语句中存在两个以上的逻辑表达式时，VHDL 规定左右没有优先级差别。因此需要借助括号规定运算的顺序，当一个逻辑表达式中只有 and、or 或 xor 运算符时，括号可以省略。在所有逻辑运算符中，not 的优先级最高。

（2）并置运算符"&"用于将位或一维数组组合起来形成新的位矢量或数组。例如，"1101"&"0011"的结果是"11010011"。

（3）算术运算符中只有加、减、乘运算符在 VHDL 综合时才生成逻辑电路。对于数据位较长的数据应慎重使用乘法运算，以免综合时电路规模过于庞大。

（4）关系运算符的作用是将相同数据类型的数据对象进行比较或关系排序判断，并将结果以布尔类型的数据表示出来。在进行关系运算时，左右两边的操作数的数据类型必须相同，但是位长不一定相同。在利用关系运算符对位矢量数据进行比较时，比较过程从最左边的位开始，自左向右按位进行。

应注意，在关系运算符中，"<="运算符除了表示小于等于外，也用于表示赋值操作。

10.4　VHDL 的主要描述语句

10.4.1　顺序描述语句

顺序描述语句只能出现在进程或子程序中，它定义进程或子程序所执行的算法。顺序描述语句按这些语句在进程或子程序中出现的顺序执行，这一点与高级语言类似。基本操作可以是信号和变量的赋值、算术运算、逻辑运算、子程序的调用等。

VHDL 中常用的顺序描述语句包括：信号和变量赋值、if、case、wait、loop、next、exit、断言语句、过程调用语句、空语句等。下面介绍主要的几种顺序描述语句。

1. 信号和变量的赋值

1）信号的赋值

信号赋值语句的格式如下：

　　　　目的信号量<=表达式；

上述语句将右边表达式的值赋予左边的信号量。表达式可以使用 VHDL 预定义运算符，也可以使用 VHDL 标准库提供的函数，或自定义的函数。例如：

　　　　f<='1';
　　　　q<="010010";
　　　　a<=b;
　　　　s<=a xor b;
　　　　x<=y + z;
　　　　i<=to_integer(v);

都是合法的信号赋值。

需要特别注意的是，VHDL 是强类型语言，左边的信号量和右边的信号量表达式的类型和位长度都必须一致，否则将出错。

2）变量的赋值

变量赋值语句的格式如下：

　　　目的变量 :＝表达式；

变量赋值的符号与信号赋值的符号不同，表达式与信号赋值的表达式写法是完全一样的。

变量与信号有明显的区别：变量只在定义它的进程和子程序内有效，无法传递到进程之外，而信号在定义它的结构体内有效；赋给变量的值立即成为当前值，而赋给信号的值必须在进程结束后才能成为当前值。

2．if 语句

if 语句用来判定所给定的条件是否满足，并根据判定的结果（真或假）决定执行的操作。if 语句的条件是一个条件表达式，只能使用关系运算符及逻辑运算符组成的表达式。

1）门闩控制语句

当 if 语句在条件为假时并不需要执行任何操作，那么，if 语句可以简化成门闩控制语句，格式如下：

　　　if 条件 then
　　　　　顺序描述语句；
　　　end if；

2）2 选 1 控制语句

2 选 1 控制语句的基本格式如下：

　　　if 条件 then
　　　　　顺序描述语句；
　　　else
　　　　　顺序描述语句；
　　　end if；

当 if 语句的条件为"真"时，执行 then 和 else 之间的顺序描述语句；当 if 语句的条件为"假"时，执行 else 和 end if 之间的顺序描述语句。例如：

```
entity mux2 is
    port ( a，b：in std_logic；
            s：in std_logic；
            f：out std_logic)；
end mux2；
architecture behavior of mux2 is
begin
    process(a，b，s)
    begin
        if（s=′0′）then
            f<=a；
        else
            f<=b；
        end if；
```

```
        end process;
    end behavior;
```

上面的例子描述了一个 2 选 1 电路,输入是 a 和 b,选择控制输入是 s,输出是 f。

3) 多种选择控制语句

在使用 if 语句时,有时需要对多个条件进行判断。此时,if 语句可以写成:

```
    if 条件 1 then
        顺序描述语句;
    elsif 条件 2 then
        顺序描述语句;
    elsif
        …
    elsif 条件 n then
        顺序描述语句;
    else
        顺序描述语句;
    end if;
```

在这种 if 语句中设置了多个条件,当满足其中的一个条件时,执行该条件后跟的顺序描述语句;如果所有的条件都不满足,那么执行 else 后的顺序描述语句。它实际上是一条 if 语句,只需要一个 end if,可以用来描述比较复杂的条件控制。

3. case 语句

case 语句用来对多个条件分支进行判定,并根据判定的结果决定执行给出分支之一。case 语句的基本格式如下:

```
    case 表达式 is
        when 条件表达式 1=>
            顺序描述语句;
        when 条件表达式 2=>
            顺序描述语句;
        when …
    end case;
```

上述 case 语句中的条件表达式可以是如下的四种格式之一:

```
    when 值=>
    when 值 1 | 值 2 | 值 3 | … | 值 n =>
    when 值 1 to 值 2 =>
    when others =>
```

上述语句分别表示条件表达式的值是某个确定的值,多个值中的一个,一个取值范围中的一个,其他所有的缺省值。

当 case 和 is 之间的表达式取值满足某一个条件表达式的值时,程序将执行后面的由符号=>所指的顺序描述语句。

case 语句的各个条件表达式之间没有优先级,所以,给定的条件表达式不能有重叠,否则将无法确定执行哪一个分支。如果没有列举出 case 和 is 之间的表达式的全部取值，则 when others＝＞必不可少。

4. wait 语句

进程的状态还可以通过 wait 语句来控制。当进程执行到 wait 语句时，将被挂起，并设置好再次执行的条件，可以是无限等待（wait）或有限等待。有限等待的条件可以是：等待某些信号发生变化（wait on），等待某个条件满足（wait until），等待一段时间（wait for）。这几个条件还可以组合成一个复合条件。

1）wait on 语句

wait on 语句的格式如下：

  wait on 信号列表；

信号列表可以包括一个或多个信号。信号列表中的任何一个信号的值发生变化，进程将结束挂起状态，进入执行状态，执行 wait on 语句后面的语句。例如：

  wait on a，b，s；

上述语句等待信号 a、b、s 中的任何一个发生变化。

wait on 语句可以使进程挂起，然后又使它重新执行，其条件是信号列表中任何一个信号的值发生变化。该语句的作用与进程的敏感信号列表非常类似。例如：

```
mux2：process()
begin
    if (s='0') then f<=a;
    else f<=b;
    end if;
    wait on a, b,s;
end process;


mux2：process(a, b, s)
begin
    if (s='0') then f<=a;
    else f<=b;
    end if;
end process;
```

上面两个例子是完全等价的。由此可以看出，控制进程执行还是挂起的敏感信号列表，可以写在进程开始的 process 语句中，也可以写在进程结尾的 wait on 语句中，两种描述是等价的。必须注意的是，如果 process 语句已经有敏感信号列表，那么在进程中不能再使用 wait on 语句。虽然，wait on 语句可以出现在进程中的任何位置，但在不同位置它的作用略有不同。wait on 语句只有出现在进程结束时，才是与进程敏感信号列表等价的。若出现在进程中间，则相当于改变了进程中语句的顺序。

2）wait until 语句

wait until 语句的格式如下：

  wait until 布尔表达式；

当 wait 等待的布尔表达式为"真"时，进程将结束挂起状态，进入执行状态，执行 wait

until 语句的后继语句。例如：

　　　　wait until a＝'1'；

　　3）wait for 语句

　　wait for 语句的格式如下：

　　　　wait for 时间表达式；

　　时间表达式可以是一个具体时间（如 30 ns）或一个时间量的算术表达式（如 t1＋t2，2 * t1＋t2 等）。当进程执行到 wait for 语句时，进程将进入挂起状态，直到时间表达式指定的时间到，进程将结束挂起状态，进入执行状态，执行 wait for 语句的后继语句。例如：

　　　　wait for 30 ns；

　　　　wait for a * t1＋t2；

上面的第一个 wait for 语句中，30 ns 是一个时间常量。第二个 wait for 语句中，a * t1＋t2 是一个时间表达式，wait for 语句在等待时要对该时间表达式进行一次计算。当 a＝3，t1＝20 ns，t2＝50 ns 时，它相当于 wait for 110 ns。

　　必须注意：wait for 语句不是可综合语句，它只能在仿真时使用。

　　4）复合 wait 语句

　　wait 语句可以同时使用多个等待条件，构成一条复合 wait 语句。例如：

　　　　wait on clk until clk＝'1'；

该语句等待 clk 信号的值发生变化，而且 clk 的值为'1'（即 clk 从'0'变到'1'）时，进程将结束挂起状态，进入执行状态，执行该语句的后继语句。

5．loop 语句

　　循环控制语句 loop 可以用来描述 process 的循环结构，对应于电路的位片逻辑、迭代电路等，可以是 for 循环或 while 循环。

　　1）for 循环语句

　　for 循环结构的 loop 语句的描述格式如下：

　　　　［标号：］for 循环变量 in 离散范围 loop

　　　　　　顺序描述语句

　　　　end loop［标号］；

这里，标号是可以省略的；循环变量是整数型变量，它不需要在结构体或进程中定义，在循环体（由顺序描述语句构成）中不能通过信号或变量给循环变量赋值；离散范围是循环变量的取值范围，它决定了循环的次数；loop 语句针对循环变量的每一个取值，执行一遍循环体的所有顺序描述语句。例如：

```
entity parity_ checker is
port ( data: in std_ logic_ vector(7 downto 0);
        p: out std_ logic);
end parity_ checker;
architecture behavior of parity_ checker is
begin
    parity_ checker: process(data)
    variable tmp: std_ logic;
```

```
        begin
            tmp ：='0'；
            for i in 7 downto 0 loop
                tmp：=tmp xor data(i)；
            end loop；
            p <= tmp；
        end process；
    end behavior；
```

上面的例子描述了一个偶校验的电路(只要把 tmp 的初值改成"1"，就可以实现奇校验)。在这个例子中，大家要特别注意变量 tmp 的作用。这里只能用变量，不能用信号。因为信号的赋值要到 process 结束才能生效，不能实现校验的功能。变量只能在本进程内有效，要实现输出还必须将它赋值给一个信号(本例中是 p<=tmp)。

2）while 循环语句

while 循环的 loop 语句的格式如下：

```
        [标号：] while 条件 loop
            顺序描述语句；
        end [标号]；
```

这里，当条件为"真"时，执行循环体中的语句；当条件为"假"时，结束循环。

6. next 语句和 exit 语句

1）next 语句

next 语句用于从循环体跳出本次循环，格式如下：

```
        next [标号] [when 条件]；
```

执行到该语句时，如果条件为"真"，则结束本次循环，跳到"标号"规定的语句，开始下一次循环。如果标号省略，则表示跳到 loop 循环的起始位置，开始下一次循环。如果"when 条件"省略，则执行到 next 语句时无条件结束本次循环。从功能上来看，next 语句用于 loop 循环内的执行控制。

2）exit 语句

exit 语句用于结束本循环 loop 语句，格式如下：

```
        exit [标号] [when 条件]；
```

执行到该语句时，如果条件为"真"，则结束本循环语句，跳到"标号"规定的语句，继续向下执行。如果标号省略，则表示跳到 loop 循环的后继语句，即 end loop 下面的语句。如果"when 条件"省略，则执行到 exit 语句时无条件结束循环。要注意 exit 语句与 next 语句的区别：next 只结束本次循环，开始下一次循环，而 exit 语句结束整个循环，跳出循环状态。

10.4.2 并行描述语句

1. 进程 process 语句

所有的顺序描述语句都只能在进程中使用。进程内是顺序执行，进程与进程之间是并发的，有点类似于计算机操作系统中"进程"的概念。

1）process 语句的格式

process 语句的格式如下：

　　［进程名］：process（进程敏感信号列表）

　　begin

　　　　顺序描述语句；

　　end process

process 语句从 process 开始，到 end process 结束，进程名可以省略。例如：

```
entity mux2 is
    port (a, b: in std_logic;
            s: in std_logic;
            f: out std_logic);
end mux2;
architecture behavior of mux2 is
begin
    mux2: process(a, b, s)
    begin
        if (s='0') then f<=a;
        else f<=b;
        end if;
    end process;
end behavior;
```

上例中，mux2 是进程名，(a，b，s)是敏感信号列表，它的作用将在后面说明。

在 VHDL 中，任何功能相对独立的电路模块都可以用一个 process 描述（如上例中的进程描述了一个 2 选 1 模块），若干个 process 构成一个更复杂的模块。

进程内的顺序描述语句可以是顺序结构、选择结构（分支结构）、循环结构。

2）process 的启动和敏感信号列表

进程在仿真运行中总是处于两个状态之一：执行或挂起。初始启动时，进程处于执行状态，进程中的语句从前向后逐句执行一遍。在最后一条语句执行完后，返回到进程开始的 process 语句，进程处于挂起状态。此时，只要该进程的敏感信号列表中任何一个信号发生变化，进程就再次处于执行状态。然后，再挂起，再执行，一直循环下去，直到仿真结束。

敏感信号列表对于进程至关重要。一般来说，如果描述的是组合电路模块，那么敏感信号列表必须包括所有的输入信号，否则在综合时会出错，在仿真时将导致一个错误的结果。如果描述的是时序电路模块，那么敏感信号列表只需要包括时钟信号和异步清零/置位信号。因为触发器的输出只在时钟上升/下降沿改变。

在一个结构体（architecture）里可以有多个 process 语句，这些 process 之间可以通过一些信号相互联系。在一个 process 的执行中，某个信号的值发生改变会导致另一个（或几个）进程重新执行，如此构成所有进程反复执行。

2. 并行信号赋值语句

1）简单信号赋值语句

格式如下：

赋值目标＜＝表达式；

例如：

q＜＝b or c；

2）条件信号赋值语句

格式如下：

赋值目标＜＝表达式 when 赋值条件 else

···

表达式；

例如，条件信号赋值语句的用法如下：

···

architecture one **of** max41a **is**

begin

y＜＝ a **when** q＝″00″ else

b **when** q＝″01″ else

c **when** q＝″10″ else

d；

end one；

3）选择信号赋值语句

格式如下：

with 选择表达式 select

赋值目标＜＝表达式 when 选择值，

···

表达式 when 选择值；

例如，选择信号赋值语句的用法如下：

architecture one **of** max41a **is**

begin

with q **select**

y＜＝ a **when** ″00″，   --选择值用","结束

b **when** ″01″，

c **when** ″10″，

d **when** others；

end one；

3. 元件例化语句

把已经设计好的设计实体定义为一个元件或一个模块，它可以被高层次的设计引用。引用时就会用到元件声明和元件例化语句，二者缺一不可。

1）元件声明

元件声明的格式如下：

component 元件实体名

port（元件端口信息）；

end component 元件实体名；

2）元件例化

元件例化的格式如下：

　　　　例化名：元件名 port map（端口列表）

端口列表的接口格式如下：

　　　　［例化元件端口＝＞］连接实体端口

接口格式有如下三种：

（1）名字关联方式：保留关联符号＝＞。这是例化元件端口名与连接实体端口名的关联方式，其在 port map 中的位置是任意的。

（2）位置关联方式：省去例化元件端口＝＞部分，在 port map 中只列出当前系统中的连接实体端口名即可，但要求连接实体端口名与例化元件端口定义中的端口名一一对应。

（3）混合关联方式：上述两种关联方式同时并存。

10.5　有限状态机的设计

状态机模型非常适合于控制通路的描述，通过状态转移图可以将复杂的控制时序分解为状态之间的转移关系。

1. 有限状态机的分类

根据输出与输入之间的关系，有限状态机可以分为两种类型：Moore 型和 Mealy 型。这两种状态机的主要区别在于：Mealy 型状态机的输出由状态机的输入和状态机的状态共同决定；Moore 型状态机的输出仅与状态机的状态有关，而与状态机的输入无关。

2. 有限状态机的描述方法

有限状态机的描述由下面几部分组成。

1）状态机的状态定义

有限状态机通常用枚举类型数据进行状态定义。

2）状态机的次态逻辑、输出逻辑和状态寄存器描述

状态机的次态逻辑、输出逻辑和状态寄存器一般用并行信号赋值语句、if 语句和 case 语句进行描述。

进行次态逻辑、输出逻辑和状态寄存器描述时，有如表 10.5.1 所示的几种不同的描述风格。

表 10.5.1　有限状态机的描述风格

描述风格	功　能　划　分	所需进程数
1	（1）次态逻辑、状态寄存器、输出逻辑	1
2	（1）次态逻辑、状态寄存器； （2）输出逻辑	2
3	（1）次态逻辑； （2）状态寄存器、输出逻辑	2
4	（1）次态逻辑、输出逻辑； （2）状态寄存器	2
5	（1）状态逻辑； （2）状态寄存器； （3）输出逻辑	3

　　有限状态机不同描述风格对逻辑综合的结果影响较大，通常时序逻辑电路与组合逻辑电路分别用不同的进程进行描述，综合后不会生成多余的寄存器，从而节省了占用的硬件资源。

3. 有限状态机的描述举例

1）Moore 型状态机

本例将介绍一个基本的 Moore 型有限状态机。以下是状态表（见表 10.5.2）和状态图（见图 10.5.1）以及实现此有限状态机的 VHDL 代码。注意，本例中状态机的描述主要由两个进程（process）组成：其中一个描述状态转移，另一个说明处于每一状态下电路表现的功能（此部分为组合逻辑电路）。

表 10.5.2　Moore 型状态机的状态表

当前状态	下一状态		输出（z）
	x＝0	x＝1	
s0	s0	s2	0
s1	s0	s2	1
s2	s2	s3	1
s3	s3	s1	0

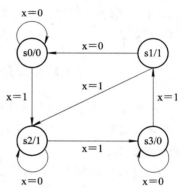

图 10.5.1　Moore 型状态机的状态图

```
library ieee;
use ieee. std_ logic_ 1164. all;
use ieee. std_ logic_ unsigned. all;

entity moore is
    port(
            clock: in std_ logic;
                x: in std_ logic;
                z: out std_ logic);
    end moore;

architecture behavior of moore is
    type state_ type is (s0,s1,s2,s3);          --用枚举类型进行状态定义
    signal current_ state,next_ state : state_ type;   --状态信号的定义
begin

--同步单元
synch : process
begin
    wait until clock′event and clock ='1';
    current_ state <= next_ state;
end process;

--描述每种状态下电路表现的功能
```

```
      state－trans：process（current－state）
      begin
      next－state <= current －state；              --默认状态分配
      case current－state is
      when s0 =>
         if x = '0' then
            next－state <= s0；
         else
            next－state <= s2；
         end if；
      when s1 =>
         if x = '0' then
            next－state <= s0；
         else
            next－state <=s2；
         end if；
      when s2 =>
         if x = '0' then
            next－state <= s2；
         else
            next－state <= s3；
         end if；
      when s3 =>
         if x = '0' then
            next－state <= s3；
         else
            next－state <=s1；
         end if；
      end case；
end process；


--描述每种状态下电路的输出
output－gen：process（current－state）
      begin
      case current－state is
         when s0 =>
            z <= '0'；
         when s1 =>
            z <= '1'；
         when s2 =>
            z <= '1'；
         when s3 =>
            z <= '0'；
```

```
        end case;
      end process;
    end behavior;
```

2）Mealy 型状态机

下面的例子将介绍一个基本的 Mealy 型有限状态机。以下为状态表（见表 10.5.3）和状态图（见图 10.5.2）以及实现此状态机的 VHDL 代码。

表 10.5.3 Mealy 型状态机的状态表

当前状态	下一状态		输出（z）	
	x＝0	x＝1	x＝0	x＝1
s0	s0	s2	0	1
s1	s0	s2	0	0
s2	s2	s3	1	0
s3	s3	s1	0	1

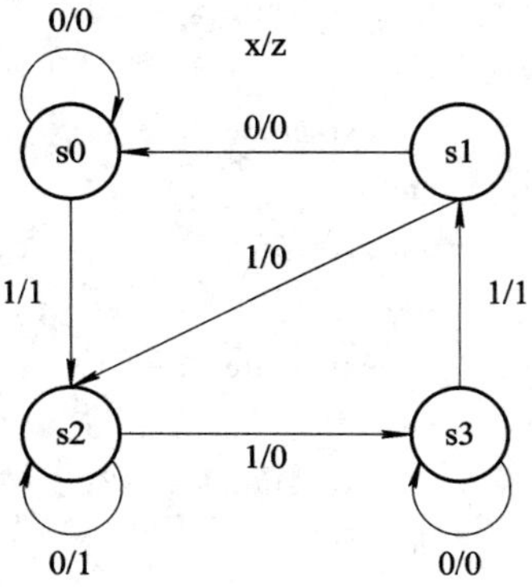

图 10.5.2 Mealy 型状态机的状态图

```
library ieee;
use ieee. std_logic_1164. all;
use ieee. std_logic_unsigned. all;
  entity mealy is
      port ( x,clock : in bit;
              z : out bit );
  end mealy;
  architecture behavior of mealy is
    type state_type is ( s0,s1,s2,s3);          --用枚举类型进行状态定义
    signal current_state, next_state : state_type;
    begin
--同步单元
    synch : process
      begin
        wait until clock'event and clock ='1';
        current_state <= next_state;
      end process;
--组合逻辑
    combin: process(current_state, x)
      begin
        next_state <= current _state;          --默认状态分配
        case current_state is
          when s0 =>
            if x = '0' then
              z <= '0';
              next_state <= s0;
            else
              z <= '1';
```

```
                    next_ state <= s2;
                  end if;
                when s1 =>
                  if x = '0' then
                    z <= '0';
                    next_ state <= s0;
                  else
                    z <= '0';
                    next_ state <= s2;
                  end if;
                when s2 =>
                  if x = '0' then
                    z <= '1';
                    next_ state <= s2;
                  else
                    z <= '0';
                    next_ state <= s3;
                  end if;
                when s3 =>
                  if x = '0' then
                    z <= '0';
                    next_ state <= s3;
                  else
                    z <= '1';
                    next_ state <= s1;
                  end if;
              end case;
          end process;
      end behavior;
```

10.6　VHDL 描述实例

本节以常用的基本逻辑电路设计为例，介绍使用 VHDL 描述基本逻辑电路的方法。

10.6.1　组合电路的描述

1. 算术逻辑运算电路

【例 10.6.1】　设计一个实现 $f_1 = \overline{\overline{ab} + cd}$，$f_2 = (a \oplus b)(\overline{c} \oplus d)$ 的组合逻辑电路。
运算电路的逻辑符号如图 10.6.1 所示。

```
library ieee;
use ieee. std_ logic_ 1164. all;
```

use ieee. std_ logic_ unsigned. all;

entity log is

port (a,b,c,d :in std_ logic;　　　　--定义输入端口 a, b, c, d

　　　　f1 , f2 :out std_ logic);　　　　--定义输出端口 f1, f2

end log;

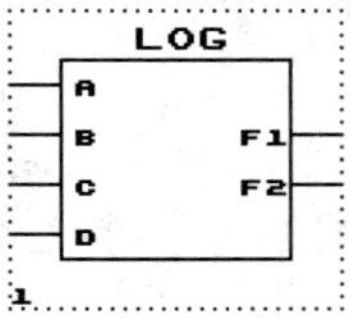

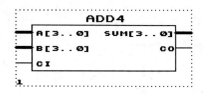

图 10.6.1　f1、f2 运算电路的
　　　　　　　逻辑符号

architecture behavior of log is

begin

　　process

　　　begin

　　　　f1<=((not a)and b)nor(c and d);　　　--f1=$\overline{\overline{ab}+cd}$

　　　　f2<=(a xor b) and ((not c) xor d);　　--f2=(a⊕b)(c̄⊕d)

　　end process;

end behavior;

本例采用了数据流描述方法，较其他描述方法简单。应注意，逻辑运算中要根据运算符的优先级在需要的地方使用括号。

【例 10.6.2】　设计一个 4 位二进制加法器。

电路逻辑符号如图 10.6.2 所示。

```
        ADD4
  A[3..0]   SUM[3..0]
  B[3..0]          CO
  CI
1
```

图 10.6.2　4 位二进制加法器的逻辑符号

library ieee;

use ieee. std_ logic_ 1164. all;

use ieee. std_ logic_ unsigned. all;

entity add4 is

port(

　　a, b　: in std_ logic_ vector(3 downto 0);　　--两个 4 位二进制数

　　ci　　: in std_ logic;　　　　　　　　　　　--低位来的进位

　　sum　: out std_ logic_ vector(3 downto 0);　--和输出

　　co　　: out std_ logic);　　　　　　　　　　--进位输出

end add4;

architecture arc_ add4 of add4 is

signal s : std_ logic_ vector(4 downto 0);　　　--定义内部信号 s

begin

　　s<=('0'&a)+('0'&b)+("0000"&ci);　　--先进行并置操作，然后进行加法运算

　　sum<=s(3 downto 0);　　　　　　　--产生 4 位和输出

　　co<=s(4);　　　　　　　　　　　　--产生进位输出

end arc_ add4;

以上描述中"&"为并置运算符，$('0'\&a)$、$('0'\&b)$、$("0000"\&ci)$ 并置后数组的长度均为 5 位，进行相加运算后，所得结果 s 的长度也为 5 位。4 位二进制加法器的仿真波形如图 10.6.3 所示。从图中可以看出，sum 和 co 实现了 a、b、ci 的加法运算。

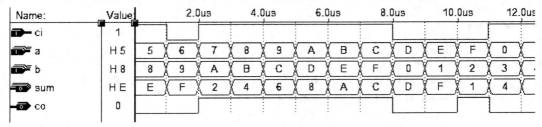

图 10.6.3　4 位二进制加法器的仿真波形

2. 译码电路

【例 10.6.3】　设计一个多地址译码电路，该电路有 10 位地址输入线 A9～A0，要求当地址码为 0x2F0～0x2F7 时，译码器的输出 E0～E7 分别被选通，且低电平有效。

该电路的逻辑符号如图 10.6.4 所示，电路的输入/输出对应关系如表 10.6.1 所示。

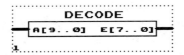

图 10.6.4　多地址译码器的逻辑符号

表 10.6.1　多地址 0x2F0～0x2F7 译码电路的输入/输出对应关系表

A9	A8	A7	A6	A5	A4	A3	A2	A1	A0	E0	E1	E2	E3	E4	E5	E6	E7
1	0	1	1	1	1	0	0	0	0	0	1	1	1	1	1	1	1
1	0	1	1	1	1	0	0	0	1	1	0	1	1	1	1	1	1
1	0	1	1	1	1	0	0	1	0	1	1	0	1	1	1	1	1
1	0	1	1	1	1	0	0	1	1	1	1	1	0	1	1	1	1
1	0	1	1	1	1	0	1	0	0	1	1	1	1	0	1	1	1
1	0	1	1	1	1	0	1	0	1	1	1	1	1	1	0	1	1
1	0	1	1	1	1	0	1	1	0	1	1	1	1	1	1	0	1
1	0	1	1	1	1	0	1	1	1	1	1	1	1	1	1	1	0

```
library ieee;
use ieee. std_ logic_ 1164. all;
use ieee. std_ logic_ unsigned. all;

entity decode is
port (
        A : in std_ logic_ vector(9 downto 0);        --10 位地址输入
        E : out std_ logic_ vector(7 downto 0)        --8 位译码输出
    );
```

```
    end decode ;

    architecture arc_ decode of decode is
    begin
    process(A)
        begin
            case A is
                when "1011110000" => E<="11111110";    --当 A9~A0 为 2F0H 时，E0=0
                when "1011110001" => E<="11111101";
                when "1011110010" => E<="11111011";
                when "1011110011" => E<="11110111";
                when "1011110100" => E<="11101111";
                when "1011110101" => E<="11011111";
                when "1011110110" => E<="10111111";
                when "1011110111" => E<="01111111";    --当 A9~A0 为 2F7H 时，E7=0
                when others         => E<="11111111";
            end case;
        end process ;
    end arc_ decode;
```

多地址译码器的仿真波形如图 10.6.5 所示。

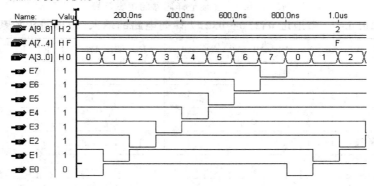

图 10.6.5　多地址译码器的仿真波形

【例 10.6.4】　7 段译码器电路的设计。

　　7 段译码器的功能是将 8421 BCD 码译成 7 个信号，用以驱动 7 段数码管显示相应的十进制数码，其逻辑符号如图 10.6.6 所示。图中，DAT[3..0]是 8421 BCD 码的输入，A、B、C、D、E、F、G 是驱动数码管显示的 7 个输出信号（设低电平有效）。

```
    library ieee;
    use ieee. std_ logic_ 1164. all;

    entity seg7 is
    port( dat : in std_ logic_ vector(3 downto 0);
        a,b,c,d,e,f,g : out std_ logic );
```

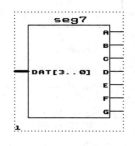

图 10.6.6　7 段译码器的
　　　　　 逻辑符号

```
        end seg7;


architecture arc of seg7 is
        signal tmp : std_ logic_ vector(6 downto 0);        --定义内部信号 tmp
begin
    process(dat)
    begin
        case dat is
            when "0000" => tmp<="0000001";        --输入 0000 时，显示 0
            when "0001"=> tmp<="1001111";        --输入 0001 时，显示 1
            when "0010"=> tmp<="0010010";
            when "0011"=> tmp<="0000110";
            when "0100"=> tmp<="1001100";
            when "0101"=> tmp<="0100100";
            when "0110"=> tmp<="0100000";
            when "0111"=> tmp<="0001111";
            when "1000"=> tmp<="0000000";
            when "1001"=> tmp<="0000100";        --显示 9
            when "1010"=> tmp<="0001000";        --显示 A
            when "1011"=> tmp<="1100000";
            when "1100"=> tmp<="0110001";
            when "1101"=> tmp<="1000010";
            when "1110"=> tmp<="0110000";
            when "1111"=> tmp<="0111000";
            when others =>null;
        end case;
    end process;
    a<=tmp(6);
    b<=tmp(5);
    c<=tmp(4);
    d<=tmp(3);
    e<=tmp(2);
    f<=tmp(1);
    g<=tmp(0);
    end arc;
```

3. 数据选择器

【例 10.6.5】　设计 8 选 1 数据选择器。

逻辑符号如图 10.6.7 所示。

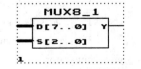

图 10.6.7　8 选 1 数据选择器的
逻辑符号

```
library ieee;
use ieee. std_ logic_1164. all;
entity mux8_1 is
port( d: in std_ logic_ vector(7 downto 0);        --输入数据端口为 8 位
```

```
        s：in std－logic－vector(2 downto 0)；      --地址选择 s 为 3 位
        y：out std－logic)；                        --数据输出端口
    end mux8－1；

    architecture behavior of mux8－1 is
    begin
       process(s)
          begin
            case s is
                when "000"＝＞y＜＝d(0)；
                when "001"＝＞y＜＝d(1)；
                when "010"＝＞y＜＝d(2)；
                when "011"＝＞y＜＝d(3)；
                when "100"＝＞y＜＝d(4)；
                when "101"＝＞y＜＝d(5)；
                when "110"＝＞y＜＝d(6)；
                when "111"＝＞y＜＝d(7)；
                when others＝＞y＜＝NULL；
            end case；
          end process；
    end behavior；
```

本例借助 8 选 1 数据选择器的真值表，采用行为描述方法完成了对 8 选 1 数据选择器的描述。在上面的 case 语句中，"when others＝＞y＜＝NULL；"语句不能缺省。因为 std－logic 是 9 值逻辑，前面的 when 语句只列出了 8 种组合状态，当 s 处于其他状态(比如"x")时，电路的表现就靠这条语句来定义。

4. 数值比较器

【例 10.6.6】 8 位数值比较器。

数值比较器可以比较两个数的大小，其逻辑符号如图 10.6.8 所示，a 和 b 分别为 8 位二进制数输入，三个输出 F1($a<b$)、F2($a=b$)、F3($a>b$)分别表示比较的结果。

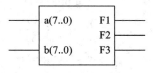

图 10.6.8　8 位数值比较器的逻辑符号

```
    library ieee；
    use ieee. std－logic－1164. all；
    entity comparator is
    port( a，b：in std－logic－vector(7 downto 0)；   --输入两个 8 位二进制数
          F1：out std－logic；                         --输出比较结果 F1
          F2：out std－logic；                         --输出比较结果 F2
          F3：out std－logic)；                        --输出比较结果 F3
    end comparator；

    architecture behave of comparator is
       begin
          process(a,b)
```

```
       begin
         if(a<b) then
              F1<='1';
              F2<='0';
              F3<='0';
         elsif(a=b) then
              F1<='0';
              F2<='1';
              F3<='0';
         else
              F1<='0';
              F2<='0';
              F3<='1';
         end if;
       end process;
     end behave;
```

5. 三态门

【**例 10.6.7**】　三态门的描述。

三态门电路的符号如图 10.6.9 所示，其中 D 为数据输入端，E 为控制端，Y 为输出端。当 E＝"1"时，Y＝D；当 E＝"0"时，Y 为高阻输出。

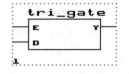

图 10.6.9　三态门的逻辑符号

```
     library ieee;
     use ieee. std_logic_1164. all;
     entity tri_gate is
     port ( E, D : in std_logic;
                 Y : out std_logic );
     end tri_gate;


     architecture behave of tri_gate is
     begin
         process(E,D)
           begin
             if(E='1') then
                Y<=D;
             else
                Y<='Z';
             end if;
         end process;
     end behave;
```

三态门电路的仿真波形如图 10.6.10 所示。从图中可以看出，当 E＝"0"时，Y 输出为高阻状态。

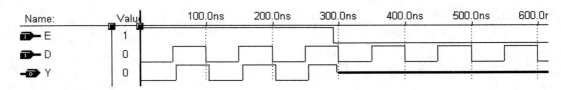

图 10.6.10　三态门电路的仿真波形

10.6.2　时序电路的描述

1. 时钟和复位信号的描述

1) 时钟信号的描述

时序电路总是在时钟的有效边沿或有效电平到达时才改变其状态，因此时钟信号有边沿触发和电平触发两种形式。

（1）边沿触发时钟的描述如下：

```
process(clk)
begin
    if ( clk'event and clk='1') then
        语句;
    end if;
end process;
```

以上（clk'event and clk='1'）为时钟边沿表达式，clk'event 表示 clk 信号发生变化，变化后的结果 clk='1' 表示时钟上升沿有效。

也可以用 wait until 语句来描述时钟上升沿：

```
process
begin
    wait until clk'event and clk='1';
        语句;
end process;
```

以上"wait until clk'event and clk='1'"表示时钟上升沿有效。当使用 wait until 语句后，process 语句不用列出敏感量。

（2）电平触发时钟的描述如下：

```
if clk='1' then
    语句;
end if;
```

或

```
if clk='0' then
    语句;
end if;
```

以上使用 if 语句对 clk 的电平进行判断。clk='1'表示时钟高电平有效；clk='0'表示时钟低电平有效。

2）复位信号的描述

时序电路的复位信号有同步复位和异步复位两种。同步复位受时钟控制，即当时钟触发沿到达，且复位信号有效时，时序电路复位。异步复位不受时钟控制，一旦复位信号有效，时序电路就会复位。因此在异步复位的时序电路中，process 语句的敏感量是复位和时钟两个信号。

（1）同步复位可用以下两种方法描述：

① process（clk）

```
begin
    if (clk'event and clk='1') then
        if（复位条件表达式）then
                复位语句;
        else
                顺序语句;
        end if;
    end if;
end process;
```

② process

```
begin
    wait until clk'event and clk='1';
        if（复位条件表达式）then
                复位语句;
        else
                顺序语句;
        end if;
    end process;
```

采用 wait until 语句描述时，process 语句不用列出敏感量。

（2）异步复位的描述如下：

```
process（复位信号名,时钟信号名）
    begin
        if（复位条件表达式）then
            复位语句;
        elsif（时钟边沿表达式）then
            顺序语句;
        end if;
    end process;
```

2. 触发器和锁存器的描述

触发器和锁存器的主要区别在于触发器以时钟沿触发，而锁存器以电平触发，因此锁存器的描述与触发器的描述也不相同。

【例 10.6.8】 D 触发器的描述。

D 触发器的逻辑符号如图 10.6.11 所示。

```
library ieee;
use ieee. std_logic_1164. all;
```

图 10.6.11 D 触发器的逻辑符号

```
entity dffq is
port ( clk: in std_logic;
        d: in std_logic;              --D 触发器输入端口
        q: out std_logic);            --D 触发器输出端口
end dffq;

architecture behave of dffq is
    signal q1:std_logic;              --定义内部信号 q1
    begin
      process(clk)
        begin
          if clk'event and clk='1' then  --时钟上升沿有效
            q1<=d;
          end if;
      end process;
      q<=q1;
end behave;
```

第一条信号赋值语句"q1<=d"表示时钟上升沿到达后 q1 接收 d 输入端的数据，第二条信号赋值语句"q<=q1"放在进程之外，相当于 q1 与 q 之间直接由导线互连。

【例 10.6.9】 8 位锁存器的描述。

8 位锁存器的逻辑符号如图 10.6.12 所示。

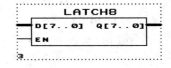

```
library ieee;
use ieee. std_logic_1164. all;
entity latch8 is
port ( d : in std_logic_vector(7 downto 0);   --定义 8 位数据输入
        en: in std_logic;                       --定义输入使能信号 en
        q : out std_logic_vector(7 downto 0));
end latch8;
```

图 10.6.12 8 位锁存器的逻辑符号

```
architecture behave of latch8 is
begin
  process(en,d)
    begin
      if en='1' then                  --使能 en 高电平有效
        q<=d;                          --数据锁存
      end if;
  end process;
```

end behave；

3. 计数器和分频器的描述

1）典型的计数器描述方法

【例 10.6.10】　描述异步复位的 4 位二进制加法计数器。

异步复位计数器的逻辑符号如图 10.6.13 所示。

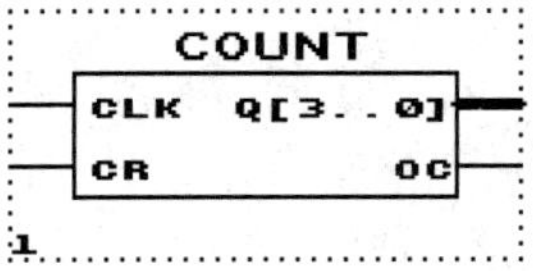

```
library ieee;                                    --包含库
use ieee. std_ logic_ 1164. all;
use ieee. std_ logic_ unsigned. all;
entity count is                                  --实体说明
port (
        clk : in std_ logic;
        cr : in std_ logic;
        q : out std_ logic_ vector(3 downto 0);
        oc : out std_ logic
    );
end count;

architecture arc of count is                     --结构体说明
    signal cou：std_ logic_ vector(3 downto 0)；  --定义内部信号
begin
    process(cr,clk)                              --计数器的描述
    begin
        if cr＝'0' then                          --异步复位
            cou＜＝(others＝＞'0')；
        elsif clk'event and clk＝'1' then
            cou＜＝cou＋1；                        --加法计数
        end if；
    end process；
    q＜＝cou；
    process(cou)                                 --定义进位端的状态
    begin
      if cou＝15 then                            --计到 15 有进位输出
        oc＜＝'1'；
      else
        oc＜＝'0'；
      end if；
    end process；
end architecture arc；
```

图 10.6.13　异步复位计数
器的逻辑符号

本例描述的是 4 位二进制加法计数器，如果要改为 8 位加法计数器，则只要将输出端口 q 和内部信号 cou 的位数改为（7 downto 0），将第二个 process 中的 cou＝15 改为 cou＝255 即可。

如果需要同步复位，则将异步复位语句改为同步复位语句即可，即

```
wait until clk'event and clk='1';
    if cr='0' then                               --同步复位
        cou<=(others=>'0');
```

【例 10.6.11】 描述异步复位/同步置数的 8 位二进制加减可逆计数器。

异步复位/同步置数可逆计数器的逻辑符号如图 10.6.14 所示。

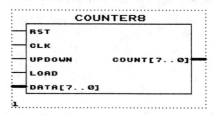

图 10.6.14 异步复位/同步置数可逆计数器的逻辑符号

```
library ieee;
use ieee. std_logic_1164. all;
use ieee. std_logic_unsigned. all;
entity counter8 is
port ( rst      : in std_logic;                  --复位控制端
       clk      : in std_logic;                  --时钟输入
       updown : in std_logic;                    --加减控制端
       load     : in std_logic;                  --预置控制端
       data     : in std_logic_vector(7 downto 0);   --8 位预置输入
       count    : out std_logic_vector(7 downto 0) );   --计数器的状态输出端
end counter8;


architecture arc of counter8 is
    signal cnt:std_logic_vector(7 downto 0);
begin
    process (clk, rst)
    begin
        if rst='0' then                          --异步复位
            cnt<=(others=>'0');
        elsif clk'event and clk='1' then
            if load='1' then                     --同步置数
                cnt<=data;
            elsif updown='1' then
                cnt<=cnt+1;                       --加法计数
            else
                cnt<=cnt-1;                       --减法计数
            end if;
        end if;
    end process;
    count<=cnt;
end arc;
```

　　本例描述的计数器具有复位和置数功能，当时钟 clk 采样到置数使能 load 有效（高电平有效）时，将 8 位输入数据线 data 上的值送入寄存器。load 信号失效后，若 updown 为"1"，则计数器按照置入的值开始进行加法计数，否则，计数器按照置入的值开始进行减法计数。

　　2）任意模值计数器的设计

　　任意模值计数器分二进制、十进制两种，其设计方法有所不同。

【例 10.6.12】　设计模值为 60 的二进制计数器。

模 60 的二进制计数器的逻辑符号如图 10.6.15 所示。

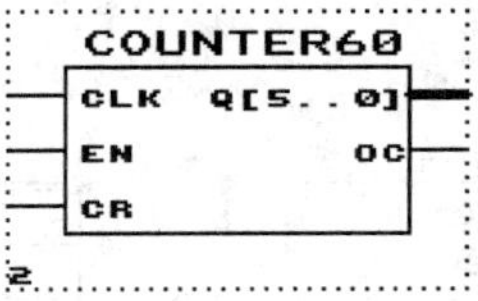

图 10.6.15　模 60 二进制计数器的逻辑符号

```
library ieee;
use ieee. std_logic_1164. all;
use ieee. std_logic_unsigned. all;
entity counter60 is
port (
        CLK      : in std_logic;              --时钟输入
        EN       : in std_logic;              --计数允许输入
        CR       : in std_logic;              --清零输入
        Q        : out std_logic_vector(5 downto 0);   --6 位计数状态位输出
        OC       : out std_logic              --进位输出
        );
end counter60;

architecture arc_counter60 of counter60 is
        signal count: std_logic_vector(5 downto 0);
begin
        process(CR,CLK,EN)
        begin
            if CR='0' then                    --异步复位
                count<=(others=>'0');
            elsif clk'event and clk='1' then
                if EN='1' and count<59 then   --计数值小于 59 时加 1 计数
                    count<=count+1;
                elsif EN='1' and count=59 then --计到 59 回零
                    count<="000000";
                end if;
            end if;
        end process;

        process(count)
        begin
          if count=59 then                    --计到 59 有进位
                OC<='1';
          else
```

```
        OC<='0';
    end if;
  end process;
  Q<=count;
end architecture arc_counter60;
```

模 60 二进制计数器的仿真波形如图 10.6.16 所示。二进制计数器内部按 2^n 进位，59 用 $(00111011)_2$ 表示。从图中可以看出，模 60 count 从 $0\sim3BH(00111011)$ 便有一个 OC 输出。

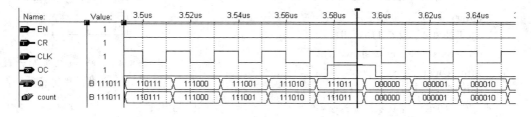

图 10.6.16　模 60 二进制计数器的仿真波形

【例 10.6.13】　设计一模值为 60 的十进制计数器。CLK 为时钟端，QH 和 QL 分别为计数器的十位和个位的 BCD 码输出，OC 为计满的标志位。

模 60 十进制计数器的逻辑符号如图 10.6.17 所示。

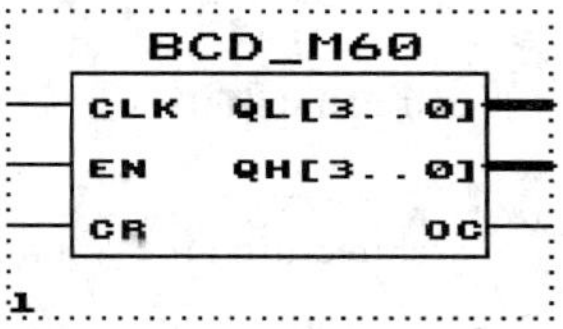

```
library ieee;
use ieee. std_logic_1164. all;
use ieee. std_logic_unsigned. all;
entity bcd_m60 is
port (
    CLK     : in std_logic;
    EN      : in std_logic;
    CR      : in std_logic;
    QL,QH   : out std_logic_vector(3 downto 0); --8421BCD 码个位、十位输出
    OC                                          : out std_logic --进位输出
    );
end bcd_m60;


architecture behav of bcd_m60 is
    signal couL,couH: std_logic_vector(3 downto 0);
begin
    process(CR,CLK)
    begin
      if CR='0' then                            --异步复位
          couL<="0000";
          couH<="0000";
      elsif clk'event and clk='1' then
          if EN='1' then
```

图 10.6.17　模 60 的十进制计数器的逻辑符号

```
            if (couL=9 and couH=5)then          --个位计到 9 十位计到 5 回零
                couL<="0000";
                couH<="0000";
            elsif couL=9 then                    --个位计到 9 回零十位加 1
                couL<="0000";
                couH<=couH+1;
            else
                couL<=couL+1;                     --否则个位加 1
            end if;
        end if;
    end if;
end process;


process(couL,couH)
begin
    if (couL=9 and couH=5)then                   --个位计到 9 十位计到 5 有进位输出
        OC<='1';
    else
        OC<='0';
    end if;
end process;
    QL<=couL;
    QH<=couH;
end behav;
```

模 60 十进制计数器的仿真波形如图 10.6.18 所示。从图中可以看出,计数器由十位和个位两组 BCD 码组成,个位逢十向十位进一,当十位和个位计到 59 时,重新回到 00。

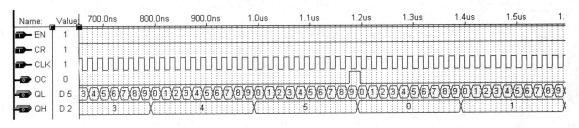

图 10.6.18　模 60 十进制计数器的仿真波形

【例 10.6.14】　设计一个分频器,将晶振产生的 32.768 kHz 信号频率降低到 1 Hz。

分频器的逻辑符号如图 10.6.19 所示。

该分频器的输入信号为 32.768 kHz,要求输出信号为 1 Hz,则分频系数为 32 768,需要 15 位计数器,即计数器的输出 $Q_{14} \sim Q_0$ 每次从全"0"变化到全"1"时,最高位输出一个 1 Hz 的脉冲。

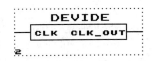

图 10.6.19　分频器的逻辑符号

```
library ieee;
use ieee. std_logic_1164. all;
```

```
use ieee. std_ logic_ unsigned. all;
entity devide is
port （
        clk        ： in std_ logic;            --输入时钟
        clk_ out    ： out std_ logic           --输出信号
        ）；
end devide;


architecture arc_ devide of devide is
        signal count： std_ logic_ vector(14 downto 0);    --定义内部信号


begin
    process
    begin
        wait until clk'event and clk='1';
            if( count<32767) then        --改变最大计数值即可得到不同的分频系数
                count<=count+1;
                clk_ out<='0';
            else
                count<=(others=>'0');
                clk_ out<='1';
            end if;
        end process;
    end architecture arc_ devide;
```
分频器的仿真波形如图 10.6.20 所示。

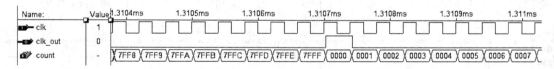

图 10.6.20　分频器的仿真波形

4. 移位寄存器

【例 10.6.15】　描述 4 位双向移位寄存器。

4 位双向移位寄存器具有左移、右移、并行输入和异步复位的功能，其逻辑符号如图 10.6.21 所示。

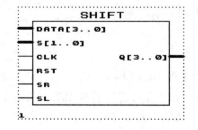

图 10.6.21　4 位双向移位寄存器的
逻辑符号

```
library ieee;
use ieee. std_ logic_ 1164. all;
use ieee. std_ logic_ unsigned. all;
entity shift is
port
(data      ： in std_ logic_ vector(3 downto 0);      --并行输入数据端
 s         ： in std_ logic_ vector(1 downto 0);      --s 为工作方式选择信号
```

```
    clk，rst ：in std－logic；
      sr，sl  ：                              -- sr 为右移输入，sl 为左移输入
      q       ：out std－logic－vector(3 downto 0))；
    end shift；


    architecture arc－shift of shift is
    signal q1：std－logic－vector(3 downto 0)；
    begin
        process（clk，rst)
          begin
            if（rst='1') then                 --异步复位
                q1<="0000"；
            elsif clk'event and clk='1' then
                  case S is
                    when "01"=>q1<=sr & q1 (3 downto 1)；   --右移操作
                    when "10"=>q1<=q1(2 downto 0)& sl；     --左移操作
                    when "11"=>q1<=data；                   --并行输入数据
                    when others=>null；
                  end case；
              end if；
          end process；
            q<=q1；                            --并行输出
    end arc_shift；
```

5. 序列码发生器和序列码检测器

【例 10.6.16】　设计一序列码发生器电路，当开始工作以后，可以循环产生 00110111 的序列。输入为 clk，输出为 z，其逻辑符号如图 10.6.22 所示。

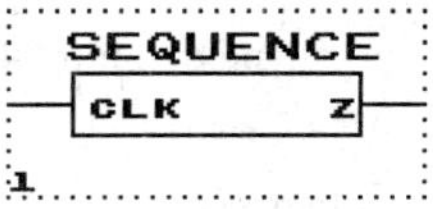

```
library ieee；
use ieee. std－logic－1164. all；
use ieee. std－logic－unsigned. all；


entity sequence is
    port( clk：in std－logic；
            z：out std－logic)；
end sequence；


architecture behavior of sequence is
    type state－type is（s0,s1,s2,s3,s4,s5,s6,s7)；
    signal current－state,next－state ：state－type；
begin


synch：process
begin
```

图 10.6.22　序列码发生器的逻辑
符号

```
    wait until clk'event and clk ='1';
    current_state <= next_state;
end process;


--描述每种状态下电路表现的功能
state_trans: process (current_state)
begin
case current_state is
when s0 =>
    next_state <= s1;
    z <= '0' ;
when s1 =>
    next_state <= s2;
    z <= '0';
when s2 =>
    next_state <= s3;
    z <= '1';
when s3 =>
    next_state <= s4;
    z <= '1';
when s4 =>
    next_state <= s5;
    z <= '0';
when s5 =>
    next_state <= s6;
    z <= '1';
when s6 =>
    next_state <= s7;
    z <= '1';
when s7 =>
    next_state <= s0;
    z <= '1';
end case;
end process;
end behavior;
```

序列码发生器的仿真波形如图 10.6.23 所示。

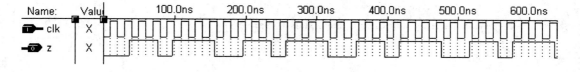

图 10.6.23 序列码发生器的仿真波形

【**例 10.6.17**】　用状态机设计一序列码检测电路，当输入序列为"1101"时，输出为"1"，否则输出为"0"，可重复检测。

状态机的状态分配如下：

s0：未检测到"1"；

s1：检测到 1 个"1"；

s2：检测到"11"；

s3：检测到"110"。

状态转移图如图 10.6.24 所示，符号图如图 10.6.25 所示。

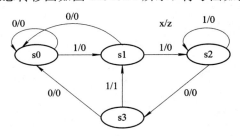
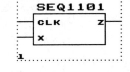

图 10.6.24　"1101"序列码检测的状态图　　　图 10.6.25　序列码检测器的符号图

```
library ieee;
use ieee. std_logic_1164. all;
use ieee. std_logic_unsigned. all;

entity seq1101 is
    port( clk, x: in std_logic;
                z: out std_logic);
end seq1101;

architecture behavior of seq1101 is
    type state_type is (s0,s1,s2,s3);        --用枚举类型进行状态定义
    signal current_state,next_state : state_type;

begin

synch: process
begin
    wait until clk'event and clk ='1';
    current_state <= next_state;
end process;

--描述每种状态下电路表现的功能
state_trans: process (current_state)
begin
next_state <= current_state;                 --默认状态分配
case current_state is
when s0 =>
```

```
        if x='0' then
          next_state <= s0;
          z <= '0';
        else
          next_state <= s1;
          z <= '0';
        end if;
      when s1 =>
        if x='0' then
          next_state <= s0;
          z <='0';
        else
          next_state <= s2;
          z <= '0';
        end if;
      when s2 =>
        if x='0' then
          next_state <= s3;
          z <='0';
        else
          next_state <= s2;
          z <= '0';
        end if;
      when s3 =>
        if x='0' then
          next_state <= s0;
          z <= '0';
        else
          next_state <= s1;
          z <= '1';
        end if;
      end case;
    end process;
  end behavior;
```

本 章 小 结

(1) VHDL 是一种描述数字系统硬件结构和信号之间关系的语言。一个完整的 VHDL 程序通常包含设计实体、结构体、配置、库和程序包 5 个部分。

实体用来描述设计单元的名称和端口信息。结构体用于描述实体的具体行为与功能，跟在设计实体的后面。库用来存放已经编译的实体、结构体、程序包和配置。VHDL 常用的库有 IEEE 库、STD 库、WORK 库和用户自定义的库。程序包是多个设计体可共享的设计单元，包内主要用来存放信号说明、常量定义、数据类型、子程序说明、属性说明和元件说明等。当一个实体具有多个结构体时，可以使用配置语句为实体选定某个结构体；当实体只有一个结构体时，程序中不需要配置语句。

（2）VHDL 的数据对象主要有信号、变量和常量三种类型。信号代表电路内部各元件间的连接线，可以在程序包、实体和结构体中说明。变量是用来暂存某些数据的，只能在进程语句和子程序中使用。常量是固定不变的值，可以在程序包、实体、结构体和进程中进行定义。

（3）VHDL 的数据类型有标准数据类型和自定义数据类型。运算操作符有逻辑运算符、关系运算符、算术运算符和连接运算符。在使用时，需要注意运算符的优先级，必要时使用括号来保证正确的运算顺序。

（4）VHDL 的描述语句有顺序描述语句和并行描述语句。所有的顺序描述语句都在进程内使用，而进程与进程之间是并发的。进程也是 VHDL 中最常用的语句，在使用进程进行电路功能描述时，要注意正确描述进程敏感信号列表。

（5）状态机模型特别适合于控制通路的描述，尤其是能够分解出状态之间转移关系的复杂控制时序电路。根据输出与输入之间的关系，状态机分为 Moore 型和 Mealy 型两种。

习　题　10

10-1　试用 VHDL 描述一个一位全加器电路。

10-2　试编写两个 4 位二进制相减的 VHDL 程序。

10-3　试用 VHDL 描述一个 3-8 译码器。

10-4　试用 VHDL 描述一个 8421 BCD 优先编码器。

10-5　试用 if 语句描述一个 4 选 1 数据选择器。

10-6　用 VHDL 描述时序电路时，时钟和复位信号的描述有哪几种方法？它们各有什么特点？

10-7　用 VHDL 描述任意模值二进制计数器和任意模值十进制计数器有何区别？

10-8　分频器和计数器有何区别？用 VHDL 描述分频器时应注意什么问题？

10-9　试用 VHDL 描述一个具有异步复位、同步置数、同步计数使能的 8 位二进制加/减法计数器。

10-10　试用 VHDL 设计一个 $M=100$ 的二进制加法计数器。

10-11　试用 VHDL 设计一个 $M=78$ 的十进制加法计数器。

10-12　试用 VHDL 设计一个 $M=56$ 的十进制减法计数器。

10-13　试用 VHDL 设计一个分频电路，要求将 4 MHz 输入信号变为 1 Hz 输出。

10-14　试用 VHDL 设计一个 16 位串行输入 - 并行输出移位寄存器。

10-15　试用 VHDL 设计 11010 序列码发生器，循环产生 11010 序列。

10-16　试用 VHDL 设计串行序列检测电路，当检测到连续 4 个和 4 个以上的 1 时，输出"1"，否则输出"0"。

第 11 章　VHDL 数字系统设计实例

随着数字集成技术和 EDA(Electronic Design Automation)技术的发展，数字系统的设计方法和设计工具发生了很大的变化，传统的设计方法已逐步被基于 EDA 技术的芯片设计方法所代替。目前大部分数字系统都可以采用可编程逻辑器件实现，硬件描述语言已成为数字系统设计的重要手段。本章首先简要介绍自顶向下设计数字系统的基本方法，然后通过设计实例说明应用 VHDL 设计数字系统的方法。

11.1　数字系统设计简介

11.1.1　数字系统的基本结构

数字系统由若干个数字电路和逻辑功能部件组成，它可以实现数据存储、传输和加工处理等复杂的逻辑功能。数字系统从逻辑上可划分为数据处理单元和控制单元两部分，其结构框图如图 11.1.1 所示。数据处理单元实现信息的存储、传输和加工处理等功能。控制单元根据外部控制信号和数据处理单元提供的当前状态信号，发出对数据处理单元的控制序列信号，在此控制序列信号的作用下，数据处理单元完成所规定的操作，并向控制单元输出变化后的状态信号，以表示当前的工作状态和数据处理结果。控制单元接收到状态信号后，再发出下一步的控制序列信号，使数据处理单元执行新一轮的操作。

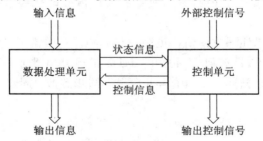

图 11.1.1　数字系统的结构框图

控制单元控制着整个数字系统的操作过程，它是数字系统的核心，因此在这种结构下，有无控制器是区分数字系统和功能部件级电路的重要标志。凡是包含控制器，且能按照一定时序操作的，不论规模大小，均称为数字系统。凡是不包含控制器，不能按照一定时序操作的，不论规模有多大，均不能作为一个独立的数字系统，只能作为一个完成某种功能的逻辑部件。

11.1.2　数字系统的基本设计方法

传统的数字系统设计多采用自底向上的方法，通常设计者选用标准的通用集成电路芯片和其他元器件，由底层逐级向上构成子系统和系统。其设计过程是：书面设计—硬件安装、调试—制作样机。这样设计的系统不仅所用元件的种类和数量多，功耗大，可靠性差，而且花费时间多，修改电路和交流设计思想都很不方便。

　　EDA 技术的发展和可编程逻辑器件的普及对数字系统硬件设计产生了很大的影响，它改变了传统的设计思想，使人们可以利用 EDA 工具，通过芯片的设计来实现数字系统的功能。现代数字系统设计多采用自顶向下的方法。它是一种从抽象到具体，从高层次到低层次，逐步由粗到细的分层次、分模块的设计方法。设计者先将一个硬件系统划分成几个大的模块，设计出各大模块的行为(功能)或结构，并进行仿真以检验设计思想是否正确，然后将大的模块分给下一级设计者。由于自顶向下的设计能够在高层次完成，即一开始进行功能划分和结构设计时，就能通过仿真去检验系统设计思想是否正确，在早期就能发现设计中存在的错误，因而大大提高了系统的设计效率，缩短了设计周期。

　　数字系统设计主要分系统设计和逻辑设计两个阶段。数字系统的一般设计过程如下：

　　(1) 确定顶层系统的方案。

　　这是设计过程的第一阶段，要求对设计任务进行透彻了解，并在此基础上决定设计任务和系统整体的功能、输入信号及输出信号。

　　(2) 描述系统功能，设计算法。

　　描述系统功能是用符号、图形、文字、表达式等形式来正确描述系统应具有的逻辑功能和应达到的技术指标。设计算法是寻求一个解决问题的步骤，实质上是把系统要实现的复杂运算分解成一组有序进行的子运算。描述算法的工具有算法流程图、算法状态机图(ASM，Algorithmic State Machine)、方框图、硬件描述语言等。在上述描述方法中，硬件描述语言是一种最容易向计算机输入，由计算机自动处理的现代化方法。方框图用于描述数字系统的模型，是系统设计常用的重要手段，它可以详细描述系统的总体结构，并作为进一步设计的基础。

　　(3) 根据算法选择电路结构。

　　算法明确后，根据算法选择电路结构，并将系统划分为若干个子系统。若某部分规模仍然较大，则可进一步划分。划分后的多个部分应逻辑功能清楚，便于进行电路设计。

　　(4) 设计输入。

　　描述系统功能的输入方式有多种，常用的有原理图输入法、硬件描述语言输入法、波形图输入法等。可以采用其中一种方法输入，也可以多种方法混合使用。

　　(5) 设计验证(仿真、测试)和设计实现。

　　根据设计、生产的条件选择适合的器件来实现电路。

　　当采用 EDA 技术和自顶向下的分层设计方法设计系统时，每一层都有描述、划分、综合、仿真等几个工作过程。除了描述之外，其他划分、综合、仿真等过程均由 EDA 软件平台自动完成，因而大大简化了设计过程，提高了工作效率。

11.2　数字系统设计实例

11.2.1　简易电子琴

1．系统原理框图

扬声器在不同频率的信号驱动下将发出不同的声音。本设计是利用实验板上的 8 个按键产生不同的音阶信号，按键不同时，不同的音阶信号产生不同频率的信号去驱动扬声器，从而实现电子琴的功能。

根据音乐学理论，每两个 8 度音之间可分为 12 个半音，每两个半音之间的频率比为 $\sqrt[12]{2}$($\sqrt[12]{2}$＝1.0599)。若 C 调第一个音名 do 的频率定为 261.63 Hz，则各音名与频率以及 2 MHz 时钟的分频系数的关系如表 11.2.1 所示。

表 11.2.1 音名与频率以及 2 MHz 时钟的分频系数的关系

音　　名	频率/Hz	分频系数
低音 1(do)	261.23	7643
低音 2(re)	293.67	6809
低音 3(mi)	329.63	6066
低音 4(fa)	349.23	5725
低音 5(sol)	391.99	5101
低音 6(la)	440.00	4544
低音 7(si)	493.88	4048
中音 1(do!)	523.25	3822

简易电子琴的系统框图如图 11.2.1 所示，它由键盘编码器和时钟分频器组成。键盘编码器产生按键编码信号；时钟分频器产生不同的分频系数，将输入时钟频率分频至各音名对应的频率值，从而驱动扬声器发出该频率的声音。

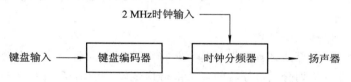

图 11.2.1 简易电子琴的系统框图

图 11.2.2 为实现简易电子琴的顶层原理图。其中，KEYBOARD 模块实现对键盘的 8－3 编码，K[7..0]为键盘输入，SEL[2..0]为 3 位二进制编码输出，EN 为使能输出信号（高电平有效）；M_FREQ 模块实现分频功能，CLK 为时钟输入，当 SEL[2..0] 编码输入不同，且 EN 输入为高电平时，分频器产生不同的频率值；当 SPK 输出为 1 时扬声器响，否则静音。

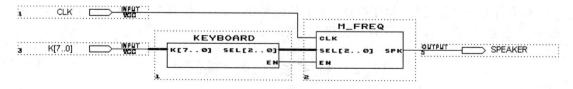

图 11.2.2 实现简易电子琴的顶层原理图

2. 模块设计

1）键盘编码器

VHDL 描述文件 keyboard.vhd 如下：

```vhdl
library ieee;
use ieee. std_logic_1164. all;
use ieee. std_logic_unsigned. all;
entity keyboard is
port (
        k: in std_logic_vector(7 downto 0);        --8 位键盘输入
        sel: out std_logic_vector(2 downto 0);     --3 位键盘编码输出
        en: out std_logic                          --使能输出
     );
end keyboard;
architecture arc_keyboard of keyboard is
begin
  process(k)
  begin
    case k is
      when "11111110" => sel<="001";              --按键，产生编码
                         en<='1';
      when "11111101" => sel<="010";
                         en<='1';
      when "11111011" => sel<="011";
                         en<='1';
      when "11110111" => sel<="100";
                         en<='1';
      when "11101111" => sel<="101";
                         en<='1';
      when "11011111" => sel<="110";
                         en<='1';
      when "10111111" => sel<="111";
                         en<='1';
      when "01111111" => sel<="000";
                         en<='1';
      when others =>     sel<="000";
                         en<='0';
    end case;
  end process;
end arc_keyboard;
```

2）时钟分频器

VHDL 描述文件 m_freq. vhd 如下：

```vhdl
library ieee;
use ieee. std_logic_1164. all;
use ieee. std_logic_unsigned. all;
entity m_freq is
port (
        clk，en : in std_logic;
```

```
        sel : in std_logic_vector(2 downto 0);          --3 位键盘编码输入
        spk : out std_logic                             --扬声器控制信号输出
    );
end m_freq;
architecture arc_m_freq of m_freq is
    signal count_ld, count : std_logic_vector(12 downto 0);
    begin
    process(sel)
    begin
      case sel is
        when "000" => count_ld <= "0111011101110";      --3822
        when "001" => count_ld <= "1110111011011";      --7643
        when "010" => count_ld <= "1101001010101";      --6809
        when "011" => count_ld <= "1011110110010";      --6066
        when "100" => count_ld <= "1011001011101";      --5725
        when "101" => count_ld <= "1001111101101";      --5101
        when "110" => count_ld <= "1000111000000";      --4544
        when "111" => count_ld <= "0111111010000";      --4048
        when others => count_ld <= "0111011101110";     --3822
      end case;
    end process;


process
    begin
    wait until clk'event and clk='1';
        --计数器同步清零
    if en='0' then
        count<=(others=>'0');
        spk<='1';
        --当计数值小于 count_ld/2 时, spk='1', 且加 1 计数
    elsif count<('0'&count_ld(12 downto 1)) then
        count<=count+1;
        spk<='1';
        --当计数值大于 count_ld/2 且小于 count_ld 时, spk='0', 且加 1 计数
    elsif count<count_ld then
        count<=count+1;
        spk<='0';
        --当计数值计到 count_ld 时, 计数器清零, spk='1'
    else count<=(others=>'0');
        spk<='1';
    end if;
    end process;
end arc_m_freq;
```

11.2.2　用状态机设计的交通信号控制系统

1. 设计任务

设计一个十字路口交通控制系统，要求如下：

（1）东西（用 A 表示）、南北（用 B 表示）方向均有绿灯、黄灯、红灯指示，其持续时间分别是 40 s、5 s 和 45 s，交通灯运行的切换示意图和时序图分别如图 11.2.3 和图 11.2.4 所示。

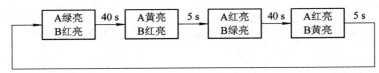

图 11.2.3　交通控制系统运行切换示意图

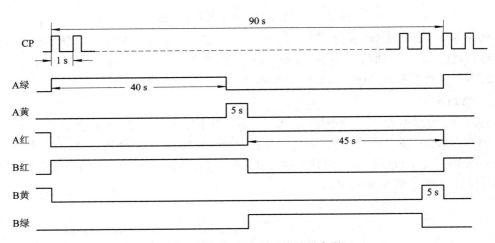

图 11.2.4　交通控制系统的时序图

（2）系统设有时钟，以倒计时方式显示每一路允许通行的时间。

（3）当东西或南北两路中任一路出现特殊情况时，系统可由交警手动控制立即进入特殊运行状态，即红灯全亮，时钟停止计时，东西、南北两路所有车辆停止通行；当特殊运行状态结束后，系统恢复工作，继续正常运行。

2. 原理分析

本系统主要由分频器、计数器、控制器、倒计时显示器等电路组成。分频器将晶振送来的 4 MHz 信号变为 1 Hz 时钟信号；计数器实现总共 90 s 的计数，90 s 也是交通控制系统的一个大循环；控制器控制系统的状态转移和红、黄、绿灯的信号输出；倒计时显示电路实现 45 s 倒计时和显示功能。整个系统的工作时序受控制器控制，它是系统的核心。

控制器的整个工作过程用状态机进行描述，其状态转移关系如图 11.2.5 所示。5 种状态描述如下：

s0：A 方向绿灯亮，B 方向红灯亮，此状态持续 40 s 的时间；

s1：A 方向黄灯亮，B 方向红灯亮，此状态持续 5 s 的时间；

s2：A 方向红灯亮，B 方向绿灯亮，此状态持续 40 s 的时间；

s3：A 方向红灯亮，B 方向黄灯亮，此状态持续 5 s 的时间；

s4：紧急制动状态，A 方向红灯亮，B 方向红灯亮，当紧急制动信号有效（hold='0'）时进入这种状态。

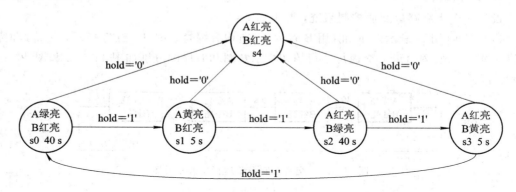

图 11.2.5　交通控制系统的状态转移图

当紧急制动信号无效（hold='1'）时，状态机按照 s0—s1—s2—s3—s0 循环；当紧急制动信号有效（hold='0'）时，状态机立即转入 s4，两个方向红灯全亮，计数器停止计数；当紧急制动信号再恢复无效时，状态机会回到原来的状态继续执行。

3. 电路设计

交通控制系统顶层原理图如图 11.2.6 所示，它主要由 4 MHz 分频器（DEVIDE4M）模块、控制器（CONTROL）、45 s 倒计时计数器（M45）模块、7 字段译码器（SEG7）模块组成。4 MHz 分频器和 7 段译码器的设计可参照例 10.6.14 和例 10.6.4。下面主要介绍控制器和倒计时计数器 M45 的设计方法。

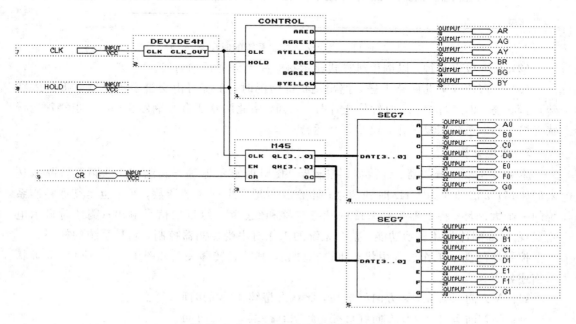

图 11.2.6　交通控制系统顶层原理图

1) 控制器的设计

控制器 CONTROL 的逻辑符号如图 11.2.7 所示。其中，CLK 为时钟输入信号；HOLD 为紧急制动信号；ARED、AGREEN、AYELLOW 分别为东西方向驱动红灯、绿灯、黄灯指示的输出信号；BRED、BGREEN、BYELLOW 分别为南北方向驱动红灯、绿灯、黄灯指示的输出信号。控制器按照图 11.2.5 所示的状态转移图控制系统的时序，即各方向红、绿、黄灯的亮、灭时间。

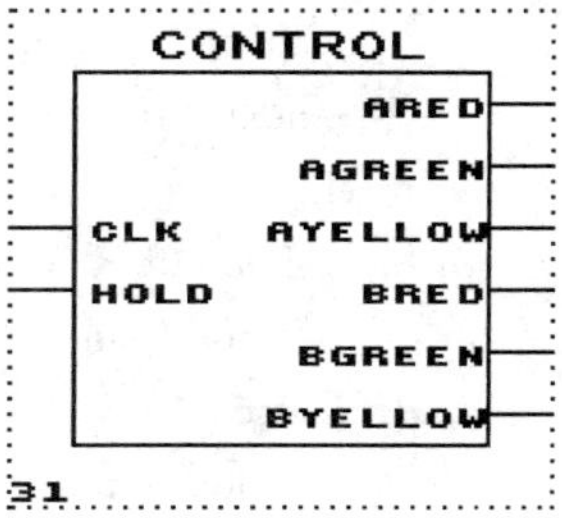

控制器的 VHDL 描述文件 control. vhd 如下：

图 11.2.7　控制器的逻辑符号

```vhdl
library ieee;
use ieee. std－logic－1164. all;
use ieee. std－logic－unsigned. all;

entity control is
    port( clk,hold: in std－logic;
          ared,agreen,ayellow,bred,bgreen,byellow : out std－logic);
end control ;

architecture behavior of control is
    type state－type is (s0,s1,s2,s3,s4);
    signal current－state,next－state : state－type;
    signal counter : std－logic－vector(6 downto 0);

begin
synch : process
begin
    wait until clk'event and clk ='1';
      if hold='0' then          －ー当紧急制动信号有效时，计数器停止计数
          counter<=counter;
      else                      －ー当紧急制动信号无效时，计数器进行周期为 90 s 的计数
        if counter<89 then
        counter<=counter+1;
      else
          counter<=(others=>'0');
        end if;
      end if;
    end process;

process                        －ー状态机的状态转移描述
begin
    wait until clk'event and clk ='1';
        current－state <= next－state;
end process;
```

```
state_trans: process (current_state)
begin
    case current_state is
when s0 =>
    if hold='0' then
      next_state <= s4;
    else
      if counter<39 then
        next_state <= s0;
      else
        next_state <= s1;
      end if;
    end if;
when s1 =>
    if hold='0' then
      next_state <= s4;
    else
      if counter<44 then
        next_state <= s1;
      else
        next_state <= s2;
      end if;
    end if;
when s2 =>
    if hold='0' then
      next_state <= s4;
    else
      if counter<84 then
        next_state <= s2;
      else
        next_state <= s3;
      end if;
    end if;
when s3 =>
    if hold='0' then
      next_state <= s4;
    else
      if counter<89 then
        next_state <= s3;
      else
        next_state <= s0;
      end if;
```

```vhdl
          end if；
  when s4 =>
      if hold='0' then
        next_state <= s4；
      else
        if counter<39 then
          next_state <= s0；
        elsif counter<44 then
          next_state <= s1；
        elsif counter<84 then
          next_state <= s2；
        elsif counter<89 then
          next_state <= s3；
        end if；
      end if；
    end case；
  end process；

output：process（current_state）        --每种状态下两个路口红绿灯的状态描述
begin
case current_state is
when s0 =>
    ared <= '0'；
    agreen <= '1'；
    ayellow <= '0'；
    bred <= '1'；
    bgreen <= '0'；
    byellow <= '0'；
when s1 =>
    ared <= '0'；
    agreen <= '0'；
    ayellow <= '1'；
    bred <= '1'；
    bgreen <= '0'；
    byellow <= '0'；
when s2 =>
    ared <= '1'；
    agreen <= '0'；
    ayellow <= '0'；
    bred <= '0'；
    bgreen <= '1'；
    byellow <= '0'；
when s3 =>
```

```
        ared <= '1';
        agreen <= '0';
        ayellow <= '0';
        bred <= '0';
        bgreen <= '0';
        byellow <= '1';
    when s4 =>
        ared <= '1';
        agreen <= '0';
        ayellow <= '0';
        bred <= '1';
        bgreen <= '0';
        byellow <= '0';
    end case;
    end process;
    end behavior;
```

控制器 CONTROL 的 VHDL 文本仿真波形如图 11.2.8 所示。

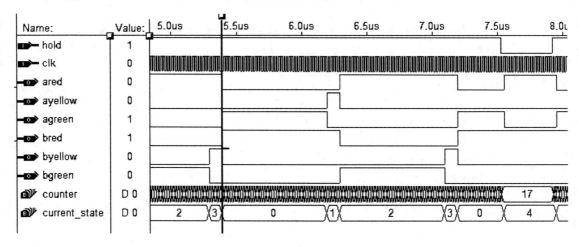

图 11.2.8　控制器的仿真波形

2) 倒计时计数器 M45 的设计

倒计时计数器 M45 的逻辑符号如图 11.2.9 所示。其中，CLK、EN、CR 分别为时钟、计数使能和清 0 端，QL[3..0]、QH[3..0]、OC 分别为 BCD 码的个位、十位和进位输出。

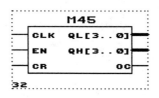

图 11.2.9　倒计时计数器的逻辑符号

VHDL 描述文件 m45. vhd 如下：

```
library ieee;
use ieee. std_ logic_ 1164. all;
use ieee. std_ logic_ unsigned. all;
entity m45 is
port (
        CLK     : in std_ logic;
        EN      : in std_ logic;
        CR      : in std_ logic;
        QL,QH   : out std_ logic_ vector(3 downto 0);
        OC      : out std_ logic
    );
end m45;


architecture behav of m45 is
    signal couL,couH: std_ logic_ vector(3 downto 0);
begin
    process(CR,CLK,EN)
    begin
      if CR='0' then                      --异步清零
        couL<="0000";
        couH<="0000";

        elsif clk'event and clk='1' then
          if EN='1' then
            if ( couL=0 and couH=0)then   --减法计到00后，重新置数44
                couL<="0100";
                couH<="0100";
            elsif couL=0 then             --否则个位计到0时置为9,十位减1
                couL<="1001";
                couH<=couH-1;
            else
                couL<=couL-1;             --否则个位减1
            end if;
          end if;
        end if;
    end process;

    process(couL, couH)
    begin
        if (couL=0 and couH=0)then
            OC<='1';                       --减到00时有借位输出
        else
```

```
        OC<='0';
      end if;
    end process;
      QL<=couL;
      QH<=couH;
    end behav;
```

倒计时计数器 M45 的仿真波形如图 11.2.10 所示。

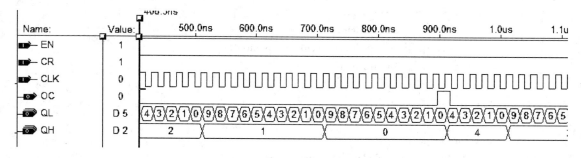

图 11.2.10　倒计时计数器 M45 的仿真波形

11.2.3　函数信号发生器

1. 系统原理框图

函数信号发生器电路能够产生用户需要的特定波形信号，其基本构成为数字逻辑电路加 D/A 转换器。本节描述的函数信号发生器可产生四种波形，分别是：锯齿波、三角波、方波和正弦波，通过选择器选择以后送给 D/A 转换器产生相应的信号波形输出，具体如图 11.2.11 所示。其中，用虚线框起来的部分属于数字电路部分。

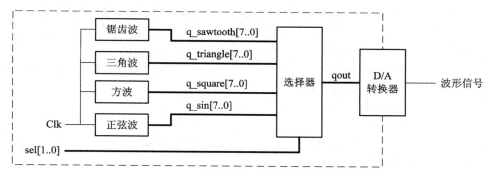

图 11.2.11　函数信号发生器的电路框图

各种波形示意图如图 11.2.12 所示。锯齿波、三角波和方波每个周期有 256 点数据，而正弦波为了简化设计每个周期有 64 点数据。数据线采用 8 位宽度，因此每种波形幅度的最大值不超过 255。

每种波形第 i 个点的幅度值计算如下：

锯齿波：q_sawtooth(i)=i，i=0～255。

三角波：当 i=0～127 时，q_triangle(i)=i；当 i=128～255 时，与前面的半个周期对称。

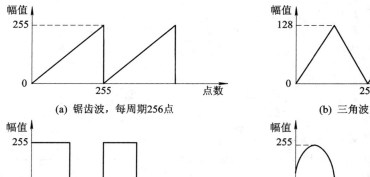

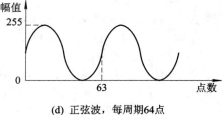

(a) 锯齿波，每周期256点　　　　　　　(b) 三角波，每周期256点

(c) 方波，每周期256点　　　　　　　　(d) 正弦波，每周期64点

图 11.2.12　信号波形示意图

方波：当 i＝0～127 时，q_square(i)＝255；当 i＝128～255 时，q_square(i)＝0。

正弦波：q_sin(i)＝128＋128×sin(2×3.14×i/64)，i＝0～63。

4 种波形数据产生以后，由 sel[1..0]选择输出哪种波形数据。

2. 模块设计

函数信号发生器电路数字部分的硬件语言描述如下：

```
library ieee；
use ieee. std_logic_1164. all；
use ieee. std_logic_unsigned. all；
use ieee. std_logic_arith. all；

entity waveform is
port( clk ：in std_logic；
      sel ：in std_logic_vector(1 downto 0)；
      qout：out std_logic_vector(7 downto 0) )；
end waveform；

architecture arc of waveform is
    signal q_sawtooth ：std_logic_vector(7 downto 0)；    --锯齿波信号
    signal q_triangle ：std_logic_vector(7 downto 0)；    --三角波信号
    signal q_square   ：std_logic_vector(7 downto 0)；    --方波信号
    signal q_sin      ：integer range 0 to 255；          --正弦波信号
    signal counter    ：std_logic_vector(7 downto 0)；

begin
    --计数器，同时也是锯齿波波形产生电路
    process
    begin
        wait until clk'event and clk＝'1'；
```

```
    counter<＝counter＋1；
end process；
q‑sawtooth<＝counter；
```

--三角波波形产生电路
```
process
begin
    wait until clk'event and clk＝'1'；
```
-- covn‑std‑logic‑vector(127，8)，将 interger 类型的数据 127 转换成 std‑logic‑vector
-- 类型的 8 位数据
```
    if counter<＝conv‑std‑logic‑vector(127,8) then
        q‑triangle<＝q‑triangle＋1；
    else
        q‑triangle<＝q‑triangle－1；
    end if；
end process；
```

--方波波形产生电路
```
process
begin
wait until clk'event and clk＝'1'；
    if counter<＝conv‑std‑logic‑vector(127,8) then
        q‑square<＝X"FF"；
    else
        q‑square<＝(others＝>'0')；
    end if；
end process；
```

-- sin 波形发生电路
-- 将一个周期的正弦波(共 64 点)的幅度值直接送给信号 q‑sin
```
process
begin
    wait until clk'event and clk＝'1'；
```
--conv‑integer(counter(7 downto 2))将 std‑logic‑vector 类型的数据 counter(7 downto 2)
--转换成 interger 类型的数据
```
        case conv‑integer(counter(7 downto 2)) is
        when 0 ＝> q‑sin<＝128；when 1 ＝> q‑sin<＝140；when 2 ＝> q‑sin<＝152；
        when 3 ＝> q‑sin<＝165；when 4 ＝> q‑sin<＝176；when 5 ＝> q‑sin<＝188；
        when 6 ＝> q‑sin<＝199；when 7 ＝> q‑sin<＝209；when 8 ＝> q‑sin<＝218；
        when 9 ＝> q‑sin<＝226；when 10 ＝> q‑sin<＝234；when 11 ＝> q‑sin<＝240；
        when 12 ＝> q‑sin<＝246；when 13 ＝> q‑sin<＝250；when 14 ＝> q‑sin<＝253；
        when 15 ＝> q‑sin<＝255；when 16 ＝> q‑sin<＝255；when 17 ＝> q‑sin<＝255；
        when 18 ＝> q‑sin<＝253；when 19 ＝> q‑sin<＝250；when 20 ＝> q‑sin<＝246；
```

```
        when 21 => q_ sin<=240; when 22 => q_ sin<=234; when 23 => q_ sin<=227;
        when 24 => q_ sin<=218; when 25 => q_ sin<=209; when 26 => q_ sin<=199;
        when 27 => q_ sin<=188; when 28 => q_ sin<=177; when 29 => q_ sin<=165;
        when 30 => q_ sin<=153; when 31 => q_ sin<=140; when 32 => q_ sin<=128;
        when 33 => q_ sin<=115; when 34 => q_ sin<=103; when 35 => q_ sin<= 91;
        when 36 => q_ sin<= 79; when 37 => q_ sin<= 67; when 38 => q_ sin<= 57;
        when 39 => q_ sin<= 46; when 40 => q_ sin<= 37; when 41 => q_ sin<= 29;
        when 42 => q_ sin<= 21; when 43 => q_ sin<= 15; when 44 => q_ sin<= 9;
        when 45 => q_ sin<= 5; when 46 => q_ sin<= 2; when 47 => q_ sin<= 0;
        when 48 => q_ sin<= 0; when 49 => q_ sin<= 0; when 50 => q_ sin<= 2;
        when 51 => q_ sin<= 5; when 52 => q_ sin<= 9; when 53 => q_ sin<= 14;
        when 54 => q_ sin<= 21; when 55 => q_ sin<= 28; when 56 => q_ sin<= 37;
        when 57 => q_ sin<= 46; when 58 => q_ sin<= 56; when 59 => q_ sin<= 67;
        when 60 => q_ sin<= 78; when 61 => q_ sin<= 90; when 62 => q_ sin<=102;
        when 63 => q_ sin<=115; when others =>null;
      end case;
    end process;
    --选择器根据 sel 的值选择 4 种波形中的一个输出到 D/A 转换器
    process
    begin
      wait until clk′event and clk='1';
        case sel is
        when "00" => qout<= q_ sawtooth;
        when "01" => qout<= q_ triangle;
        when "10" => qout<= q_ square;
        when others => qout<= conv_ std_ logic_ vector(q_ sin,8);
      end case;
    end process;
  end arc;
```

在上面的硬件语言描述中使用了一个函数 conv_ std_ logic_ vector(a,b)，其作用是将 interger 类型的数据转换成 std_ logic_ vector 类型的数据。其中，参数 a 表示要转换的整形数，参数 b 表示生成的 std_ logic_ vector 数据的位数。该函数属于 std_ logic_ arith 库，所以在最前面库的包含里必须有 use ieee. std_ logic_ arith，否则仿真工具或综合工具都会提示出错。

11.2.4　基于 DDS 的正弦信号发生器

1. 直接数字频率合成器原理简介

直接数字频率合成器(DDS，Direct Digital Synthesizer)是从相位概念出发直接合成所需波形的一种频率合成技术。一个数字频率合成器由相位累加器、加法器、波形存储 ROM、D/A 转换器和低通滤波器(LPF)构成。DDS 的原理框图如图 11.2.13 所示。

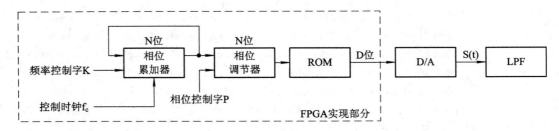

图 11.2.13 DDS 的原理框图

图中，K 为频率控制字，P 为相位控制字，相位累加器的字长为 N 位，ROM 及 D/A 转换器的位宽为 D 位。相位累加器在时钟 f_c 的控制下以步长 K 进行累加，输出的 N 位二进制码与相位控制字 P 相加后作为存储波形的 ROM 的地址对 ROM 进行寻址。ROM 输出 D 位的幅度码 S(n)，经 D/A 转换后变成模拟信号 S(t)，再经过低通滤波器平滑后就可以得到合成的信号波形。波形形状取决于 ROM 中存放的数据，因此 DDS 可以产生任意波形。下面以正弦波为例介绍 DDS 的波形产生原理。

1）频率设置

K 称为频率控制字，也叫相位增量。输出信号的频率与时钟频率之间的关系为

$$f_0 = \frac{f_c K}{2^N}$$

其中：f_0 为输出信号的频率；f_c 为时钟频率；N 为相位累加器的位数。当 K＝1 时，DDS 输出最低频率（即频率分辨率）为 $f_c/2^N$，因此当 N 值很大时，可以得到很小的频率间隔。要改变 DDS 的输出频率，只要改变频率控制字 K 即可。

2）累加器

相位累加器由内部 N 位加法器和 N 位寄存器组成。每来一个时钟作用沿，加法器将频率控制字 K 与寄存器输出的数据相加，再把相加的结果送至寄存器输入端。下一个时钟来到后，寄存器将其输出数据又送至加法器输入端继续与频率控制字相加，从而完成在时钟作用下的相位累加。因此每来一个时钟，相位累加器的输出就增加一个步长的相位增量。当相位累加到满量程时便产生一次溢出，完成一个周期的动作。

3）相位调节器

相位调节器将相位累加器的输出数据和相位控制字 P 相加，实现信号的相位调节。改变相位控制字 P 可控制输入信号的相位参数。如果相位调节器的字长为 N，则当相位控制字由 0 变为 P 时，输出信号的相位增加 $2\pi P/2^N$。

4）波形存储器

用相位调节器输出的数据作为波形存储器的取样地址，进行波形数据的寻址，即可确定输出波形的取样幅度。N 位的 ROM 相当于把 $0°\sim360°$ 的正弦信号离散成具有 2^N 个样点的序列。若 ROM 的数据位宽为 D，则 2^N 个样点的幅值以 D 位二进制数值存在 ROM 中，按照地址的不同可以输出相应相位的正弦信号的幅值。

5）D/A 转换器

D/A 转换器的作用是把合成的正弦波数字量转换成模拟量。转换之后输出波形变成了包络为正弦波的阶梯波 S(t)。D/A 转换器的分辨率越高，合成的正弦波台阶数就越多，输出的波形精度也就越高。

6）低通滤波器

对 D/A 输出的阶梯波 S(t)进行频谱分析可知，S(t)中除主频 f_0 外，还存在分布在 f_c、$2f_c$、…两边 $\pm f_0$ 处的非谐波分量。因此，为了取出主频 f_0，必须在 D/A 转换器的输出端接入截止频率为 $f_c/2$ 的低通滤波器。

在上面几部分电路中，累加器、控制相位的加法器和 ROM 存储器可以在 FPGA 的内部实现，而 D/A 转换器和低通滤波器包含模拟电路，不能在 FPGA 的内部实现。下面介绍 FPGA 内部电路的设计过程。

2. 系统设计与实现

1）参数选取

这里选择 N＝8，D＝8，f_c＝4 MHz，则

A. 所需存储器大小为：256×8 bit。

B. 频率步进 $\Delta f = f_c/2^N = 15.625$ kHz，此时 K＝1。

C. 当每周期采样 8 点时，$K = 2^N/8 = 32$，$f_0 = Kf_c/2^N = 500$ kHz。

D. 相位步进为：$2\pi/256$。

综上所述，波形存储器存储了 256 个 8 位数据样点，频率控制字 $1 \leqslant K \leqslant 32$，频率步进（最小输出频率）为 15.625 kHz，相位控制字 $1 \leqslant P \leqslant 256$，相位步进为 $2\pi/256$。

2）系统设计

按照上面的参数进行设计，VHDL 语言描述如下：

```
library ieee;
use ieee. std_logic_1164. all;
use ieee. std_logic_unsigned. all;
use ieee. std_logic_arith. all;

entity dds is
port ( rst : in std_logic;
       clk : in std_logic;
       k : in std_logic_vector(7 downto 0);
       p : in std_logic_vector(7 downto 0);
       dout : out std_logic_vector(7 downto 0)
     );
end dds;

architecture arc of dds is
    type Rom256x8 is array (0 to 255) of std_logic_vector (7 downto 0);
    --存储 256 点的正弦波数据(1 个周期)，每个样点为 8 位，X"80"表示十六进制的数值 80
    --第 i 个点的正弦波幅值计算公式：128＋128×sin(2×3.14×i/256)
    constant Rom : Rom256x8 := (
        X"80",X"83",X"86",X"89",X"8c",X"8f",X"92",X"95",
        X"98",X"9c",X"9f",X"a2",X"a5",X"a8",X"ab",X"ae",
        X"b0",X"b3",X"b6",X"b9",X"bc",X"bf",X"c1",X"c4",
```

X″c7″,X″c9″,X″cc″,X″ce″,X″d1″,X″d3″,X″d5″,X″d8″,

X″da″,X″dc″,X″de″,X″e0″,X″e2″,X″e4″,X″e6″,X″e8″,

X″ea″,X″ec″,X″ed″,X″ef″,X″f0″,X″f2″,X″f3″,X″f4″,

X″f6″,X″f7″,X″f8″,X″f9″,X″fa″,X″fb″,X″fc″,X″fc″,

X″fd″,X″fe″,X″fe″,X″ff″,X″ff″,X″ff″,X″ff″,X″ff″,

X″ff″,X″ff″,X″ff″,X″ff″,X″ff″,X″ff″,X″fe″,X″fe″,

X″fd″,X″fc″,X″fc″,X″fb″,X″fa″,X″f9″,X″f8″,X″f7″,

X″f6″,X″f5″,X″f3″,X″f2″,X″f0″,X″ef″,X″ed″,X″ec″,

X″ea″,X″e8″,X″e6″,X″e4″,X″e3″,X″e1″,X″de″,X″dc″,

X″da″,X″d8″,X″d6″,X″d3″,X″d1″,X″ce″,X″cc″,X″c9″,

X″c7″,X″c4″,X″c1″,X″bf″,X″bc″,X″b9″,X″b6″,X″b4″,

X″b1″,X″ae″,X″ab″,X″a8″,X″a5″,X″a2″,X″9f″,X″9c″,

X″99″,X″96″,X″92″,X″8f″,X″8c″,X″89″,X″86″,X″83″,

X″80″,X″7e″,X″7a″,X″77″,X″74″,X″71″,X″6e″,X″6b″,

X″68″,X″65″,X″62″,X″5f″,X″5c″,X″59″,X″56″,X″53″,

X″50″,X″4d″,X″4a″,X″47″,X″44″,X″42″,X″3f″,X″3c″,

X″3a″,X″37″,X″34″,X″32″,X″2f″,X″2d″,X″2b″,X″28″,

X″26″,X″24″,X″22″,X″20″,X″1e″,X″1c″,X″1a″,X″18″,

X″16″,X″15″,X″13″,X″11″,X″10″,X″0e″,X″0d″,X″0c″,

X″0a″,X″09″,X″08″,X″07″,X″06″,X″05″,X″04″,X″04″,

X″03″,X″02″,X″02″,X″01″,X″01″,X″01″,X″01″,X″01″,

X″01″,X″01″,X″01″,X″01″,X″01″,X″01″,X″02″,X″02″,

X″03″,X″04″,X″04″,X″05″,X″06″,X″07″,X″08″,X″09″,

X″0a″,X″0b″,X″0d″,X″0e″,X″0f″,X″11″,X″13″,X″14″,

X″16″,X″18″,X″19″,X″1b″,X″1d″,X″1f″,X″21″,X″24″,

X″26″,X″28″,X″2a″,X″2d″,X″2f″,X″31″,X″34″,X″36″,

X″39″,X″3c″,X″3e″,X″41″,X″44″,X″47″,X″49″,X″4c″,

X″4f″,X″52″,X″55″,X″58″,X″5b″,X″5e″,X″61″,X″64″,

X″67″,X″6a″,X″6d″,X″70″,X″74″,X″77″,X″7a″,X″7d″);

```vhdl
signal counter          : std_ logic_ vector(7 downto 0);
signal phase_ shift     : std_ logic_ vector(7 downto 0);
signal address          : std_ logic_ vector(7 downto 0);


begin
   process --累加器描述
   begin
      wait until clk′event and clk=′1′;
        if rst=′1′ then
           counter<=(others=>′0′);
        else
           counter<=counter+k;
        end if;
```

```
        end process;
        process --相位加法器描述
        begin
            wait until clk'event and clk='1';
                if rst='1' then=
                    phase_shift<=(others=>'0');
                else
                    phase_shift<=counter+p;
                end if;
            end process;
            address<=phase_shift;
        dout<=Rom(conv_integer(address)); --ROM 寻址并输出数据
    end arc;
```

上述设计的仿真波形如图 11.2.14 所示。系统仿真是由 Modelsim 软件实现的。

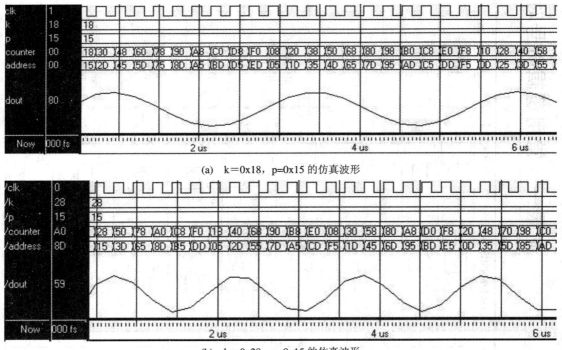

(a)　k＝0x18，p＝0x15 的仿真波形

(b)　k＝0x28，p＝0x15 的仿真波形

图 11.2.14　DDS 波形发生器的仿真波形

由图 11.2.14 可以看出，图(b)的相位增量 k 取值比图(a)的大，因此图(b)中每个正弦波周期的点数比图(a)的少，这将导致波形失真更加严重。

附录一　常用逻辑符号对照表

名　称	国标符号	IEEE/ANSI特定形符号	其他常见符号
与门	&		
或门	≥1		
非门	1		
与非门	&		
或非门	≥1		
与或非门	& ≥1		
异或门	=1		
同或门	=		
集电极开路的与门	& ◇		
三态输出的非门	1 ▽ EN		

名　称	国标符号	IEEE/ANSI特定形符号	其他常见符号
传输门	TG	TG	
半加器	Σ CO	Σ CO	HA
全加器	Σ CI CO	Σ CI CO	FA
基本RS触发器	S R	S R	S_D Q R_D $\bar{Q}$
电平触发的RS触发器	S C1 R	S C1 R	S CP R
边沿(上升沿)D触发器	S 1D >C1 R	S 1D >C1 R	D S_D Q CP R_D $\bar{Q}$
边沿(下降沿)JK触发器	S 1J C1 1K R	S 1J C1 1K R	J S_D Q CP K R_D $\bar{Q}$
正脉冲触发(主从)JK触发器	S 1J C1 1K R	S 1J C1 1K R	J S_D Q CP K R_D $\bar{Q}$
带施密特触发特性的与门	& ⊓	⊓	⊓

附录二 各章专用名词汉英对照

第 1 章

数字系统 Digital System

数字电路 Digital Circuit

数字信号 Digital Signal

逻辑电平 Logic Level

数制 Number Systems

数制的表示 Expression of Number Systems

十进制数 Decimal Number

二进制数 Binary Number

八进制数 Octal Number

十六进制数 Hexadecimal Number

数制的转换 Conversion of Number System

相互转换 Interchange

整数 Integer

小数 Fraction

数字编码 Numeric Codes

补码 Complement Code

符号位 Sign Bit

BCD 码 Binary Coded Decimal Number

余 3 码 Excess 3 Codes(Es3)

格雷码 Gray Code

奇/偶编码 Odd/Even Code

信息位 Information-Bit

校验位 Test-Bit

字符编码 Alphanumeric Code

第 2 章

布尔代数 Boolean Algebra

逻辑代数 Logic Algebra

逻辑电路 Logic Circuit

逻辑函数 Logic Function

逻辑运算 Logic Operation

逻辑图 Logic Diagram

逻辑符号 Logic Symbol

逻辑表达式 Logic Expression

真值表 Truth Table

逻辑门 Logic Gate

与门 AND Gate

或门 OR Gate

非门 NOT Gate

与非门 NAND Gate

或非门 NOR Gate

与或非门 AND-NOR Gate

异或门 Exclusive OR Gate(XOR)

异或非门 Exclusive NOR Gate(XNOR)

同或门 Coincidence Gate

反相器 Inverter

互补形式 Complement Format

反演规则 Complement Rules

对偶规则 Dual Rules

与项(积项) Product Term

或项(和项) Sum Term

最小项 Minterm

标准与项 Standard Product Term

最大项 Maxterm

标准或项 Standard Sum Term

与或式(积之和) Sum of Products Form(SOP)

或与式(和之积) Product of Sums Form（POS）

标准与或式 Sum of Standard Product Terms

标准或与式 Product of Standard Sum Terms

最简与或式 Minimum Sum of Products

最简或与式 Minimum Product of Sums

代数式化简 Simplification of Algebraic Expressions

相邻项 Adjacent Terms

卡诺图 Karnaugh Map

无关项 Don't Care Term

第 3 章

晶体管-晶体管逻辑

预置　Preset
锁存器　Latch
触发器　Flip Flop
D 触发器　D Flip-Flop
主从触发器　Master-Slave Flip-Flop
边沿触发器　Edge-triggered Flip-Flop

第 6 章

时序逻辑电路　Sequential Logic Circuit
时序系统分析　Analysis of Sequential Systems
米里型　Mealy Model
摩尔型　Moore Model
输入输出方程　Input and Output Equations
状态方程　State Equation
状态转移表
　　　State Transition Table (or State table)
功能描述　Function Description
同步时序系统设计
　　　Design of Synchronous Sequential Systems
原始状态图　Original State Diagram
状态化简　State Reduction
等价状态　Equivalent States
梯形法　Tabular Method
状态分配　State Assign
自启动　Turn On by Itself(or Auto Start-Up)
计数器　Counter
计数序列表　Count-Sequence table
计数使能　Count Enable
模 m 计数器　Modulo-m(or mod-m)Counter
异步清零　Asynchronous Clear
同步置数　Synchronous Loading
并行载入　Parallel Load
可预置计数器　Presettable Counter
循环　Recycle
同步计数器　Synchronous Counter
异步计数器　Asynchronous Counter
加/减计数器　Up/Down Counter
任意进制计数器　Any system Counter
可编程计数器　Programmable Counter
大模值计数器　Big module Counter
模 60 计数器　Counter of Modulo 60
移位寄存器　Shift registers
集成移位寄存器　Integrated Shift-Register

串入-串出　Serial-In，Serial-Out
并入-串出　Parallel-In，Serial-Out
左移/右移寄存器　Right/Left Shift Register
移位型计数器　Shift-Type Counter
串行移位　Serial Shifting
环形计数器　Ring Counter
扭环计数器　Wring Counter
数字序列码产生器　Digital Sequence Generator
序列码检测　Sequence Detection

第 7 章

整形电路　Waveshaping Circuit
脉冲宽度　Pulse Duration
上升时间　Rise Time
下降时间　Fall Time
充电时间　Charging Time
恢复时间　Recovery Time
低电平　Low Level
高电平　High Level
555 定时器　555 Timer Module
分压器　Voltage Divider
推拉式输出　Push-Pull Output
单稳态触发器　One-Shot(monostable) Trigger
多谐振荡器　Oscillator(Multivibrator)
施密特触发器　Schmitt Trigger
石英晶体振荡器　Crystal Oscillator
占空比　Duty cycle DC
时钟频率　Clock Frequency
时间常数　Time Constant

第 8 章

半导体存储器　Semiconductor Memory
可编程逻辑器件　Programmable Logic Devices
只读存储器(ROM)　Read-Only Memory
可编程 ROM(PROM)　Programmable ROM
可擦除可编程 ROM(EPROM)
　　　Erasable Programmable ROM
电可擦除可编程 ROM(E^{2}PROM)
　　　Electrically Erasable Programmable ROM
随机存储器(RAM)-Random Access Memory
静态 RAM(SRAM)
　　　Static Random Access Memory
动态 RAM(DRAM)

Dynamic Random Access Memory

快闪存储器　Flash Memory

可编程逻辑阵列（PLA）

　　　Programmable Logic Array

门阵列　Gate Arrays

与阵列　AND Arrays

或阵列　OR Arrays

可编程阵列逻辑（PAL）

　　　Programmable Array Logic

通用阵列逻辑（GAL）　General Array Logic

复杂可编程逻辑器件（CPLD）

　　　Complex Programmable Logic Devices

现场可编程门阵列（FPGA）

　　　Field Programmable Gate Array

在系统可编程　In-System Programmable

字长　Word Length

字节　Byte

地址译码器　Address Decoder

读/写　Read/Write

存储单元　Memory Cell

第 9 章

数模转换器（DAC）　Digital to Analog Converter

权电阻网络 D/A 转换器

　　　Weight Resistance Network DAC

倒 T 形电阻网络 D/A 转换器

　　　Inverse T Form Resistance Network DAC

模数转换器（ADC）　Analog to Digital Converter

取样-保持电路　Sampling-Holding Circuits

取样频率　Sampling Frequency

并联比较型 A/D 转换器

　　　Parallel Comparative ADC

双积分型 A/D 转换器　Double Integral ADC

转换精度　Conversion Precision

分辨率　Resolution（Distinguished Rate）

转换误差　Conversion Error

量化误差　Quantification Error

A/D 转换速度　Conversion Rate of ADC

参考电压　Reference Voltage

最高有效位（MSB）　Most Significant Bit

最低有效位（LSB）　Least Significant Bit

积分电路　Integrating Circuit

逐次比较型转换器

　　　Successive Approximation Converter

第 10 章

硬件描述语言

　　　（HDL）Hardware Description Language

实体　Entity

结构体　Architecture

库　Library

程序包　Package

端口　Port

配置　Configuration

数据对象　Data Objects

信号　Signal

变量　Variable

常量　Constant

数据类型　Data Types

运算（操作）符　Operator

逻辑运算符　Logical Operator

算术运算符　Arithmetic Operator

关系运算符　Relational Operator

连接运算符　Concatenation Operator

有限状态机　Finite State Machine

图形设计文件（gdf）　Graphic Design File

文本文件　Text File

编译　Compile

仿真　Simulation

设计输入　Design Entry

顶层　Top Level

下载　Download

原理图输入　Schematic Capture

设计综合　Design Synthesis

附录三　数字集成电路的型号命名法

1. TTL 器件型号组成的符号及意义

第 1 部分		第 2 部分		第 3 部分		第 4 部分		第 5 部分	
型号前缀		工作温度范围		器件系列		器件品种		封装形式	
符号	意义	符号	意义	符号	意义	符号	意义	符号	意义
CT	中国制造的 TTL 类	54	−55～+125℃	H	标准 高速	阿拉伯数字	器件功能	W	陶瓷扁平
SN	美国 TEXAS 公司	74	0～+70℃	S	肖特基			B	塑封扁平
				LS	低功耗肖特基			F	全密封扁平
				AS	先进肖特基			D	陶瓷双列直插
				ALS	先进低功耗肖特基			P	塑料双列直插
				FAS	快捷先进肖特基			J	黑陶瓷双列直插

示例：

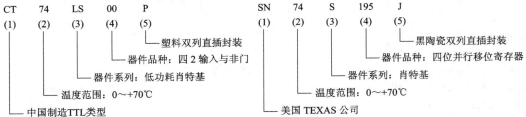

2. ECL、CMOS 器件型号的组成符号及意义

第 1 部分		第 2 部分		第 3 部分		第 4 部分	
器件前缀		器件系列		器件品种		工作温度范围	
符号	意　义	符号	意　义	符号	意义	符号	意　义
CC	中国制造的 CMOS 类型	40	系列符号	阿拉伯数字	器件功能	C	0～70℃
CD	美国无线电公司产品	45				E	−40～85℃
TC	日本东芝公司产品	145				R	−55～85℃
CE	中国制造 ECL 类型					M	−55～125℃

示例：

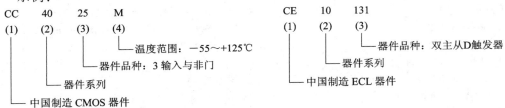

附录四　常用数字集成电路功能分类索引表 ◆◆◆

反相器

型号	功能
7404	六反相器
7405	六反相器（OC）
7414	六反相器（施密特触发）
7419	六反相器（施密特触发）

与门

7408	四 2 输入与门
7409	四 2 输入与门（OC）
7411	三 3 输入与门
7415	三 3 输入与门（OC）
7421	双 4 输入与门

与非门

7400	四 2 输入与非门
7401	四 2 输入与非门（OC）
7403	四 2 输入与非门（OC）
7410	三 3 输入与非门
7412	三 3 输入与非门（OC）
7413	双 4 输入与非门（施密特触发）
7418	双 4 输入与非门（施密特触发）
7420	双 4 输入与非门
7422	双 4 输入与非门（OC）
7424	四 2 输入与非门（施密特触发）
7430	8 输入与非门
74133	13 输入与非门

或门

7432	四 2 输入或门

或非门

7402	四 2 输入或非门
7423	可扩展双 4 输入或非门
7425	双 4 输入或非门（有选通）
7427	三 3 输入或非门
7428	四 2 输入或非缓冲器
7436	四 2 输入正或非门

74260	双 5 输入或非门

与或非门

7450	双二 2-2 输入与或非门
7451	2 路 2-2 输入、2 路 3-3 输入与或非门
7453	4 路 2-2-2-2 输入与或非门（可扩展）
7454	4 路 2-3-3-2 输入与或非门
7455	2 路 4-4 输入与或非门（可扩展）
7464	4 路 4-2-3-2 输入与或非门
7465	4 路 4-2-3-2 输入与或非门

异或门

7486	四 2 输入异或门
74135	四异或/异或非门
74136	四 2 输入异或门（OC）

编码器

74147	10-4 线优先编码器（BCD 码输入）
74148	8-3 线优先编码器
74348	8-3 线优先编码器（3S）

译码器

7442	4-10 译码器（BCD 输入）
7443	4-10 译码器（余 3 码输入）
74138	3-8 线译码/数据分配器
74139	双 2 线-4 线译码/数据分配器
74154	4-16 线译码/数据分配器
74155	双 2 线-4 线译码（公共地址输入）
74156	双 2 线-4 线译码（公共地址输入）
7446	BCD-7 段译码驱动器（低电平输出）
7447	BCD-7 段译码驱动器（低电平输出）
7448	BCD-7 段译码驱动器（高电平输出）
7449	BCD-7 段译码驱动器（高电平输出）

数据选择器

74150	16 选 1 数据选择器（选通输入、反码输出）
74151	8 选 1 数据选择器（选通输入、互补输出）

74152　8 选 1 数据选择器（反码输出）

74153　双 4 选 1 数据选择器（选通输入）

74157　四 2 选 1 数据选择器（公共地址输入）

74158　四 2 选 1 数据选择器（公共地址输入、反码输出）

74251　8 选 1 数据选择器（3S、互补输出）

74253　双 4 选 1 数据选择器（3S）

74257　四 2 选 1 数据选择器（3S）

74258　四 2 选 1 数据选择器（3S、反码输出）

算术运算器

7482　2 位二进制全加器

7483　4 位二进制全加器

7485　4 位数值比较器

74181　算术逻辑单元/函数产生器

74182　超前进位产生器

74183　双进位保留全加器

74283　4 位二进制超前进位全加器

触发器

74174　六 D 触发器（带清除）

74175　四 D 触发器（带清除）

74374　八 D 触发器

74574　八 D 触发器（3S）

7470　与输入正沿 JK 触发器

7471　与输入 RS 主从触发器

7472　与输入 JK 主从触发器

7473　双 JK 触发器（带清除、负触发）

7474　双上升沿 D 触发器（带置位复位）

7476　双 JK 触发器（带清除预置）

7478　双 JK 触发器（带预置、公共清除、公共时钟）

74112　双 JK 边沿触发器（带清除、预置）

74113　双 JK 边沿触发器（带清除、预置）

单稳态触发器

74121　单稳态触发器（施密特触发）

74122　可重触发单稳态触发器（带清除）

74123　双可重触发单稳态触发器（带清除）

计数器

异步计数器

7490　二-五-十进制异步计数器（异步清 0、置 9）

74290　二-五-十进制异步计数器（异步清 0、置 9）

74196　二-五-十进制异步计数器（异步清 0、预置）

74197　二-八-十六进制异步计数器（异步清 0、预置）

74293　二-八-十六进制异步计数器（异步清 0）

74393　双四位二进制计数器（异步清 0）

同步计数器

74160　十进制计数器（异步清 0、同步预置）

74162　十进制计数器（同步清 0、同步预置）

74161　4 位二进制计数器（异步清 0、同步预置）

74163　4 位二进制计数器（同步清 0、同步预置）

74168　十进制加/减计数器（同步预置）

74190　十进制加/减计数器（异步预置）

74169　4 位二进制加/减计数器（同步预置）

74191　4 位二进制加/减计数器（异步预置）

74192　十进制加/减计数器（双时钟、异步预置）

74193　4 位二进制加/减计数器（双时钟、异步预置）

寄存器

74373　八 D 锁存器（3S 锁存允许输入）

74573　八 D 锁存器（3S 锁存允许输入）

74374　八 D 锁存器（3S 锁存时钟输入）

74574　八 D 锁存器（3S 锁存时钟输入）

74379　四 D 上升沿触发器

移位寄存器

74164　8 位单向移位寄存器（串入、串/并出）

74165　8 位单向移位寄存器（并入、串出）

74166　8 位单向移位寄存器（串/并入、串出）

74199　8 位单向移位寄存器（并行存取、JK 输入）

74195　4 位单向移位寄存器（并行存取、JK 输入）

74194　4 位双向移位寄存器（并行存取）

74198　8 位双向移位寄存器（并行存取）

74295　4 位双向通用移位寄存器

74299　4 位双向通用移位寄存器（3S）

参 考 文 献

[1] 阎石. 数字电子技术基础. 5 版. 北京：高等教育出版社，2006

[2] 康华光. 电子技术基础：数字部分. 5 版. 北京：高等教育出版社，2006

[3] 蓝江桥，曹汉房. 现代数字电路设计. 北京：高等教育出版社，2006

[4] 王毓银. 数字电路逻辑设计. 4 版. 北京：高等教育出版社，2005

[5] 曹汉房. 数字电路与逻辑设计. 4 版. 武汉：华中科技大学出版社，2004

[6] 邓元庆，加鹏. 数字电路与系统设计. 西安：西安电子科技大学出版社，2003

[7] 潘松，黄继业. EDA 技术与 VHDL. 2 版. 北京：清华大学出版社，2007

[8] 徐志军，王全明，尹廷辉. EDA 技术与 PLD 设计. 北京：人民邮电出版社，2006

[9] 赵曙光，郭万有，杨颂华. 可编程逻辑器件原理、开发与应用. 2 版. 西安：西安电子
科技大学出版社，2006

[10] 朱正伟. EDA 技术及应用. 北京：清华大学出版社，2006

[11] 臧春华，郑步升，刘方，等. 现代电子技术基础：数字部分. 北京：北京航空航天大
学出版社，2005

[12] 张兴忠，阎宏印，武淑红. 数字逻辑与数字系统. 北京：科学出版社，2004

[13] 延明，张亦华，肖冰. 数字逻辑设计实验与 EDA 技术. 北京：北京邮电大学出版社，
2006

[14] 姜书艳. 数字逻辑设计及应用. 北京：清华大学出版社，2007

[15] 丁志杰，赵宏图，梁淼. 数字电路：分析与设计. 北京：北京理工大学出版社，2007

[16] Alan B Marcovitz. Introduction to Logic Design. 北京：清华大学出版社，2002

[17] John F Wakerly. Digital Design Principles & Practices. 3rd ed. Higher Education
Press Pearson Education，2001

[18] Robert K Dueck. 数字系统设计 CPLD 应用与 VHDL 编程. 张春，等，译. 北京：
清华大学出版社，2005

[19] Ronald J Tocci, Neal S Widmer, Gregory L Moss. 数字系统原理与应用. 9 版. 林
涛，等，译. 北京：电子工业出版社，2005

[20] 杨颂华，冯毛官，孙万蓉，等. 数字电子技术基础. 西安：西安电子科技大学出版
社，2000

[21] 杨颂华，初秀琴，张秀芳. 电子线路 EDA 仿真技术. 西安：西安交通大学出版社，
2008

[22] 尹雪飞，陈克安. 集成电路速查大全. 西安：西安电子科技大学出版社，2003

[23] 张端. 实用电子电路手册：数字电路分册. 北京：高等教育出版社，1992